모든 것은 그 자리에

모든 것은 그 자리에
Everything in Its Place

첫사랑부터 마지막 이야기까지

———————————

올리버 색스
Oliver Sacks

양병찬 옮김

차례

1
첫사랑

2
병실에서

3
삶은 계속된다

일러두기

원주는 ◇로, 옮긴이 주는 ◆로 표기하였다.

1
◆

첫사랑
First Loves

———

물아기

나는 네 형제 중 막내로 태어났는데, 세 형과 나는 모두 물아기 water baby[*]였다. 아버지는 수영 챔피언(아일 오브 와이트Isle of Wight 바닷가에서 열린 15마일[**] 수영대회에서 3년 연속 우승을 차지했다)으로서 수영을 제일 좋아했는데, 우리 모두를 생후 1주 때부터 물가에 데려갔다. 그 시기의 영아들에게는 수영이 본능이므로, 우리는 자신의 의지와는 무관하게 수영을 '배울' 필요가 없었다.

어른이 된 후 언젠가 남태평양의 미크로네시아에 있는 캐롤라인 제도를 방문했을 때, 어릴 적 기억이 떠올랐다. 그곳에서는 걸음마를 배우는 아기들도 겁 없이 석호潟湖에 다이빙하여, 하나같이 일

---

[*] 물아기는 '갓난아기'를 뜻하는 제주도 방언이지만, 여기서는 '타고난 수영쟁이'를 의미한다.

[**] 약 24킬로미터.

종의 개헤엄dog paddle을 쳤다. 그곳에서는 누구나 헤엄을 쳤고, 수영을 '못'하는 사람은 단 한 명도 없었다. 게다가 그들의 수영 실력은 최상급이었다. 16세기에 미크로네시아에 도착한 마젤란과 항해사들은 섬사람들의 수영 솜씨에 소스라치게 놀랐고, 수영과 다이빙을 하며 물결 사이로 튀어오르는 그들의 모습을 돌고래와 비교하지 않을 수 없었다. 특히 물속에서 너무도 편안해 보이는 어린이들을 본 한 탐험가는 "사람보다 물고기에 더욱 가깝다"며 감탄사를 연발했다. (20세기 초 서구인들에게 크롤◆을 가르쳐준 스승은 바로 태평양 섬사람들이었다. 크롤은 그들이 완성한 아름답고 강력한 바다 수영법으로, 서구인들이 그 당시까지 주로 사용했던 평영, 즉 개구리헤엄보다 훨씬 더 훌륭하고 인간의 체형에 훨씬 더 적합했다.)

나로 말하자면, 수영을 배운 기억이 전혀 없다. 내 생각에는 아버지와 함께 헤엄치며 수영을 터득한 것 같지만, 아버지의 느리고 신중한 장거리 영법은 어린 소년에게 전혀 적합하지 않았다. (아버지는 100킬로그램이 넘는 거구에, 힘이 장사였다.) 그러나 나는 이해할 수 있었다. 육지에서 살기에는 크고 무겁고 번거로운 아버지가 노구를 이끌고 물속에서 마치 쇠돌고래처럼 우아하게 변신하는 과정을. 자의식이 강하고 신경이 날카롭고 행동이 약간 어설픈 나 역시 그런 멋진 변신을 경험했다. 물속에서 새로운 존재와 존재방식을 발견한 것이다. 다섯 번째 생일을 맞은 직후에 영국의 한 해변에서 보냈던 휴일의 기억이 생생하다. 그때 나는 부모님이 투숙한 방으로 달려가, 거

◆　관용적으로 '자유형'으로 많이 쓰는 영법.

대한 고래를 연상케 하는 아버지의 몸통을 세게 잡아당기며 말했다. "아빠 이리 와요! 수영하러 가요." 아버지는 느릿느릿 몸을 비틀며 한쪽 눈만 떴다. "도대체 무슨 일이야? 마흔세 살짜리 중늙은이를 새벽 여섯 시에 깨우다니." 이제 아버지는 세상을 떠나셨고, 지금 내 나이가 그때 아버지 나이의 거의 두 배이며, 그렇게 오래된 기억이 나의 심금을 울린다는 사실이 나를 웃고 울게 만든다.

나는 힘든 청소년기를 보냈다. 이상한 피부병을 앓았는데, 한 전문가는 원심성환상홍반erythema annulare centrifugum이라고 했고, 다른 전문가는 지속성우곡상홍반erythema gyratum perstans이라고 했다. 고상 하게 굴러가는 발음에 거창한 말들이었지만 두 사람 모두 아무것도 해주지 못해, 내 몸은 온통 진물이 질질 흐르는 상처로 뒤덮였다. 남 들 눈에는 나환자처럼 보였기 때문에(또는 그럴 거라고 생각했기 때문에) 해변이나 실내수영장에서는 탈의할 엄두를 내지 못했고, 간혹 외딴 호수나 산속의 작은 호수를 운 좋게 발견할 때만 옷을 훌훌 벗어던 졌다.

대학 진학을 위해 옥스퍼드로 이사한 직후 갑자기 피부병이 깨 끗이 나아 안도감에 휩싸인 나는 나체 수영을 하며 내 몸 구석구석 에서 거침없이 흐르는 물의 느낌을 만끽하고 싶었다. 때로는 처웰 강♦♦의 만곡부灣曲部인 파슨스플레저로 수영하러 갔다. 그곳은 1680 년대부터 누드 수영을 하는 곳으로 쓰여온 은밀한 장소로, 마치 스

♦♦ 잉글랜드의 미들랜즈를 흐르는 강으로, 템스강의 지류.

윈번♦과 클러프♦♦의 유령이 살고 있는 듯 으스스한 느낌이 들었다. 여름날 오후에 펀트 배♦♦♦를 타고 처웰 강에 나가 한적한 곳을 찾아 배를 정박하고, 오후 내내 느긋하게 수영을 즐겼다. 때로는 밤이 되면 아이시스강♦♦♦♦ 옆의 예선로曳船路♦♦♦♦♦를 따라, 이플리 수문을 지나 시내에서 멀리 떨어진 곳까지 장거리 수영을 했다. 그런 다음 아이시스강으로 다이빙해 들어가 수영을 하다보면, 강물과 내가 하나가 되어 같이 흐르는 물아일체物我一體의 경지에 도달했다.

수영은 옥스퍼드 시절에 가장 즐겼던 취미생활이었고, 그 이후로도 쭉 그랬다. 1960년대 중반 뉴욕으로 이사 왔을 때, 나는 브롱크스의 오차드 해변에서 수영하기 시작했고, 간간이 몇 시간에 걸쳐 시티아일랜드를 한 바퀴 돌았다. 나는 브롱크스의 한 집에서 20년 동안 살았는데, 그 집을 발견한 계기가 된 게 바로 그 장거리 수영이었다. 시티아일랜드를 반 바퀴쯤 돌았을 때, 나는 물가에 있는 멋진 망루를 구경하기 위해 수영을 멈췄다. 그리고 물 밖으로 나와 거리를 따라 걷다가, 매물로 나와 있는 작고 빨간 집 한 채를 발견했다. 나는 어안이 벙벙한 집주인을 재촉하여 집을 한 바퀴 둘러본 후(그때까지도 내 몸에서는 물방울이 뚝뚝 떨어지고 있었다), 그 길로 부동산 중개인에게 달려가 "내가 저 집에 관심이 많습니다"라고 말했다.(그녀는 수

♦   1837~1909. 이교적이고 관능적인 시를 쓴 영국의 시인 겸 평론가.
♦♦   1819~1861. 종교적 의혹을 노래한 영국의 시인.
♦♦♦   삿대로 움직이는 사각형 평저선平底船.
♦♦♦♦ 템스강의 상류.
♦♦♦♦♦ 말이 배를 끌고 지나다니던 운하.

영복 차림의 고객에게 익숙하지 않은 듯했다.) 그런 다음 다시 섬의 반대편 바다로 들어가 오차드 해변까지 역주행한 다음, 부동산 중개업자에게 전화를 걸어 수영 중에 찜해놓은 집을 매입했다.

나는 매년 4월부터 11월까지 실외 수영을 했지만(그때는 지금보다 훨씬 더 건강했다), 겨울에는 어쩔 수 없이 동네 YMCA 수영장에서 수영을 했다. 1976~1977년에, 나는 웨스트체스터의 마운트버논 YMCA 실내수영장에서 열린 장거리수영대회에서 우승을 차지했다. 20미터짜리 풀을 무려 500번 돈 후 더 헤엄치려고 했는데, 심판이 "그걸로 충분해요! 제발 그만 귀가하세요"라고 하소연하는 바람에 그만뒀다. 혹자는 500번쯤 돌면 엄청나게 단조롭고 지루할 거라고 생각하겠지만, 나는 수영을 단조롭거나 지루하다고 생각해본 적이 단 한 번도 없다. 수영은 극단적인 기쁨과 행복감을 선사하기 때문에, 나는 때때로 일종의 황홀경에 빠지곤 한다. 나는 스트로크 하나하나에 매번 몰두한다. 그러면 마음이 자유롭게 둥실 떠오르며 넋을 잃어 트랜스trance♦♦♦♦♦♦에 빠진 듯한 상태가 된다. 나는 수영 말고는 그처럼 강력하고 건강한 도취감에 빠져본 적이 없으며, 수영을 하지 않으면 금단증상을 느낄 정도로 중독되어 있다.

13세기 스코틀랜드의 스콜라 철학자 둔스 스코투스는 '콘델렉타리 시비condelectari sibi'를 예찬했는데, 그 뜻은 '자신의 운동에서 기쁨을 찾으려는 의지'다. 그리고 우리 시대의 심리학자 미하이 칙센

♦♦♦♦♦♦ 몰입경. 최면 상태나 히스테리 상태에서 나타나며, 외계와 접촉을 끊고 깊은 명상 상태에 들어가 특수한 희열에 잠기는 것을 말한다.

트미하이는 '흐름flow'을 강조했다. 흐름과 관련된 모든 것이 그렇듯, 수영에는 본질적인 선善, 말하자면 리드미컬한 음악 활동이 내재한다. 그리고 수영에는 부유buoyance, 즉 우리를 떠받치고 감싸는 걸쭉하고 투명한 매질 속에 떠 있는 상태가 주는 경이로움이 있다. 수영쟁이는 물속에서 움직이기도 하고 물과 함께 놀 수도 있는데, 공기 중에서는 그와 비슷한 활동을 할 수 없다. 수영쟁이는 물의 역학과 흐름을 이모저모로 탐구할 수 있고, 손을 프로펠러처럼 휘젓거나 작은 방향키처럼 조종할 수도 있으며, 작은 수중익선hydroplane◆이나 잠수함이 되어 흐름의 물리학을 몸소 체험할 수도 있다.

한 걸음 더 나아가, 수영에는 상상적 공명共鳴이나 신화적 잠재력과 같은 상징성이 무궁무진하다.

나의 아버지는 수영을 불로장생의 영약이라고 불렀는데, 아버지는 수영을 정말로 그렇게 여겼음에 틀림없다. 하루도 빠짐없이 매일 수영을 즐겼고, 시간이 경과함에 따라 아주 조금씩 페이스가 느려지다가 아흔네 살까지 장수했으니 말이다. 나도 아버지의 뒤를 이어, 죽기 직전까지 수영할 수 있으면 좋겠다.

◆   선체 밑에 날개가 있어, 고속으로 달릴 때 선체가 물 위로 떠오르는 형태의 선박.

사우스켄싱턴의 기억

나는 아주 어릴 적부터 박물관을 좋아했다. 박물관들은 나의 상상력을 자극했고, 세상의 질서를 (생생하고 구체적이지만 정돈된 형태의) 축소판으로 보여주는 데 중심적인 역할을 했다. 내가 식물원과 동물원을 좋아하는 이유도 이와 마찬가지다. 식물원과 동물원은 자연을 보여주되, 일목요연하게 분류된 자연, 즉 생명의 분류체계taxonomy를 보여준다. 책에는 아쉽게도 실물이 없고 단어만 존재하지만, 박물관은 실물을 조목조목 배열함으로써 '자연의 책book of nature'이라는 경이로운 메타포를 구현한다.

런던의 사우스켄싱턴에 있는 네 개의 웅장한 박물관들은 동일한 부지에 동일한 양식(빅토리아 전성기의 바로크 스타일)으로 건축되었는데, '자연사'와 '과학'과 '인류문화사'를 일반에게 알리고 접근성을 높이기 위해, 다양한 측면을 가진 단일체 개념으로 설계되었다.

왕립연구소Royal Institution와 그곳의 유명한 크리스마스 강연

Christmas Lectures과 더불어, 사우스켄싱턴 박물관들은 빅토리아 시대의 독특한 교육 시스템을 이루었다. 내가 어린 시절에 그랬던 것처럼, 그 박물관들은 지금까지도 변함없이 박물관의 진수를 보여주고 있다.

네 박물관의 이름은 자연사박물관, 지질박물관, 과학박물관, 빅토리아앨버트박물관(V&A)인데, 앞의 세 박물관은 자연사 및 과학과 관련된 소장품을, 맨 마지막 박물관은 문화사와 관련된 소장품을 전시하고 있다. 나는 과학 마니아여서 V&A에는 얼씬도 하지 않았지만, 다른 세 박물관은 한 세트로 간주하고 한가한 오후, 주말, 휴일에 틈만 나면 부지런히 드나들었다. 박물관이 문을 닫으면 왠지 왕따당했다는 느낌이 들었고, 어느 날 밤에는 자연사박물관에서 오랫동안 머물 요량으로 폐관 시간에 무척추동물 화석 전시실(이곳은 공룡 전시실이나 고래 전시실만큼 경비가 삼엄하지 않았다)에 몰래 숨어들었다. 그리하여 박물관 안에서 홀로 황홀한 밤을 보내며, 손전등을 들고 이 전시실 저 전시실을 기웃거렸다. 야밤에 살금살금 돌아다니다 보니 낯익은 동물임에도 불구하고 무섭고 섬뜩해 보였고, 그들의 얼굴이 어둠 속에서 불쑥 나타나는가 하면 손전등 불빛의 언저리에서 유령처럼 얼씬거리기도 했다. 불빛이 비치지 않는 박물관은 섬망delirium♦이 난무하는 장소였으므로, 아침이 찾아와 박물관을 나설 때가 됐을 때도 그다지 서운하지 않았다.

♦　갑자기 정신이 혼미해지고 주변 환경을 잘 파악하지 못하며, 정서가 매우 불안정해지면서 착각이나 환각이 일어나는 등 의식 및 인지적 장애가 나타나는 상태.

나는 자연사박물관에서 많은 친구들을 사귀었다. 카콥스Cacops
와 에리옵스Eryops는 거대한 양서류로, 머리 꼭대기에 있는 제3의 눈
(두정안parietal eye 또는 송과안pineal eye) 때문에 두개골에 커다란 구멍이
있는 게 특징이었다. 카리브해파리Charybdea는 신경절nerve ganglia과
눈을 가진 최하등동물이었고, 분유리blown-glass로 만든 아름다운 방
산충Radiolaria과 태양충Heliozoa 모형도 있었다. 그러나 뭐니 뭐니 해
도 내가 열정적으로 사랑한 생물은, 자연사박물관이 방대한 컬렉션
을 자랑하는 두족류cephalopod였다.

나는 몇 시간 동안 오징어를 관찰하곤 했는데, 그중에는 1925년
요크셔 해안에서 잡힌 남방살오징어Sthenoteuthis caroli와 이국적인 흡
혈오징어Vampyroteuthis(안타깝게도 이 오징어는 밀랍 모형만 전시되어 있었다)
가 포함되어 있었다. 숯 검댕처럼 새카만 흡혈오징어는 희귀한 심해
어종으로, 촉수 사이에는 우산 모양의 물갈퀴가 펼쳐져 있었고 주
름 속에는 눈부신 빛을 발하는 별 장식들이 박혀 있었다. 물론, 고래
와의 치명적 포옹에 감금돼 있는 거대한 오징어 황제, 대왕오징어
Architeuthis를 빼놓을 수는 없다.

그러나 나의 관심을 끈 것은 거대함과 이국적인 모습만이 아니
었다. 나는, 특히 곤충실과 연체동물실의 경우, 진열장 아래쪽 서랍
에 비치된 연구 자료를 뒤져, 각 종과 변종들의 특징을 모조리 찾아
보고 모든 변종들의 지리적 분포까지 낱낱이 확인했다. 다윈처럼 갈
라파고스제도에 가서 모든 섬에 서식하는 핀치를 비교 분석할 수는
없었지만, 박물관에 가면 그 차선책이 있었다. 나는 대리 박물학자
겸 상상 속의 여행자가 되어, 사우스켄싱턴을 떠나지 않고서도 전

세계를 여행할 수 있었다.

　박물관 직원들과 알고 지내게 된 다음에는, 때로 굳게 잠긴 육중한 문을 열어 신축된 스피릿 관Spirit Building의 은밀한 영역으로 들어가는 특권을 누렸다. 그곳은 박물관의 실무 작업이 이루어지는 곳으로, 직원들은 전 세계에서 보내온 표본들을 접수·분류하고, 검사하고, 해부하고, 새로운 종을 확인하고, 때로는 특별전 개최를 위한 준비 작업을 진행했다. (새로 발견되어 전시된 생물 중 하나는 '살아 있는 화석'이라고 불리는 실러캔스류coelacanth의 라티메리아속*Latimeria* 물고기였는데, 중생대 백악기 이후 멸종한 것으로 여겨지던 생물이었다.) 나는 스피릿 관에서 며칠씩 내내 머물다 대학 진학을 위해 옥스퍼드로 갔고, 나의 친구 에릭 콘은 1년 내내 사우스켄싱턴 자연사박물관에서 소일했다. 그 당시 우리는 분류학과 사랑에 빠진 청소년들로, 마음만큼은 빅토리아 시대의 박물학자들이었다.

　나는 마호가니와 유리로 된 박물관의 고풍스런 인테리어를 너무 좋아해서, 대학생 시절인 1950년대에 자연사박물관이 야한 현대식 인테리어를 갖추고 유행에 휘둘리는 전시회를 개최하기 시작했을 때는 완전히 미치는 줄 알았다. (급기야 전시회는 인터랙티브 방식으로 진화했다.) 또 한 명의 친구 조녀선 밀러는 나와 노스탤지어는 물론 구역질까지 공유했다. "나는 세피아 색조의 시대를 간절히 소망하고 있어." 그는 언젠가 이런 편지를 썼다. "모든 풍경이 1876년의 모랫빛 단색조로 돌변했으면 좋겠어."

　자연사박물관 밖에는 멋진 정원이 조성되어 있었는데, 그곳의 주인공은 오래전 멸종한 화석나무인 봉인목*Sigillaria* 등걸과 칼라미

테스*Calamites* 가지였다. 조너선이 1876년의 모랫빛 단색조에 향수를 느꼈다면, 화석식물학fossil botany에 흠뻑 빠진 나는 쥐라기 양치식물과 소철 숲의 녹색 단색조를 갈망했다. 사춘기에는 자다가 심지어 거대한 목질 석송woody club moss과 쇠뜨기나무horsetail tree, 태곳적 겉씨식물 숲이 지구를 뒤덮고 있는 꿈을 꾸기도 했다. 그리고 그들이 오래전에 멸종하는 바람에 밝은 색깔의 최신식 꽃식물들이 지구를 점령했다는 생각을 하면 울화통이 치밀곤 했다.

자연사박물관의 쥐라기 화석 정원에서 100미터 남짓 떨어진 곳에는 지질박물관이 있었는데, 그 박물관은 적어도 내가 볼 때마다 늘 썰렁해 보였다. 그도 그럴 것이, 관람객이 사실상 전무했기 때문이다. (슬프게도 그 박물관은 더 이상 존재하지 않으며, 소장품들은 모두 자연사박물관으로 이관되었다.) '뭘 좀 아는' 참을성 있는 안목의 소유자에게 그곳은 특별한 보물과 비밀스러운 즐거움이 가득한 곳이었다. 그곳에는 일본에서 들여온 거대한 황화안티몬antimony sulfide의 결정結晶인 휘안석stibnite이 전시되어 있었다. 휘안석의 키는 180센티미터로, 발기한 남근 형태의 토템이었다. 나는 수정같이 맑은 천연 남근상에 특별히(거의 숭배하는 마음으로) 이끌렸다. 그곳에는 향암phonolite도 전시되어 있었는데, 그것은 미국 와이오밍주의 데블스타워에서 가져온 낭랑한 소리를 내는 광물이었다. 박물관 관리인들은 나와 알고지내고 나서는 손바닥으로 그것을 쳐보게 해주었는데, 그러면 밋밋하지만 징소리 비슷한 음향이 울려퍼졌다. 마치 피아노의 공명판을 두드릴 때처럼.

나는 지질박물관에서 '무생물의 세상'에 있는 느낌을 즐겼다.

나는 결정의 아름다움을 사랑했는데, 동일한 원자격자atomic lattice들로 구성된 완벽한 느낌 때문이었다. 그것들은 수학의 화신이라는 완벽미로 나를 감동시켰지만, 감각미라는 다른 차원의 아름다움으로도 나를 뒤흔들었다. 나는 몇 시간 동안 연노란색 황sulfur 결정과 연보라색 형석fluorite 결정을 분석하며 마치 메스칼린 착시현상mescaline vision♦을 경험하는 것처럼 포도송이처럼 알알이 맺힌 보석 덩어리를 떠올렸다. 반면에 신장광석kidney ore이라고 불리는 적철석hematite은 거대한 동물의 콩팥과 너무 비슷해, 그 이상한 유기적 형태 때문에 나는 한동안 내가 이 박물관에 와 있는 게 맞는지 의아해하곤 했다.

그러나 내가 사우스켄싱턴에서 맨 마지막으로 향하는 곳은 언제나 과학박물관이었다. 왜냐하면 그곳은 내가 제일 처음 방문했던 박물관으로, 내게는 고향 같은 곳이었기 때문이다. 제2차 세계대전이 일어나기 전인 어린 시절, 어머니는 간혹 나와 형들을 그곳에 데려가곤 했다. 어머니는 우리를 이끌고 초기 비행기, 산업혁명기의 공룡처럼 생긴 기계, 오래된 광학장치가 있는 마법 같은 전시실을 지나, 맨 꼭대기에 있는 조그만 전시실로 들어갔다. 그곳은 탄광을 옛 모습 그대로 복원해놓은 곳이었다. 어머니는 갑자기 발걸음을 멈추고, 우리에게 "저기를 봐!" 하고 소리쳤다. 어머니는 손가락으로 구식 탄광램프를 가리키며 이렇게 말했다. "나의 아버지, 그러니

♦ 메스칼린은 로포포라속Lopbopbora 선인장의 화두花頭인 페요테peyote에 함유된 유독성 알칼로이드로 진통작용이 있다. 망상이나 구토를 일으키기도 하고, 중독되면 정신이상이 초래된다.

까 너희 외할아버지가 저걸 발명하셨단다." 고개를 숙여 안내판을 들여다보니, 다음과 같은 글씨가 적혀 있었다. "이 란다우 램프Landau lamp는 1869년 마르쿠스 란다우에 의해 발명되어, 험프리 데이비 램프Humphry Davy lamp를 대체했다." 그 후로 나는 그 안내판을 읽을 때마다 이상야릇한 흥분을 느끼며, 그 박물관과 (1837년에 태어나 돌아가신 지 한참 지난) 외할아버지에 대한 개인적 유대관계를 느꼈다. 외할아버지와 그분의 발명품이 왠지 그때까지도 살아 숨 쉬고 있는 것 같은 느낌이 들었다.

그러나 내가 과학박물관에서 진정한 현현epiphany♦♦을 경험한 것은 열 살 때였다. 나는 과학박물관 5층에서 주기율표를 발견했는데, 그것은 독자들이 알고 있는 끔찍하리만큼 세련되고 현대적인 스타일의 주기율표가 아니라, 벽 전체를 뒤덮고 있는 견고한 직육면체 블록들이었다. 분리된 각각의 칸에는 원소명이 적혀 있고, (상온에서 해당 원소가 존재할 경우에 한하여) 실제 원소가 들어 있었다. 녹황색 염소, 소용돌이치는 갈색 브로민, 새까만 (그러나 보라색 증기를 발산하는) 요오드 결정, 중금속의 대표선수 우라늄 조각, 기름 속에 떠 있는 리튬 알갱이…. 그 주기율표 속에는 심지어 헬륨, 네온, 아르곤, 크립톤, 제논 같은 불활성기체도 들어 있었다. (불활성기체는 '귀족noble' 기체라고도 하는데, 그 이유는 너무나 귀족적인 성품 때문에 다른 것들과 잘 결합하지

사우스켄싱턴의 기억

않기 때문이다.) 그러나 라돈은 없었는데, 내가 생각하기에는 너무 위험해서 그런 것 같았다. 물론 밀봉된 시험관 속에 들어 있는 기체들은 눈에 보이지 않았지만, 누구도 그 존재를 의심하지 않았다.

주기율표 속에 해당 원소가 실제로 들어 있다고 생각하니, 그 원소들이 우주의 기본적인 빌딩 블록이라는 게 실감이 나고, 전 우주가 사우스켄싱턴에 소우주 형태로 존재한다는 느낌이 절로 들었다. 주기율표를 보았을 때 나는 '진리는 곧 아름다움'이라는 느낌에 압도되었다. 즉, 주기율표는 인간에 의해 자의적으로 구성된 것이 아니라, 영원한 우주의 질서가 사실 그대로 투영된 것이라는 느낌이 들었다. 또한 미래의 발견과 진보로 인해 주기율표에 어떤 원소가 추가되더라도, 질서의 진리를 강화하고 재확인할 뿐이라고 생각했다.

자연법칙의 위엄성과 불변성, 그리고 우리가 충분히 노력하면 이해할 수 있다는 느낌은 사우스켄싱턴 과학박물관의 주기율표 앞에 선 열 살짜리 소년을 압도하기에 충분했다. 그 느낌은 평생 동안 나를 떠나지 않았으며, 50년의 세월이 흐르도록 조금도 퇴색하지 않았다. 나의 신념과 삶의 원형原型은 그 순간 정해졌으며 나의 피스가♦와 사이나이♦♦는 과학박물관에 있었다.

♦ 요르단강 동쪽에 있는 산(비스가산). 모세가 이 산꼭대기에서 약속의 땅을 바라보았다고 한다.
♦♦ 이집트를 탈출한 모세가 신에게서 십계명을 받았다고 하는 산(시내산).

첫사랑

내 나이 열두 살 6개월이던 1946년 1월, 나는 런던 북서부의 햄스테드에 있는 더홀The Hall이라는 프렙스쿨prep school◆◆◆에서 해머스미스에 있는 세인트폴스St. Paul's라는 훨씬 큰 중등학교로 진학했다. 내가 조너선 밀러를 처음으로 만난 건 그 학교의 워커 도서관Walker Library에서였다. 도서관 한 구석에 틀어박혀 19세기에 나온 정전기학에 관한 책을 읽고 있었는데(무슨 이유에선지 '전기계란electric eggs'◆◆◆◆ 부분을 읽고 있었다), 갑자기 시커먼 그림자 하나가 책장을 뒤덮는 게 아닌가! 깜짝 놀라 고개를 들어 보니 키 크고 여윈 소년 하나가 흐느적거리며 서 있었다. 그는 부스스하고 불그레한 숱 많은 머리칼에, 표

◆◆◆ 영국에서 8~13세의 아동이 다니는 사립 초등학교.
◆◆◆◆ 희박한 기체가 들어 있는 진공 공간에서, 두 개의 작은 공 사이에서 방전을 일으키는 장치.

정이 풍부하며 총명하고 장난기 어린 눈망울을 가진 아이였다. 우리
는 누가 먼저라고 할 것 없이 이야기를 시작하게 되었고, 그 이후 줄
곧 절친한 관계를 유지해왔다.

그 이전에 내게 진정한 친구라고는 거의 태어날 때부터 알고 지
낸 에릭 콘 하나밖에 없었다. 에릭은 나와 함께 더홀을 다니다 내가
세인트폴스로 옮긴 지 1년 후 나와 다시 합류했다. 그래서 에릭과 조
녀선과 나는 '3종 세트처럼 붙어다니는 삼총사'가 되었는데, 그렇게
된 데는 개인적인 친분뿐만 아니라 가족 간의 유대관계도 단단히 한
몫을 했다. (우리의 아버지들은 30년 전 의대 동창생이었고, 그 이후 가족끼리도
친하게 지내왔다.) 조녀선과 에릭은 나만큼 화학을 좋아하지 않았지만,
1~2년 전 내가 주도한 '휘황찬란한 화학 실험'에 가담했었다. 우리
는 그때 햄스테드 히스*에 있는 하이게이트 연못에 커다란 금속 나
트륨 덩어리를 투척했다. 그러고는 갑자기 생겨난 노란 불꽃이 마치
미쳐 날뛰는 별똥별처럼 빙글빙글 돌며 맹렬하게 퍼져나가는 장면
을 구경하며 손에 땀을 쥐었다. 그러나 둘은 생물학에 푹 빠져 있었
으므로, 우리 셋은 결국 생물학 교실에서 뭉칠 수밖에 없었다. 그리
하여 우리는 생물학 선생님 시드 패스크와 동시에 사랑에 빠지는 운
명을 맞았다.

패스크 선생님은 매우 인상적인 분이었다. 그는 편협하고 독선
적이고 지독히도 말을 더듬는 저주에 걸려 있었지만(우리는 그의 말투
를 끈질기게 흉내 냈다), 이 모든 것을 만회할 만큼 특출하게 지적인 사

◆　햄스테드에 있는 공원.

람도 아니었다. 그는 무작정 만류하기, 빈정대기, 조롱하기, 물리력 행사하기 등 온갖 수단을 이용하여 우리가 다른 주제(스포츠와 섹스, 종교와 가족 문제, 생물학 이외의 다른 과목)에 한눈팔지 못하도록 철저히 통제했다. 요컨대, 패스크 선생님은 우리에게 자기와 똑같이 외골수가 되어달라고 요구했다.

대다수의 학생들은 패스크 선생님을 지나치게 까다롭고 빈틈없는 감독자로 여겼다. 그래서 틈만 나면 '쩨쩨한 폭군'(그들은 패스크를 이렇게 생각했다)의 손아귀에서 벗어날 요량으로 무슨 짓이든 했다. 악동들의 투쟁은 한동안 이어졌고, 그러다 어느새 더 이상 저항할 필요가 없게 됐다. 압제에서 해방된 것이다. 패스크 선생님은 그들에게 더 이상 잔소리를 하지 않았고, 그들의 시간 및 에너지 낭비에 대해 이러쿵저러쿵하지도 않았다.

그러나 패스크 선생님의 요구에 묵묵히 순응하는 학생들이 1년에 몇 명씩은 꼭 있었다. 그러면 그는 시간과 정성을 다해 자신의 모든 것—'최고의 생물학 서비스'를 제공하는 것으로 보답했다. 우리 셋이 바로 그런 '축복받은 학생들'이었다. 덕분에 우리는 그와 함께 저녁 늦게까지 자연사박물관에 머무르고, 매 주말에는 꿀맛 같은 휴식을 반납하고 식물채집 탐사에 따라나서곤 했다. 천지사방이 꽁꽁 얼어붙은 겨울에는 패스크 선생님이 1월에 개최하는 담수생물학 freshwater biology 강좌에 참가하려고 새벽에 일어나곤 했다. 그리고 1년에 한 번씩 밀포트에서 개최되는 3주짜리 해양생물학 프로그램에 참가했다. (그때의 달콤한 기억은 지금까지도 나를 미소 짓게 한다.)

스코틀랜드 서해안에 자리 잡은 밀포트는 아름답게 치장된 해양생물학 기지로, 우리를 늘 반갑게 맞으며 그때그때 펼쳐지는 다양한 생물학 실험에 초대했다. 기본 관찰 프로그램은 그 당시 진행되고 있던 '성게의 발달 과정에 관한 연구'를 참관하는 것이었다. 그러나 나중에 유명해질 '성게의 수정에 관한 실험'을 지휘하던 로스차일드 경은, 열의에 가득 찬 학생들이 자기 주변에 몰려와 배양접시 위의 투명한 성게유충을 들여다봐도 싫은 내색을 하지 않았다. 조너선과 에릭과 나는 돌투성이 해변을 여러 번 횡단하며 지의류(이 지의류의 멋진 이름은 크산토리아 파리엔티나*Xanthoria parientina*였다)로 뒤덮인 바위 꼭대기에서부터 그 아래에 펼쳐진 해안선과 조수 웅덩이를 샅샅이 뒤져, 단위면적(1제곱피트)당 서식하는 동물과 해초들의 수를 헤아렸다. 우리 셋 중에서 에릭은 특별히 재치 있고 기발한 친구였다. 우리는 언젠가 수직 상태를 가늠하기 위해 다림줄을 꺼냈지만, 실을 어떻게 매달아야 할지 몰라 당황하고 있었다. 그때 에릭은 큰 바위의 밑동에서 삿갓조개 하나를 캐낸 다음, 거기에 다림줄의 한쪽 끝을 붙였다. 그러고는 삿갓조개를 바위의 맨 꼭대기에 올려놓고 다림줄을 아래로 길게 늘어뜨렸다. 삿갓조개를 천연 압정으로 이용하는 기지를 발휘한 것이다.

우리는 특별히 좋아하는 동물 그룹을 각자 하나씩 골랐다. 에릭은 해삼류holothuria를, 조너선은 보는 각도에 따라 색깔이 변하는 털북숭이 벌레들(다모류polychaetes)을, 나는 오징어·갑오징어·문어를 포괄하는 두족류를 골랐다. 두족류는 이 세상에서 가장 지능이 뛰어나고 내 눈에는 가장 아름다운 무척추동물이었다. 우리는 어느 여름날 켄트 카운티에 있는 하이드의 해변(이곳에는 조너선의 부모님이 여름

동안 빌린 별장이 있었다)으로 나가, 상업용 저인망 어선을 타고 하루 종일 낚시를 즐겼다. 어부들은 그물에 곁다리로 걸려든 갑오징어를 바다에 버리는 게 보통이었다(갑오징어는 영국에서 인기가 없는 식용 물고기였다). 그러나 내가 버리지 말고 나에게 달라고 통사정하자, 그들은 하는 수 없이 갑오징어 수십 마리를 갑판 위에 죽 늘어놓았다. 우리는 갑오징어들을 양동이와 통에 담아 별장으로 가져와, 지하실에 있는 커다란 단지 안에 넣었다. 그러고는 보존을 위해 알코올을 조금 첨가했다. 조녀선의 부모님은 때마침 출타 중이었으므로, 우리는 조금도 망설이지 않았다. 우리는 갑오징어들을 전부 학교로 가져가 1인당 한 마리씩(두족류를 좋아하는 친구들에게는 특별히 두세 마리씩) 해부용으로 나눠줄 생각이었다. (우리는 깜짝 놀라며 즐거워할 패스크의 모습을 상상했다.) 그리고 나는 필드클럽(야생생물연구회)에서 갑오징어에 대한 발표를 하며, 그들의 지능, 커다란 뇌, 똑바로 된 망막을 가진 눈*, 신속한 피부색 바꾸기 등을 자세히 설명할 예정이었다.

며칠 후 조녀선의 부모님이 돌아오기로 한 날, 우리는 지하실에서 들려오는 둔탁한 소리를 들었다. 무슨 일인지 알아보기 위해 부랴부랴 지하실에 내려가보니, 괴상망측한 장면이 연출되어 있었다. 제대로 보존되지 않은 갑오징어들이 부패하고 발효되는 과정에서 방출된 가스가 폭발하는 바람에, 단지가 깨지며 갑오징어 덩어리들

---

* 척추동물 망막에는 광수용체가 거꾸로 설치돼 있다. 즉, 신경 배선이 빛을 향해 있고 광수용체가 안쪽을 향해 있는 것이다. 그러나 인간의 눈을 닮은 두족류(문어, 오징어)의 망막에는 광수용체가 앞을 향해 있다.

이 날아가 벽과 바닥에 뒤범벅이 되어 있었던 것이다. 심지어 천장에 달라붙어 있는 갑오징어 파편도 있었다. 썩는 냄새의 강렬함은 상상을 초월했다. 우리는 최선을 다해 더러워진 벽을 긁어내고, 산산조각 난 갑오징어 덩어리들을 제거했다. 코를 꼭 틀어막고 호스로 물을 뿜어 지하실을 깨끗이 씻어냈지만, 악취는 완전히 제거되지 않았다. 환기를 위해 창과 문을 전부 활짝 열자, 악취가 집 밖으로 새나가는 바람에 반경 50미터 이내의 공기가 오염되었다.

그때, 늘 기발한 아이디어를 내는 에릭이 한 가지 제안을 했다. 그 내용인즉, 훨씬 더 강력한 향기로 악취를 은폐하거나 대체하자는 것이었다. 우리는 코코넛 진액이면 될 거라고 의견 일치를 봤다. 우리는 즉시 비상금을 톡톡 털어 커다란 병에 든 코코넛 진액을 구입했다. 그리고 그것으로 지하실을 세척한 다음, 집 안의 다른 곳과 땅바닥에도 마구 뿌렸다.

한 시간 후 조녀선의 부모님이 도착하여 집을 향해 다가가는 동안, 강력한 코코넛 향기가 그들의 코를 찔렀다. 그러나 좀 더 가까이 접근하자 썩은 갑오징어 냄새가 지배하는 구역으로 들어서게 됐고, 어찌된 일인지 두 가지 냄새(정확히 말하면 두 가지 증기)가 1~2미터 간격으로 번갈아 후각을 자극하기 시작했다. 마침내 그들이 사고 현장(아니, 우리의 범죄 현장)인 지하실에 도착했을 때는 썩는 냄새가 진동하여 몇 초 이상 견디는 게 불가능할 정도였다. 우리 셋은 그 불상사를 몹시 치욕스럽게 여겼으며, 특히 나는 더 그랬다. 왜냐하면 그건 1차적으로 나의 탐욕이 빚어낸 결과였으며(한 마리만 가져왔다면 괜찮았을까?), 그렇게 많은 표본들을 보존하는 데 얼마나 많은 알코올이 필요한지 따져보지 않은 어리석음도 문제였으니까. 조녀선의 부모님은 휴가 기간을 단축하고 별장을 떠나버렸다.(들은 바에 의하면, 그 별장은 향후 몇 개월 동안 흉가로 남아 있었다.) 그러나 갑오징어를 좋아하는 나의 마음은 조금도 손상되지 않았다.

일이 이렇게 된 데는 생물학적 원인은 물론 화학적 원인도 있었던 것 같다. 갑오징어는 (많은 연체동물이나 갑각류와 마찬가지로) 빨간색이 아니라 파란색 피를 갖고 있는데, 그 이유는 척추동물과 완전히 다른 산소 운반 시스템을 진화시켰기 때문이다. 우리의 빨간색 호흡 색소인 헤모글로빈이 철을 포함하고 있는 반면, 갑오징어의 청록색 색소인 헤모시아닌은 구리를 포함하고 있다. 철과 구리는 각각 두 개의 상이한 '산화 상태oxidation state'를 보유하고 있는데, 이는 폐에서 산소를 쉽게 받아들여 더 높은 산화 상태로 이행한 다음, 조직에서 요구되는 만큼의 산소를 제공할 수 있다는 것을 의미한다. 그런데 자그마치 네 개의 산화 상태를 보유하고 있는 다른 금속(이를 테면, 주기율표에서 이들 금속과 이웃에 있는 바나듐)이 존재함에도 불구하고, 유독 철과 구리만 선택된 이유는 뭘까? 나는 만약 바나듐 화합물이 호흡색소로 사용되었다면 어땠을까 하고 생각하던 중, 일부 우렁쉥이(멍게)나 피낭류tunicates가 바나듐을 대단히 풍부하게 갖고 있으며, 바나듐세포vanadocyte라는 특별한 세포를 이용하여 바나듐을 저장한다는 이야기를 듣고 몹시 흥분했다. 바나듐은 산소 운반 시스템의 일부가 아닌 것으로 보이는데, 그들이 왜 그런 세포를 갖고 있을까? 도대체 알 수 없는 노릇이다.

지금 생각하면 경솔하고 어설펐지만, 나는 어느 해엔가 밀포트에 가 있는 동안 그 미스터리를 해결할 수 있을 거라 여겼다. 그러나 내가 할 수 있는 방법이라고는 멍게 한 부셸*을 수집하는 것밖에 없었다. (그것은 갑오징어 폭발 사건을 일으킨 행동만큼이나 탐욕스럽고 지나친 행동이었다.) 나는 어쨌든 그만한 양의 멍게를 소각하여, 재 속에 들어 있는 바나듐의 양을 측정할 수 있을 거라 생각했다. (한 책에서 읽은 바에 의하면, 어떤 종種의 경우 바나듐의 비율이 40퍼센트를 넘는다고 했다.) 이를 통해 나는 생전 처음으로 상업적 아이디어를 떠올리게 됐다. 내용인즉, 바다에 널따란 바나듐 농장을 열어 멍게를 파종한 후, 그것들을 이용하여 바닷물에서 귀중한 바나듐을 추출하는 것이다. 멍게는 지난 3억 년 동안 그 일을 아주 효율적으로 해왔으니 말이다. 그러고는 1톤당 500파운드에 판매하는 것이다. 그러나 잠시 후, 나는 나의 종청소적 사고genocidal thought에 경악했다. 만약 그로 인해 멍게의 씨가 마른다면, 나치가 제2차 세계대전 때 자행한 홀로코스트와 다를 게 뭐란 말인가!

---

* 무게의 단위로 기호는 bu를 사용한다. 밀의 무게를 나타내는 데 쓰며, 영국식은 62파운드(약 28킬로그램)를, 미국식은 60파운드(약 27킬로그램)를 각각 1부셸로 정한다.

화학의 시인, 험프리 데이비

험프리 데이비는 나를 포함하여 자기 집에 화학 실험 세트나 화학 실험실을 갖추고 있던 동시대의 소년들 모두의 총애를 받는 영웅이었다. 그 자신도 '화학밖에 몰랐던 소년 시절'을 경험했고, 100년이 훨씬 더 지난 후에도 여전히 우리가 아는 어느 누구보다도 신선하고 발랄한 이미지를 풍기는, 강렬한 매력의 소유자였기 때문이다. 우리는 아산화질소nitrous oxide♦♦를 이용한 유용한 실험에서부터(그는 아산화질소를 처음 발견하여 기술했고, 10대 시절 이 기체에 살짝 중독되었다), 알칼리금속, 전지電池, 전기어electric fish, 폭발물을 이용한 (종종 신중하지 못한) 실험에 이르기까지, 그가 어린 시절 수행했던 실험들을 모두 알

♦♦ 질산암모늄을 열분해할 때 생기는 화학식 N_2O의 무색투명한 기체로, 흡입하면 얼굴 근육에 경련이 일어나는데, 마치 웃는 것처럼 보여 '웃음가스'라고도 한다. 마취성이 있어 외과수술 시 전신마취에 사용하기도 한다.

고 있었다. 우리는 그를 '세상을 폭넓게 바라보는 바이런♦류의 젊은 몽상가'라고 상상했다.

1992년에 데이비드 나이트가 쓴《험프리 데이비―과학과 권력 Humphry Davy: Science and Power》이 출간된다는 광고문을 보았을 때, 우연히도 험프리 데이비를 생각하고 있던 나는 그 즉시 책을 주문했다. 나는 왠지 울적한 기분에 사로잡혀 어린 시절을 회상하고 있었다. 열두 살 때 나는 나트륨·칼륨·염소·브로민과의 낭만적 사랑에 그 어느 때보다도 더 깊이 빠져 있었다. 나는 실험용 화학 물질을 판매하는 어두침침한 상점(나는 이 상점을 마법용품점이라고 불렀다)은 물론, 멜러의 두꺼운 백과사전(나는 이 사전으로 그멜린 편람Gmelin handbook에 나오는 화학용어들을 해독했다), 사우스켄싱턴에 있는 런던 과학박물관(이 박물관에는 화학사, 특히 18세기 말~19세기 초의 초기 역사가 잘 정리되어 있었다) 과도 사랑에 빠졌다. 그러나 뭐니 뭐니 해도 내 마음을 가장 많이 사로잡았던 것은 영국 왕립연구소였다. 그곳은 젊은 험프리 데이비가 연구했던 곳으로, 고풍스러운 인테리어와 냄새가 그때와 비교해 전혀 변하지 않은 듯했다. 이곳에서는 데이비의 육필 노트, 원고, 실험일지, 편지를 열람하며 깊은 사색에 빠질 수 있다.

나이트도 언급한 바와 같이, 데이비는 전기 작가들이 선호하는 경이로운 주인공으로, 지난 한 세기 반 동안 수많은 전기들이 출판되었다. 그러나 그중에서도 나이트의 것은 단연 압권이다. 화학을 공부했고,《영국과학사저널British Journal for the History of Science》의 편집

♦ 영국의 낭만파 시인. 젊음과 반항의 상징으로 유명하다.

자를 역임했으며, 더럼 대학교에서 과학사와 과학철학을 강의하는 실력파답게, 그는 장엄하고 학술적일 뿐만 아니라 인간적 통찰과 공감이 가득한 걸작을 썼다.

데이비는 1778년 영국 잉글랜드 남서부의 펜잰스에서 판화가와 그의 아내 사이에서 다섯 남매 중 첫째로 태어났다. 그는 지역의 중등학교 grammarschool♦♦에 들어가 이것저것 내키는 대로 공부했다. (그는 나중에 "어렸을 때 특별한 학습계획 없이 대체로 알아서 할 수 있었던 것은 행운이었다"고 회고했다.) 열여섯 살에 중등학교를 그만두고 지역의 약제상 겸 외과의사의 문하에 수습생으로 들어갔지만, 그 일에 싫증이 나자 뭔가 큰일을 하고 싶어졌다. 그는 특히 화학에 마음이 끌려 라부아지에의 명저 《화학의 요소Element of Chemistry》(1789)를 독파했다. 정규교육을 별로 받지 않은 열여덟 살짜리로서는 대단한 일이었다. 그러고 나자 그의 머릿속에서 원대한 비전이 맴돌기 시작했다. 자기가 제2의 라부아지에나 뉴턴 같은 사람이 될 수 있지 않을까, 생각하게 된 것이다. 그 당시에 그가 사용했던 노트 중 하나에는 '뉴턴과 데이비'라는 제목이 적혀 있다.

그러나 어떤 면에서 보면, 데이비는 뉴턴보다는 뉴턴의 친구이자 동시대인인 로버트 보일에 더 가까웠다. 왜냐하면 뉴턴은 새로운 물리학을 창설한 반면, 보일은 새로운 화학을 창설함으로써 화학을 연금술이라는 굴레에서 해방시켰기 때문이다. 그는 1661년 《회의

♦♦   대학 진학을 목표로 하는 영국의 중등교육 기관. 공부를 잘하는 11세부터 18세까지의 학생들이 다녔다.

적인 화학자Sceptical Chymist》를 출간하여 전통적인 형이상학적 4원소론을 폐기하고, '원소'를 단순하고 순수하고 더 이상 분해될 수 없으며, 특별한 종류의 '입자corpuscle'로 구성되어 있는 것이라고 재정의했다. 그는 화학의 주요 과제를 분석analysis으로 간주하고(화학적 맥락에 '분석'이라는 단어를 도입한 사람도 그였다), 복잡한 물질들을 구성 원소로 분해한 다음, 그것들이 결합된 방법과 이유를 밝혔다. 보일의 시도는 17세기 말과 18세기 초에 지지 세력을 모아, 10여 가지의 새로운 원소들이 빠른 속도로 잇따라 분리되는 데 기여했다.

그러나 이러한 원소들의 분리에는 '특별한 혼동'이 개입되었다. 스웨덴의 화학자 칼 빌헬름 셸레는 1774년 염산에서 무겁고 초록빛이 감도는 증기를 얻었지만, 그것이 원소임을 깨닫지 못하고 '탈플로지스톤 염산dephlogisticated muriatic acid'이라고 불렀다. 한편 영국의 화학자 조지프 프리스틀리는 같은 해에 산소를 분리해내고, 그 기체를 '탈플로지스톤 공기dephlogisticated air'라고 불렀다. 이러한 오해는, 18세기 내내 화학을 지배하며 여러 가지 면에서 화학의 발달을 가로막았던 이상하고 반쯤은 신화적인 이론에서 비롯되었다. 그 이론의 핵심개념인 '플로지스톤'은 연소하는 물질에서 방출되는 비물질적 물질, 즉 열의 물질material of heat♦이라고 믿어졌다.

데이비가 열한 살 때《화학의 요소》를 출간한 라부아지에는 플로지스톤설을 폐기하고, 연소란 신비로운 '플로지스톤'을 상실하는 게 아니라, 공기 중에 존재하는 산소와 결합(또는 산화oxidation)하는 데

♦　이를 열소caloric라고 한다.

서 비롯된다는 사실을 입증했다.

　라부아지에의 저술에 자극을 받은 데이비는 열여덟 살의 어린 나이에 최초의 중요한 실험을 수행했다. 그는 마찰을 이용해 얼음을 녹임으로써 열은 열소와 같은 비물질적 물질이 아니라 에너지라는 사실을 증명하고, "열소의 비존재non-existence 또는 열의 유동성fluid이 증명되었다"며 뛸 듯이 기뻐했다. 데이비는 이상의 실험 결과와 새로운 생각을 곁들여, 〈열, 빛, 그리고 빛의 결합에 관한 소고An Essay on Heat, Light, and the Combinations of Light〉라는 제목의 긴 논문을 썼다. 그는 이 논문에서 '보일 이후의 모든 화학'과 라부아지에를 비판하고, 화학에 관한 새로운 비전을 제시했다. 그의 비전은 "구시대의 형이상학과 환상이 말끔히 제거된 화학"을 창설하는 것이었다.

　한 청년과 (물질과 에너지에 관한) 그의 혁명적 사고에 관한 소식은, 당시 옥스퍼드 대학교에서 화학을 가르치던 토머스 베도스의 귀에 들어갔다. 베도스는 데이비를 자신의 연구실(브리스톨에 있는 공기역학연구소Pneumatic Institute)로 불렀고, 이곳에서 데이비는 질소산화물을 분리하여 생리효과를 검토하는 연구를 해냈는데, 이는 그가 최초로 수행한 굵직한 성과였다.◊ 브리스톨에 머물던 시절, 데이비는 콜리지를 비롯한 낭만파 시인들과 깊은 우정을 쌓았다. 그는 당시에 꽤 많은 시를 썼고, 그의 노트에는 화학 실험, 시, 철학적 성찰이 온통 뒤섞여 나타난다. 콜리지와 사우디의 작품을 출판했던 조지프 코틀은 데이비가 자연철학자에 못지않게 시인의 성향을 갖고 있으며, 두 가지 성향 모두가 그에게 독특한 통찰력을 제공했다고 보았다. "만약 그가 자연철학자로서 빛을 발하지 않았다면, 시인으로서 두각을

나타냈을 게 분명하다." 실제로 1800년에 워즈워스는《서정가요집
Lyrical Ballads》2판의 출판을 앞두고 데이비에게 감수를 요청했다.

그 당시에는 문학과 과학이 아직 분화되지 않은 상태에 있었으
며, 곧 일어나게 될 감성의 분리dissociation of sensibility는 아직 시작되
지 않고 있었다. 콜리지와 데이비 사이에는 긴밀한 우정을 넘어 거
의 신비로울 정도의 친밀감과 라포르rapport◆가 형성되어 있었다. '촉
매와 화학 변화를 통해 완전히 새로운 화합물이 탄생하는 현상'에
대한 비유와 상징에 골몰하던 콜리지는, 한때 데이비와 화학 연구실
을 차린다는 계획까지 세웠다. 두 사람은 시인과 화학자라는 경계를
넘어선 공동운명체로서, '마음과 자연의 접속connectedness of mind and

◇   여기에는 아산화질소 가스('웃음가스') 흡입의 효과에 대한 경이로운 설명이 포함되어
    있었다. 그의 설명에서 엿볼 수 있는 놀라운 심리학적 통찰은, 그로부터 한 세기 후 윌
    리엄 제임스가 털어놓은 경험담을 연상시킨다. 아마도 서구 문헌에서 환각 경험을 처음
    으로 기술한 사람은 데이비일 것이다.

      갑작스런 황홀감이 가슴에서 샘솟아 차츰 사지로 퍼져나갔다. … 휘황찬란한 시
      각적 인상이 뚜렷이 확대되며, 방 안에서 나는 모든 소리가 명확히 들렸다. … 쾌감
      이 증가함에 따라 나는 외적 사물과의 모든 연결을 상실했다. 생생한 이미지들이
      꼬리를 물고 내 마음속을 빠르게 지나갔고, 이미지와 단어들과 연결되어 완벽한
      소설 속의 상황을 연출했다. 나는 새로이 변화되고 새로이 연결된 아이디어의 세
      상에 존재했다. 나는 새로운 사실을 발견했다고 생각하고, 그 내용을 이론화했다.

    또한 데이비는 아산화질소가 마취제라는 사실을 발견하고, 외과수술에 사용될 수 있
    다고 제안했다. 그러나 그가 후속 연구를 하지 않는 바람에, 전신마취는 그가 세상을
    떠난 후인 1840년대에 가서야 도입되었다. (프로이트는 1880년대에 코카인의 국소마취
    효과를 발견했지만, 데이비와 비슷한 부주의 때문에 발견의 공로를 다른 사람들에게
    넘겼다.)
◆   두 사람(또는 그 이상) 사이의 관계에서 형성되는 조화로운 일치감, 즉 공감적이며 상호
    반응적인 상태.

모든 것은 그 자리에

nature'이라는 원리를 함께 분석하고 탐구했다.^{◇◇} 콜리지와 데이비는 자신들을 쌍둥이로 여겼던 것 같다. 콜리지가 '언어의 화학자'였다면, 데이비는 '화학의 시인'이었다.

◆

데이비의 시대에, 화학은 적절한 화학반응뿐만 아니라 열·빛·자기磁氣·전기에 관한 연구(이중 상당 부분은 나중에 물리학으로 떨어져나갔다)도 포함한다고 간주되었다. (심지어 19세기 말, 퀴리 부인은 방사성 radioactivity을 특정 원소의 '화학적' 성질로 간주했다.) 그리고 정전기의 존재가 처음 알려진 것은 18세기였지만, 알레산드로 볼타가 최초의 전지를 발명할 때까지 '지속적인 전류'라는 개념은 상상도 할 수 없었다. 볼타의 전지는 소금물로 적신 판지 사이에 두 개의 상이한 금속을 끼운 것으로, 지속적인 전류를 생성했다. 데이비는 나중에 "볼타가 1800년에 발표한 논문은 유럽의 실험자들에게 경종을 울렸다"고 썼는데, 그 자신도 그 범주에서 벗어나지 않았다. 볼타의 논문은

◇◇　콜리지의 말을 들어보자.

물과 불꽃, 다이아몬드, 숯 … 은 화학이론에 따라 이합집산하며 반응을 일으킨다. … 접속 원리는 마음에서 비롯되어, 자연의 중재를 통해 실현된다. … 셰익스피어가 시심詩心을 통해 시 속에 형상화된 자연을 보여줬다면, 데이비는 명상적 관찰meditative observation을 통해 … 자연 속에 구현되고 실현된 시를 보여준다. 그렇다. 자연은 행위자(시인)인 동시에 결과물(시)로서 … 본연의 모습을 스스로 시의적절하게 드러낸다!

화학의 시인, 험프리 데이비

데이비가 막연히 생각해왔던 '필생의 업적'에 형태를 부여했다.

그는 베도스를 설득하여, 볼타전지를 본떠서 대형 전지를 만들게 했다. 그러고는 그것을 이용하여 1800년에 최초의 실험을 시작함과 거의 동시에, 금속판에서 일어난 화학변화 때문에 전류가 생성된다는 사실을 알아냈다. 그러자 문득 그 역逆도 성립하지 않을까, 즉 전류를 통하게 함으로써 화학변화를 유도할 수 있지 않을까 하는 생각이 떠올랐다. 그는 기발한 방법을 이용하여 전지를 근본적으로 바꿈으로써, 엄청난 양의 신동력new power을 최초로 사용한 사람이 되었다. 그리고 그 동력은 새로운 형태의 조명, 즉 탄소아크등carbon arc lamp을 고안하는 데 쓰였다.

이러한 눈부신 발전으로 장안의 관심을 끈 데이비는, 런던에 새로 설립된 왕립연구소 회원으로 초빙되었다. 언변이 좋은 데다 타고난 스토리텔러였던 그는, 이로써 영국에서 가장 유명하고 영향력 있는 강연자가 될 기회를 잡았다. 그가 강연하는 곳마다 엄청난 군중이 모여들어 교통이 두절될 정도였다. 그의 강연은 그가 한 실험의 아주 세세한 내용—만약 오늘날 전해지는 강의록을 읽는다면, 이 비범한 지성이 진행하던 연구가 어떤 것이었는지 생생하게 그려볼 수 있을 것이다—은 물론 우주와 인생에 대한 깊은 성찰도 담고 있었고, 이를 어느 누구도 범접할 수 없는 화려한 수사와 풍부한 어휘로 전달했다.

데이비의 첫 강연은 수많은 사람들의 마음을 사로잡았는데, 그중에는 메리 셸리도 포함되어 있었다. 그로부터 몇 년 후 《프랑켄슈타인》을 쓸 때, 그녀는 발트만 교수의 화학 강의 장면에서 데이비의 말을 거의 그대로 인용했다.◇ 당대 최고의 달변가로 알려진 콜리지도 데이비의 강연장에 화학 노트를 끼고 어김없이 나타나, 강의만 열심히 듣는 게 아니라 노트 필기도 꼼꼼히 했다. 언젠가 그 이유를 묻는 사람에게 그는 이렇게 설명했다. "세상에서 제일 말 잘하는 사람이 왜 이러냐고요? 내 메타포의 고갈된 재고在庫를 화학적 이미지로 갱신하기 위해서입니다."◇◇

산업이 눈부시게 발달하던 산업혁명 초기에는 과학, 특히 화학에 대한 수요가 많았다. 과학은 세상을 이해하는 방법일 뿐 아니라, 좀 더 나은 상태로 나아갈 수 있는 새롭고 강력한 (그리고 불경하지 않은) 수단으로 여겨졌다. 과학의 장점을 두 가지 관점에서 바라보는 시각을 확립한 사람은 바로 데이비였다.

◇ 그녀가 인용한 것은 갈바니전기galvanic electricity에 관한 부분인데, 데이비의 오리지널 버전은 다음과 같다.

새로운 영향력이 발견되었습니다. 그것을 이용하면 무기물dead matter들을 조합하여 모종의 효과를 만들어낼 수 있습니다. 그런 효과를 야기할 수 있는 요인은 종래에는 동물의 기관밖에 없었습니다.

◇◇ 화학에서 얻은 이미지로 메타포의 재고를 확장한 시인은 콜리지뿐만이 아니었다. '선택적 친화성elective affinities'이라는 화학용어는 괴테 덕분에 에로틱한 함축적 의미를 갖게 되었고, '에너지'는 블레이크에 의해 '영원한 기쁨eternal delight'과 연계되었다. 키츠는 의학 훈련을 받은 시인답게, 화학적 메타포를 마음껏 구사했다.
엘리엇은 〈전통과 개인적 재능Tradition and the Individual Talent〉에서 시종일관 화학적 메타포를 사용하다가, 시인의 마음에 대한 멋진 데이비적 메타포로 대단원의 막을 내렸다. "이것은 화학에서 촉매로 사용되는 백금을 이용한 비유다. … 시인의 마음은 백금 조각이다." 핵심 메타포로 사용한 '촉매'가 1816년 험프리 데이비에 의해 발견되었다는 것을 엘리엇이 알고 있었는지 궁금해하는 사람들도 있다.

영국 왕립연구소에 가입한 지 처음 몇 년 동안, 데이비는 거창한 추론을 잠시 접어두고 특별히 실용적인 문제—무두질 문제, 탄닌을 분리하는 문제(그는 최초로 차茶에서 탄닌을 발견한 과학자였다), 그리고 농업 전반에 관한 문제에 집중했다. 농업의 경우, 그는 질소의 필수적인 역할과 비료에 함유된 암모니아의 중요성을 처음으로 인식한 사람이었다. (그가 쓴《농화학원론Elements of Agricultural Chemistry》은 1813년에 출간되었다.)

그러나 1806년 불과 스물일곱 살의 나이에 '영국 최고의 강연자 및 실용화학자'로 입지를 굳힌 데이비는, 왕립연구소에서 요구하는 연구를 중단하고 브리스톨 시절의 기본적인 관심사로 돌아가야겠다는 생각이 들었다. 그는 오랫동안 전류를 이용해서 화학원소를 분리할 수 있을지도 모른다고 생각해 오던 중, 마침내 물의 전기분해 실험을 시작했다. 그는 전류를 이용하여 물을 수소와 산소로 분해한 후, 이 두 가지 구성 원소가 정확한 비율로 결합되어 있음을 증명했다.

이듬해에 수행한 유명한 실험에서는, 전류를 이용하여 금속 칼륨과 나트륨을 분리해냈다. 데이비는 실험일지에 이렇게 썼다. "전류가 흐르자, 음극 전선에서 매우 강렬한 빛이 발생하며 접촉점에서 … 불기둥이 일어났다." 이렇게 탄생한 '반짝이는 금속 알갱이metallic globule'는 외견상 수은과 구분할 수 없는 두 가지 새로운 원소—칼륨과 나트륨을 만들어냈다. 그의 관찰 내용은 다음과 같았다. "동그란 금속 알갱이들은 형성되자마자 불타는 경우가 많았으며, 간혹 맹렬히 폭발하여 더 작은 알갱이로 분리되었다. 그리고 활활 타오르는 가운데 엄청나게 빠른 속도로 공기 중으로 날아가며, 불길을 계속 뿜어내는 아름다운 장면을 연출했다." 그의 사촌 에드먼드의 기록에 따르면, 데이비는 이러한 현상이 일어나는 동안 환희에 찬 얼굴로 연구실의 이곳저곳을 돌아다니며 덩실덩실 춤을 췄다고 한다.◊

내가 어린 시절에 느낀 가장 큰 기쁨은, 데이비가 수행했던 전기분해를 이용한 나트륨과 칼륨 생성 실험을 반복하는 것이었다. 빛나는 알갱이들은 공기 중에서 불이 붙어, 샛노랗거나 연보라색의 불꽃으로 활활 타올랐다. 나중에는 전기분해를 이용하여 금속 루비듐(이것은 매혹적인 루비레드 빛 불꽃을 내며 타오른다)을 얻었다. 데이비는 처음에는 루비듐을 몰랐겠지만, 결국 그 정체를 알아냈음에 틀림없다. 나는 데이비의 오리지널 실험을 그대로 반복하며, 그가 발견한 원소들을 내가 발견한 것처럼 상상했다.

데이비는 다음으로 알칼리토류alkaline earths 금속에 눈을 돌려, 몇 주도 지나지 않아 금속 원소(칼슘, 마그네슘, 스트론튬, 바륨)를 분리해냈다. 이 원소들(특히, 스트론튬과 바륨)은 반응성이 매우 높은 금속으로, 알칼리금속과 마찬가지로 밝은 빛깔의 불꽃으로 타오를 수 있었다. 그리고 여섯 가지 새로운 금속원소를 1년 만에 분리해낸 것도 성

◊ 데이비는 나트륨과 칼륨이 물에 뜨며 불이 잘 붙는다는 점에 깜짝 놀랐다. 그래서 지구의 지각 아래에 나트륨과 칼륨이 매장되어 있는지 궁금해했다. 만약 그랬다가는, 나트륨과 칼륨이 물의 영향으로 폭발하여 화산폭발의 원인이 될 수 있다고 생각했기 때문이다.

에 안 찼던지, 그는 이듬해에 또 다른 원소, 붕소boron를 분리해냈다.

◆

나트륨과 칼륨은 자연계에 원소 상태로 존재하지 않는다. 왜
냐하면 반응성이 워낙 강해, 다른 원소들과 즉시 결합하기 때문이
다. 우리가 자연계에서 발견하는 것은 염鹽 화합물(이를테면 염화나트
륨)인데, 이것들은 화학적으로 불활성이고 전기적으로는 중성이다.
그러나 데이비가 그랬던 것처럼, 이 염에 두 개의 전극 사이를 통과
하는 강력한 전류를 흘리면 중성염은 매우 활발한 대전입자charged
particle(이를 테면 전기양성적electropositive 나트륨, 전기음성적electronegative 염소)
로 분해되어 둘 중 하나의 전극으로 끌려간다. (나중에 패러데이는 이 입
자들을 이온ion이라고 불렀다.)

전기분해는 데이비에게 두 가지 의미로 다가왔다. 첫째로, 그것
은 '발견을 위한 새로운 경로'였다. 그러므로 더욱 많은 것들을 발견
하기 위해, 그는 훨씬 더 크고 강력한 배터리를 필요로 하게 되었다.
둘째로, 전기분해는 그에게 '물질 자체는 불활성 상태가 아니며, 전
기력electrical force에 의해 대전되고 결합되어 있다'는 사실을 일깨워
줬다. 그것은 뉴턴 등이 생각했던 것과 정반대였다.

이제 데이비는 화학적 친화성chemical affinity과 전기력은 서로를
결정하며, 물질의 구조라는 측면에서 보면 동일하다는 사실을 깨닫
게 되었다. 보일과 그 후계자들(라부아지에 포함)은 화학결합의 기본적
성격을 정확히 알지 못하고, 그것이 중력과 관련되어 있을 거라고

가정했다. 그러나 데이비는 또 하나의 보편적 힘을 상정하게 되었으니, 그것은 물질의 분자를 뭉치게 해주는 힘으로서 본질적으로 전기적이었다. 나아가 그는 우주 전체에는 흐릿하지만 강렬하게, 중력뿐만 아니라 전기력도 만연하다는 비전을 갖게 되었다.

1810년에 데이비는 셸레가 언급했던 "무겁고 초록빛이 감도는 가스"를 다시 분석했다. 셸레와 라부아지에는 그것을 사실상의 화합물이라고 간주했었지만, 데이비는 그것이 하나의 원소임을 증명하고, 색깔을 감안하여 염소chlorine라고 명명했다. (chlorine의 어원은, 녹황색을 의미하는 그리스어 클로로스chloros다.) 그는 염소가 새로운 원소일 뿐만 아니라 전혀 새로운 화학족chemical family(알칼리금속과 마찬가지로, 너무 활성적이어서 자연계에 존재할 수 없는 족族)의 대표선수임을 깨달았다. 데이비는 염소보다 무겁거나 가벼운 유사체analogue, 즉 염소족의 다른 구성원들이 분명히 존재할 거라고 확신했다.

◆

실증적 발견으로 보나, 그로부터 비롯된 심오한 개념으로 보나, 1806년부터 1810년 사이의 시기는 데이비의 삶에서 가장 창의적인 시기였다. 그는 여덟 개의 새로운 원소를 발견했고, 플로지스톤설과 라부아지에 개념("원자는 단지 형이상학적인 존재일 뿐이다")의 마지막 잔재를 청산했다. 또한 그는 5년이라는 질풍노도의 기간 동안 화학반응성의 전기적 근거electrical basis를 증명하고, 화학을 송두리째 바꿔버렸다.

그는 동료들로부터 최고의 존경을 받았지만, 과학의 대중화를 통해 교양 있는 대중으로부터도 똑같은 명성을 누렸다. 그는 대중 앞에서 실험하는 것을 좋아했고, 그의 유명한 강연(또는 강연과 시연의 병행)은 흥미롭고 유창하고 극적이었으며 때로는 문자 그대로 폭발적이었다. 그는 광범위한 과학·기술적 권력의 정상에 오른 인물로, 희망을 주거나 위협을 가함으로써 세상을 개혁할 수 있는 힘을 갖고 있었다. 국가가 이처럼 위대한 인물에게 부여할 수 있는 영예란 어떤 것이었을까? 그에게 걸맞은 영예는 단 하나뿐인 것처럼 보였지만, 이런 일은 거의 전례가 없었다. 1812년 4월 8일, 그는 섭정왕자◆로부터 기사 작위를 받았는데, 과학자scientist가 그렇게 높은 자리에 오른 것은 1705년 뉴턴 이후 처음이었다.◇

◆

"데이비의 연구 태도는 로맨틱할 정도로 난삽했다." 나이트는 이렇게 썼다. "그리고 조용한 잠복기를 거치고 나면, 폭발적인 스피

◆ 조지 3세는 말년에 이르러 정신병에 시달리기 시작했는데, 이따금 제정신으로 돌아오는 경우도 있었으나 일시적인 호전에 그칠 뿐이었다. 이런 말년의 행각 때문에 '미치광이 왕' 조지라는 유명한 별명을 얻기도 했다. 결국 1811년부터 1820년 사망할 때까지 왕세자인 조지 4세가 섭정을 맡아야 했다. 조지 3세의 광기에 대해 치매라는 설이 많았지만, 근래에는 하노버 왕조에 유전적으로 내려오던 포르피린증porphyrias이 뇌에 영향을 미쳐 정신병이 생긴 것으로 추정된다는 설이 제기되었다.

◇ 과학자를 지칭하는 사이언티스트scientist라는 용어는 1834년 윌리엄 휴얼에 의해 고안될 때까지 존재하지 않았다.

모든 것은 그 자리에

44

드를 발휘했다." 데이비는 실험조수 한 명을 제외하면 늘 단독으로 연구하는 스타일이었는데, 그의 조수 노릇을 한 사람은 단 두 명뿐이었다. 첫 번째 조수는 사촌동생 에드먼드 데이비였고, 두 번째 조수는 마이클 패러데이였다. 패러데이와 데이비의 관계는 강렬하고 복잡해서, 처음에는 매우 긍정적이었지만 나중에는 애매모호해졌다. 프랑스의 화학자 베르톨레가 자신의 조수 게이뤼삭을 '친아들'이라고 불렀던 것처럼, 험프리 데이비는 패러데이를 '과학의 아들'로 여겼다. 그 당시 20대 초반이던 패러데이는 데이비의 강연을 넋놓고 들은 다음, 데이비에게 잘 보일 요량으로 강연 내용을 멋지게 각색하고 주석까지 달아서 그에게 내밀었다.

데이비는 패러데이를 조수로 받아들이기 전에 한참 망설였다. 그도 그럴 것이 그는 미천하고, 수줍음을 많이 타고, 경험이 적고, 서투르며, 학력이 낮았기 때문이었다. 그러나 패러데이는 나이에 걸맞지 않게 과학에 몰입했으며, 비범한 두뇌를 갖고 있었다. 한마디로, 데이비가 베도스를 처음 찾아갔을 때의 모습과 여러모로 비슷했다. 데이비는 처음에는 지지를 아끼지 않는 '관대한 아버지'였지만, 패러데이의 지적 독립성이 높아짐에 따라 점차 억압적인, 어쩌면 '시샘하는 아버지'로 바뀌었다.

패러데이는 처음에는 데이비를 연장자로 깍듯이 대우하며 찬미했지만, 날이 갈수록 원망감이 점차 늘어났고 데이비의 세속성에 대해 도덕적인 경멸감마저 느꼈다. 패러데이는 근본주의 종파의 추종자로서 작위·명예·직위를 일절 탐탁치 않아 했고, 만년에 이르러서는 그 모든 것들을 단호히 거부했다. 그러나 둘 사이에는 심오한 수준의 애정과 지적 친밀감이 존재했으므로, 두 사람이 완전히 결별하는 불상사는 벌어지지 않았다. 두 사람 모두 내성적인 성격인데다 공식적인 발언에 치중하는 스타일이어서, 그들의 관계에 얽힌 비하인드 스토리는 추측의 수준을 벗어날 수 없었다. 그러나 지속적이고 강렬한 관계 속에서 이루어진 최고의 재능을 지닌 두 영혼 간의 창조적 만남은 두 사람 모두와 과학사에 있어서 가장 중요한 사건이었다.

◆

　데이비는 사회적 지위, 위신, 권력에 대한 야망이 매우 컸으며, 기사 작위를 받은 지 3일 후에 제인 에이프리스와 결혼했다. 그녀는 집안이 좋고 사상과 학문에 관심이 많은 상속녀로, 월터 스콧 경의 사촌이었다. 레이디 데이비Lady Davy(험프리 경은 그녀를 늘 이렇게 불렀다)는 자신의 생각과 감정을 분명히 표현하는 여성으로, 에든버러에 살롱을 소유하고 있었다. 그러나 그녀는 데이비와 마찬가지로 독립생활과 칭찬에 익숙해 있었는데, 두 가지 모두 가정생활에는 적합하지 않았다. 결혼은 불행하기만 했던 게 아니라, 과학에 전념하려는 데이비에게 걸림돌로 작용했다. 그의 에너지는 부유층 및 유명 신사들과 어울리고, 귀족들의 흉내를 내며(나이트는 이에 대해, "그는 기사 작위를 몹시 사랑했다"고 썼다), 신분세탁을 하는 데 집중되었다. 그러나 섭정 시대의 영국에서 신분세탁은 어림도 없는 일이었다. 한 사람의 신분은 출생에 의해 필연적으로 결정되었고, 명성도 작위도 결혼도 타고

난 신분을 바꿀 수는 없었기 때문이다.

데이비 부부는 결혼 직후 신혼여행을 떠나지 않고, 험프리가 수행 중이던 연구가 완료되는 대로 유럽 대륙으로 함께 건너가 1년 동안 머물기로 했다. 그는 화약과 다른 폭발물을 연구해왔으며, 1812년 10월에는 (수많은 사람들의 손가락과 눈을 앗아간) 최초의 고성능 폭약—삼염화질소nitrogen trichloride를 갖고서 실험했다. 그는 질소와 염소를 배합하는 여러 가지 방법을 발견했으며, 한번은 친구 집에 가서 실험을 하다가 부주의로 맹렬한 폭발을 초래했다. 그는 사랑하는 동생 존에게 보낸 편지에서 자세한 내용을 모두 털어놨다. "모든 게 나의 불찰이었어. 극도의 신중을 기했어야 했는데…. 나는 핀 머리pin's head만 한 폭약 때문에 심각한 부상을 입은 경험이 있어. 핀의 머리보다 큰 알갱이를 갖고서 실험하는 것은 안전하지 않아."

데이비는 부분적으로 시력을 잃었는데, 4개월이 지난 후에도 완전히 회복되지 않았다. 친구의 집에 어떤 피해가 있었는지는 알려져 있지 않다.

신혼여행은 특이하고도 코믹했다. 데이비는 많은 화학기구와 다양한 물질들을 가지고 갔는데, 그중에는 "공기펌프, 전기기계, 볼타전지 … 취관blow-pipe 장치, 풀무와 화덕, 수은과 수성가스♦ 기구, 백금과 유리로 만든 컵과 대야, 흔한 화학시약" 등이 포함되어 있었다. 그리고 마지막으로, 실험에 사용할 고성능 폭발물을 추가했다. 또한 그는 젊은 실험조수인 패러데이를 대동했다. (레이디 데이비가 패

♦ 고온으로 가열한 코크스에 수증기를 작용시키면 생기는 가스.

러데이를 하인처럼 취급하자, 그는 이윽고 그녀를 미워하게 되었다).

데이비가 파리에 도착했다는 소식을 듣고 앙페르와 게이뤼삭이 방문했는데, 그들은 데이비의 의견을 들어보려고 오는 길에 반짝이는 까만 물질을 가져왔다. 그 물질은 특이한 성질이 하나 있었다. 열을 가하면 용융되지 않고, 곧바로 짙은 보라색 증기로 변한다는 것이었다. 데이비는 그게 염소의 유사체일 것이라고 직감했는데, 머지않아 새로운 원소(왕립학회the Royal Society에 제출한 보고서에 데이비는 "새로운 물질 종"이라고 썼다)임을 확인했다. 그래서 염소와 마찬가지로, 요오드iodine라는 색이름chromatic name을 부여했다. (요오드의 영어명인 아이오다인iodine은 보라색을 의미하는 그리스어 이오에이데스ioeides에서 왔다.)

프랑스에서 시작된 웨딩파티는 이탈리아로 무대를 옮겨갔고, 실험은 그 와중에도 끊이지 않고 계속되었다. 피렌체에서는 거대한 돋보기를 이용하여 통제된 조건하에서 다이아몬드를 태웠고,◇ 베수비우스의 가장자리에서는 광물질을 수집했고, 산맥의 화도 volcano vent♦에서 나오는 가스를 분석하여 습지가스marsh gas(즉, 메탄가스)와 동일하다는 사실을 알아냈다. 그리고 오래된 걸작 미술품들에

◇ 데이비는 이때까지 다이아몬드와 숯이 사실상 동일한 원소임을 인정하지 않으려 했다. 다이아몬드와 숯의 동일성을 인정하는 것은 "자연의 유사성analogies of nature이라는 원리에 어긋난다"는 것이 그의 지론이었다. 화학세계를 간혹 형식적 속성formal property이 아니라 구체적 특질concrete quality을 기준으로 분류한 것은, 그의 강점인 동시에 약점이었다. (알칼리금속과 할로겐족halogens에서 그렇듯 형식적 속성과 구체적 특질은 대부분 일치하며, 하나의 원소가 여러 가지 상이한 물리적 형태를 갖는 것은 매우 드문 현상이다.)

♦ 화산이 지하로 통하는 통로 하단을 말하며, 그 상단을 화구crater라고 한다.

서 채취된 물감 샘플을 최초로 분석한 후 "온통 원자뿐이다"라고 발표했다.

그것은 셋이 함께 터벅터벅 유럽을 일주하며 화학 실험을 병행한, 전무후무한 '화학적 3인조 신혼여행chemical honeymoon-à-trois'이었다. 그 여행 기간 동안, 데이비는 아이디어와 장난기가 가득한 활기차고, 호기심 많고, 짓궂은 소년으로 되돌아간 듯했다. 패러데이도 그 여행을 통해 경이로운 과학적 삶으로 인도되었지만, 레이디 데이비는 노상 인상을 찌푸리곤 했다. 장기간의 신혼여행을 끝내고 런던에 돌아왔을 때, 데이비는 일생일대의 실질적 도전에 직면하게 되었다.

그즈음, 서서히 가열되고 있던 산업혁명이 엄청난 양의 석탄을 집어삼킴에 따라 탄광은 너무 깊이 파내려간 상태였다. 그러한 상황에서 광부들은 메탄(세간에서는 이를 '폭발성가스fire-damp'라고 불렀다)이나 일산화탄소(세간에서는 이를 '질식성가스choke-damp'라고 불렀다)와 같은 가연성·독성 가스가 정체한 막장 속으로 뛰어들기 일보직전이었다. 갱도로 내려보낸 새장 속 카나리아가 광부들을 질식시키는 일산화탄소의 존재를 경고해줄 수 있었지만, 메탄가스의 존재를 알려주는 것은 치명적인 폭발인 경우가 허다했다. 특별한 검출 방법이 없다 보니, 칠흑 같은 어둠 속에서 램프에 불을 붙이다가 폭발 사고가 일어나는 사례가 빈발했기 때문이다. 그러므로 메탄 가스포켓♦♦에 불

♦♦ 가스가 정체하여 유출이 어려운 부분(포켓 모양의 공간)을 말하며, 여기에 폭발성 가스가 정체한 경우 가스 폭발이 일어나기 쉽다.

을 붙이지 않고 휴대할 수 있는 광부용 램프를 설계하는 것이 필수적이었다.

데이비는 자신이 설계한 다양한 램프들을 갖고서 실험한 결과, 새로운 원칙을 몇 가지 발견했다. 그 내용인즉 밀폐된 랜턴 속에서 좁은 금속관을 사용하면 폭발이 확산되는 것을 막을 수 있다는 것이었다. 그런 다음 촘촘한 철망을 이용한 실험에서 불꽃이 철망을 통과하지 못한다는 사실을 발견했다.◊ 최종적으로, 그는 금속관과 철망을 이용하여 데이비램프를 완성했다. 그리고 1816년에 실시된 테스트에서, 데이비램프는 안전할 뿐만 아니라 불꽃의 모양을 근거로 메탄가스의 존재를 알려주는 믿을 만한 계기인 것으로 입증되었다.◊◊ 데이비는 자신이 발명한 안전램프에 대해 보상을 추구하거나 특허 출원을 하지 않고, 전 세계에 무료로 보급했다. (데이비는 이 점에서 자신

◊   데이비는 그 후에도 불꽃 연구를 계속하여, 안전램프를 발명한 지 1년 후 〈불꽃에 대한 새로운 연구Some New Researches on Flame〉라는 논문을 발표했다. 그로부터 40여 년이 지난 후인 1861년 패러데이가 바통을 이어받아, 왕립연구소에서 '촛불의 화학사The Chemical History of a Candle'라는 제목의 유명한 연속 강연을 했다.

◊◊   나는 어린 시절 어머니에게 이끌려 런던 과학박물관에 갔을 때, 데이비램프를 통해 험프리 데이비를 처음 알게 되었다. 박물관 맨 위층에는, 실물과 매우 비슷한 19세기의 탄광 모형이 설치되어 있었다. 어머니는 내게 데이비램프를 보여주며, 그 덕분에 광부들이 탄광에서 안전하게 일할 수 있었다고 설명해줬다. 그런 다음 또 하나의 안전램프인 란다우 램프를 보여주며 이렇게 말했다. "나의 아버지, 그러니까 네 외할아버지가 저걸 발명하셨단다. 서른두 살 때인 1869년, 당신의 발명품이 훨씬 더 안전한 것으로 밝혀짐에 따라 데이비램프를 대체하게 되었지." 나는 그 사실을 알고 온몸에 전율을 느꼈다. 과학은 인류의 소중한 유산이며, 조상과 후손 간의 시간을 초월하는 영향력과 대화를 통해 발전한다는 생각이 들었다. 아주 어린 시절의 일임에도 불구하고, 마치 엊그제 일어난 일인 것처럼 매우 생생한 기억이다.

의 친구 윌리엄 하이드 울러스톤과 극명한 대조를 이뤘다. 울러스톤은 자신이 발견한 팔라듐과 백금을 상업적으로 이용함으로써 엄청난 부를 축적했다.)

데이비의 인생은 크게 지적 생활과 공적 생활로 나눌 수 있으며, 전기-화학 연구가 지적 생활의 꽃이었다면 안전램프는 공적 생활의 꽃이었다고 할 수 있다. 안전램프를 발명하여 국민에게 선물함으로써, 그에 대한 대중의 인지도와 지지도가 새로이 고가를 경신했다.

◆

데이비가 현실에서 이룩한 찬란한 업적 뒤에는, 동시대인들이 눈치채지 못했던(단, 그를 잘 알고 있었고, 나름 위대하고 신비로운 존재였던 콜리지와 패러데이는 눈치챘을 것이다) 신비주의적 차원의 예지력visionary이 숨어 있었다.

데이비는 천신만고 끝에 실증주의자가 되었지만, 평생 동안 낭만주의 운동과 그 자연철학Naturphilosophie 사조의 일원이기도 했다. 신비주의적이거나 초월적인 철학과 엄밀하고 실증적인 실험/관찰 모델 사이에 늘 갈등과 모순만 있는 건 아니었다. 뉴턴이 그랬던 것처럼 양자는 얼마든지 동행할 수 있었다. 데이비는 젊은 시절에 이상주의 철학에 매혹된 나머지 (콜리지가 열정적으로 번역한) 프리드리히 셸링의 철학서를 탐독했으며, 그 자신의 저술은 셸링의 관념 중 일부를 실증적으로 확인하는 데 기여했다. 즉, 우주는 상반되는 원자가valence를 지닌 에너지에 의해 결합되어 있는 역동적인 전체이며,

우주 속의 에너지는 비록 변환될지언정 늘 보존된다는 것이다.

뉴턴에게 우주는 '구조가 없는 매질structureless medium'에 불과했고, 힘(예컨대 중력)은 '원격작용'을 통해 운동에 개입하는 불가사의한 것으로 여겨졌다. 나중에 패러데이가 등장하면서, 힘은 구조를 갖고 있으며 자석이나 전류가 흐르는 전선이 대전된 장charged field을 형성한다는 관념이 형성되었다. 그러나 내가 보는 견지에서, 데이비는 '장field'의 개념에 근접했던 것 같다. 장은 초월적인 개념이며, 어떤 의미에서 (우리가 패러데이에게 빚지고 있는) 로맨틱한 개념이다. 어떤 사람들은 패러데이와 데이비라는 두 명의 예지력 있는 천재들이 (외르스테드, 앙페르 등의 저술에서 큰 영감을 받아) 새로 발견된 전자기 현상에 대해 함께 고민했을 때, 두 사람 사이에서 오간 게 무엇이었을지 궁금해한다. (라이프니츠와 셸링의) 이상적 우주와 (패러데이, 클러크 맥스웰, 아인슈타인의) 현대적 우주 사이에서 가교 역할을 한 인물이 데이비였다고 생각하면 나도 모르게 왠지 가슴이 뛰고 오금이 저려온다.

◆

1820년 데이비는 왕립학회의 회장으로 선임됨으로써 과학계 최고의 명예를 누렸다. 뉴턴은 일찍이 24년간 그 자리를 지켰고, 그 당시 자리를 지키고 있던 제1대 뱅크스 준남작 조지프 뱅크스의 재임 기간은 무려 42년이었다. 과학계에서 왕립학회 회장을 능가하는 권력과 명망을 지닌 자리는 없었지만, 그보다 더한 외교적·행정적

부담을 지닌 자리도 없었다. 뱅크스는 재임기간 동안 5만 통 이상의 편지를 쓴 것으로 알려져 있지만, 많게는 10만 통의 편지를 썼던 것으로 추정된다. 그런 엄청난 부담을 이제는 데이비가 져야 했다.

더욱 심각한 점은, 데이비의 왕립학회 개혁 노력이 회원들의 반발에 부딪힌 것이었다. 1820년대의 왕립학회는 '금수저들의 모임'으로 전락한 감이 있었으며, 뛰어난 재능을 가졌음에도 불구하고 과학계에 별로 기여하지 않는 사람들이 종종 눈에 띄었다. 데이비는 앞뒤 가리지 않고 "왕립학회의 명성이 지속적인 하락세를 보여왔으며, 회원들이 스스로 가치를 입증해 보여야 한다"고 주장했다. 비생산적인 후원을 줄이고, '아마추어와 신사 위주의 모임'을 '전문가 중심의 모임'으로 전환하려는 그의 지속적이고 때로는 무례한 노력은 많은 회원들의 반항과 분노를 초래했다. 데이비는 점점 더 비웃음과 적개심의 대상이 되었으며, 한때 매너 좋기로 소문났던 그가 어느새 격노·교만·비타협의 대명사가 되었다. 그즈음 왕립학회에 걸렸던 그의 초상화를 보면, 화가 나서 얼굴이 퉁퉁 붓고 시뻘겋게 달아오른 모습을 어렵잖게 발견할 수 있다. 데이비드 나이트의 말을 빌리면, 한때 영국에서 가장 잘나가는 과학자였던 그가, "역사상 가장 반감을 사는 과학자 중 하나가 되어 있었다".

왕립학회의 사소한 일들이 지속적으로 신경을 거스르는 가운데, 설상가상으로 온갖 악재들이 꼬리에 꼬리를 물고 터져나왔다. 대부분의 회원들과 사사건건이 대립하고, 격의 없는 대화로 무한한 기쁨을 선사했던 콜리지 등의 절친한 친구들과 멀어지고, 사랑도 자녀도 없는 결혼생활이 교착상태에 빠지고, 40대에 들어서며 어렴풋

하게 나타난 기질적 증상organic symptom들이 (아버지가 요절한 이유로 여겨지는) 가족성질환familial disease을 떠올리게 하자, 자신의 신세를 한탄하며 '좋았던 시절'을 회고하는 일이 많아졌다. 이는 집중력 부족으로 이어져, 그동안 내적 평화와 안정성의 중요한(때로는 유일한) 원천이었던 독창적 연구를 가로막았다. 엎친 데 덮친 격으로, 동시대인들이 자신을 퇴물 또는 주변인으로 여긴다는 사실을 알게 되면서, 자신이 전기-화학 분야의 최전선을 누비고 있다는 자부심은 슬그머니 자취를 감췄다. 데이비가 자리를 비운 사이에 등장하여 무기화학의 전 분야를 휘어잡은 스웨덴의 화학자 J. J. 베르셀리우스는, 데이비가 평생 동안 이룬 업적들을 싸잡아 "구시대의 유물일 뿐, 더 이상 휘황찬란한 보석들이 아니다"라고 깎아내렸다.

데이비의 상실감과 절망적인 노스텔지어는 해가 갈수록 깊어졌고, 급기야 1828년에는 다음과 같은 한탄조의 글을 쓰기에 이르렀다.

> 아! 스물다섯 살 때 가졌던 '파릇파릇한 정신'을 회복할 수 있다면 얼마나 좋을까! … 어떠한 대가라도 치를 수 있을 텐데! … 좋았던 시절의 기억이 생생히 떠오른다. 온 세상이 전부 권력으로 가득 찼던 시절에는 권력이 곧 공감sympathy이고, 공감이 곧 권력이었다. 죽은 자, 모르는 자, 동서고금을 막론한 위대한 인물들! 나는 상상력의 힘을 빌려, 이 모든 사람들을 나의 동료와 친구로 만들 수 있었다. 그리하여 그들이 가졌던 권력을 독차지했다.

1826년에 데이비의 어머니가 세상을 떠났다. 뉴턴이 그러했듯이 데이비도 어머니에 대한 애착이 몹시 강한 마마보이였기에, 어머니의 죽음에 지독히도 큰 영향을 받았다. 마흔여덟 살이던 그해 말, 그는 아버지가 같은 나이에 그랬던 것처럼 일시적인 손발마비와 다리허약증을 거쳐 마비성 뇌졸중 증상을 겪었다. 증상은 신속히 회복되었지만, 사안의 심각성과 부인할 수 없는 중요성이 그의 생각을 바꿨다. 그는 갑자기 왕립학회에서의 끊임없는 갈등과 세속생활의 한없는 의무감에 넌덜머리가 났다. "나의 건강은 사라지고 야망은 충족되었다. 나는 군계일학의 욕망에 더 이상 열광하지 않는다. 내가 가장 유념하는 것은 무덤 속에 있다."

　　데이비가 성인기 내내 즐긴 여가생활 중 하나(어쩌면 유일한 여가생활)는 낚시였다. 평소에는 주의가 산만하고 젠체하고 범접하기 어려운 사람이었지만, 낚시를 할 때만큼은 예전의 다정다감함과 진정한 자아를 회복할 수 있었다. 마음의 젊음과 신선함을 되찾았고, 예전에 그랬듯 온갖 아이디어를 희롱하는 데서 즐거움을 느꼈다. 다년간의 여가활동을 통해 낚시의 달인이 되자, 본의 아니게 파리와 물고기에 대해서도 전문가가 되었다. 그의 마지막 명상록들 중 한 권인 《살모니아Salmonia》는 자연사인 동시에 우화, 대화집이자 시였으며, 나이트는 그것을 "자연신학natural theology으로 가득 찬 낚시 책"이라고 불렀다.

　　그 책을 완성한 후, 데이비는 자신의 대자代子인 동시에 마지막

'과학의 아들'인 존 토빈을 대동하고 슬로베니아를 향해 출항했다. 영국을 벗어나니 기후가 달라지는 바람에 신경계가 지속적인 혼란 상태에 빠졌지만, 자신의 마지막 생각을 확인하고 즐기고 전달할 수 있기를 바랐다.

나는 내가 추구했던 위안을 찾았으며, 위험한 질병을 앓은 후 건강을 부분적으로 회복했다. … 내가 초기에 품었던 비전의 진정한 의미를 찾았다. … 자연은 우리를 결코 기만하는 법이 없으며, 바위와 산맥과 시내는 늘 똑같은 언어로 이야기한다.

데이비는 1829년 2월 마지막이 된 치명적인 뇌졸중을 겪은 후, 시므온의 노래Nunc Dimittis◆를 구술했다.

나는 심각한 중풍 발작으로 세상을 떠납니다. 발작은 나의 온몸을 움켜쥐었으나, 지적인 기관만큼은 그러지 못했습니다. … 나의 지적 노동을 마무리하도록 허락하신 신을 찬미합니다.

이 글의 첫머리에서 언급한 바와 같이, 험프리 데이비는 나를 포함하여 자기 집에 화학 실험 세트나 화학 실험실을 갖추고 있는

◆　시므온의 노래인 〈눙크 디미티스〉는 "주여, 말씀하신 대로…"로 시작되는 〈누가복음〉 2장 29~32절의 라틴어 첫마디이며, 생의 마지막 순간에 남기는 고별사의 대명사로 사용된다.

내 세대 소년들 모두의 총애를 받는 영웅이었다. 우리는 그의 실험을 모두 알고 있었을 뿐 아니라, 종종 실험을 반복하며 그의 위치에 서게 된 스스로의 모습을 상상하곤 했다. 데이비 자신에게도 우리와 마찬가지로 어린 시절의 우상이 있었는데, 그중에서 가장 대표적인 인물은 뉴턴과 라부아지에였다. 뉴턴은 그에게 일종의 신神이었지만, 라부아지에는 자주 대화하며, 들을 건 듣고 따질 건 따질 수 있는 아빠처럼 가까운 사이였다. 베도스가 출판해준 데이비의 첫 번째 논문은 라부아지에의 이론을 통렬히 비판하던 중 작성된 것으로, 사실상 라부아지에와의 대화였다. 우리 모두에게도 라부아지에와 같은 인물─평생 동안 함께할 자아이상ego ideal♦♦이 필요하다.◊ 그런데 놀랍게도, 오늘날 나와 대화하는 젊은 과학자 친구들 중에는 데이비를 아는 사람이 단 한 명도 없다. 심지어 나의 관심사가 뭔지를 말해주면, 그들 중 일부는 얼떨떨한 표정을 짓곤 한다. 구舊과학과 신新과학 간의 연관성은 그들의 안중에는 없는 듯하다. 항간에 다음과 같은 말이 떠돌아다닌다. 과학은 비인격적인impersonal '정보'와 '개념'으로 구성되어 있고, 과학은 수정revision과 대체replacement를 통해 지속적으로 발전하며, 그 과정에서 수정·대체된 정보와 개념은 한물간 것으로 치부된다고. 그런 견해에 따르면, 과거의 과학은 현재와 아무런 관련성이 없으며, 고작해야 역사가들이나 심리학자들의 관심거리

♦♦ 한 개인이 자기 자신을 위해 무의식적으로 만든 완전성의 기준을 말한다.
◊   자아이상에 관한 일반적 주제와 보편적 필요성에 대해서는 레너드 셴골드의《소년의
     노력은 수포로 돌아갈 것이다! 프로이트의 자아이상과 자아이상으로서의 프로이트The
     Boy Will Come to Nothing! Freud's Ego Ideal and Freud as Ego Ideal》서론을 참고하라.

일 뿐이다.

그러나 이는 나의 실제 경험과 배치된다. 나는 1967년 나의 첫
책《편두통Migraine》(알마, 2011)을 쓰기 시작했을 때, 신간 도서 및 논
문과 임상경험에서 많은 아이디어를 얻었다. 그러나 에드워드 리빙
이 1870년대에 발표한 '오래된' 책《편두통Megrim》에서도 (분량과 중
요도 면에서) 그에 못지않은 아이디어를 얻었다. 나는 그 책을 한 의대
도서관의 (발길이 뜸한) 역사 코너에서 발견하여, 단숨에 끝까지 읽고
일종의 황홀감에 휩싸였다. 나는 6개월 동안 그 책을 무수히 반복해
읽은 후, 리빙이 매우 훌륭한 인물임을 깨닫게 되었다. 그 이후로 그
의 존재감과 사고방식은 늘 나의 곁을 떠나지 않았다. 리빙과의 오
랜 만남은 나의 사고가 형성되고 활자화되는 데 결정적인 역할을 했
다. 나를 맨 처음 과학자의 길로 인도한 사람도, 열두 살 때 과학박물
관에서 '험프리램프'를 보았을 때 만난 험프리 데이비였다. 사실이
이러할진대, 과학의 역사는 현재와 무관하다고 어느 누가 자신 있게
말할 수 있겠는가!

이것이 나 하나만의 독특한 경험이라고는 생각하지 않는다. 많
은 과학자들은 시인이나 예술가들과 마찬가지로 과거와 '살아 있는
관계'를 맺고 있다. 역사와 전통을 계승한다는 추상적 의미에서뿐만
아니라, 동료나 친구나 조상들과 일종의 묵시적 대화implicit dialogue
를 나누는 느낌이 든다는 의미에서 말이다. 과학자들은 간혹 자신을
'역사적·인간적 기원에서 독립한 비인격체인 동시에 순수한 사상
가'로 간주한다. 그들은 과학도들에게 그게 마치 사실인 양 가르치
기도 한다. 그러나 과학은 하나부터 열까지 인간이 하는 일로, 갑작

스러운 분출과 정지, 낯선 일탈을 동반하며 유기적·진화적·인간적으로 성장한다. 과거의 티를 벗고 성장하지만 과거에서 완전히 벗어나지는 않는다. 우리가 어른이 되어도 유년기에서 완전히 탈피하지 않는 것처럼 말이다.

도서관

어렸을 때 우리 집에서 내가 제일 좋아하는 곳은 서재였다. 그곳은 커다란 오크 판으로 마감된 방으로, 네 벽이 모두 책장으로 덮여 있었다. 그리고 한복판에는 집필 및 연구용으로 견고한 테이블 하나가 놓여 있었다. 서재에는 히브리학에 조예가 깊은 아버지의 특별한 장서, 입센의 희곡에 관한 모든 것(나의 부모님은 의대생 시절 입센 동아리에서 처음으로 만났다)이 보관되어 있었다. 한 칸짜리 선반에는 아버지와 같은 시대를 살았던 (그리고 그중 상당수가 제1차 세계대전 때 전사한) 젊은 시인들의 작품들이 놓여 있었다. 그리고 내 손이 쉽게 닿는 책장 아래쪽 칸들에는, 세 형들의 소유물인 모험과 역사에 관한 책들이 즐비했다. 내가 키플링의 《정글북Jungle Book》을 발견한 것은 바로 거기서였다. 나는 주인공 모글리*와 깊은 동질감을 느낀 나머지, 그의 모험을 나만의 판타지 세상을 향한 출발점으로 삼았다.

나의 어머니는 거실에 자리 잡은 별도의 책장에 좋아하는 책들을 보관하고 있었다. 그중에는 부드러운 빨간색 모로코가죽으로 제본된 키플링 전집은 물론, 디킨스, 트롤럽**, 새커리***의 소설과 연녹색 표지로 제본된 버나드 쇼의 희곡이 꽂혀 있었다. 또한 아름다운 장정으로 된 세 권짜리 셰익스피어 전집, 가장자리에 금박을 입힌 밀턴의 책, 그 밖의 서적들이 꽂혀 있었는데, 대부분은 어머니가 학창 시절 상품으로 받은 시집들이었다.

부모님의 진찰실 안에 놓인 특별한 캐비닛 속에는 의학 서적이 들어 있었다. 캐비닛은 잠겨 있었지만, 열쇠가 캐비닛 문에 꽂혀 있었으므로 쉽게 열 수 있었다.

내 눈에는 오크 판으로 마감된 서재가 우리 집에서 제일 조용하고 아름다운 공간이었으며, 내가 가장 머물고 싶은 곳으로 내 작은 화학 실험실과 인기 순위에서 일이 등을 다퉜다. 나는 의자에 웅크리고 앉은 채 독서삼매경에 빠져, 시간 감각을 완전히 잃곤 했다. 어쩌다 내가 점심이나 저녁 식사 시간에 늦을 때면, 나는 어김없이 서재에서 책에 완전히 빠져 있는 모습으로 발견되었다. 나는 일찍이, 세 살이나 네 살 때쯤 읽는 법을 익혔으므로, 책과 우리 집 서재가

◆　세오니 언덕의 정글에서 길을 잃었다가 늑대 가족에게 입양된 인간 아이. 날래고 적극적이지만 장난이 심하고, 호기심 때문에 위기에 빠질 때도 많다.
◆◆　영국의 소설가로, 대표작은 가공의 공간인 바셋주州의 풍속을 그린 연작소설《바셋주 이야기》다. 19세기 중엽 영국사회를 냉정하고 정확히 기술한 사실적 작품으로, 근년에 와서 높이 평가된다.
◆◆◆　19세기 영국 문학을 대표하는 소설가. 적절히 억제된 교양 있는 문체, 날카로운 역사감각 등이 최근 재평가되고 있다. 주요 저서에는 대작《허영의 시장》《헨리 에즈먼드》등이 있다.

나의 초기 기억 중 상당 부분을 차지하고 있다.

그러나 내가 최초로 찾은 정식 도서관은 지역사회의 공공도서관인 윌즈덴 도서관Willesden library이었다. 내가 성장기에 가장 행복한 시간을 보낸 곳은 주로 그 도서관이었고, 내가 진정한 교육을 받은 곳도 바로 그곳이었다. 그 도서관은 우리 집에서 걸어서 5분 거리에 있었다.

나는 대체로 학교를 싫어했다. 교실에 앉아서 수업을 들으면, 정보가 한쪽 귀로 들어와 반대쪽 귀로 빠져나가는 것 같았다. 나는 선천적으로 수동적인 게 싫었고, 매사에 능동적이라야 직성이 풀렸다. 내 스스로, 내가 원하는 것을, 내게 가장 알맞은 방법으로 배워야만 했다. 나는 좋은 학생이라기보다는 좋은 학습자였다. 윌즈덴 도서관(그리고 그 이후에 찾은 모든 도서관)에서 서가와 선반 사이를 기분 내키는 대로 어슬렁거리며, 마음에 드는 책이라면 뭐든 골랐고, 그렇게 나를 만들어갔다. 나는 도서관에서 자유를 만끽했다. 수천 권, 수만 권의 책들을 마음대로 들여다보고, 마음대로 거닐고, 특별한 분위기와 다른 독자들과의 조용한 동행을 즐겼다. 그들은 모두 나와 마찬가지로 오로지 '자신만의 것'을 추구했다.

나이가 들어감에 따라, 나의 독서는 점차 과학, 특히 천문학과 화학 쪽으로 기울었다. 열두 살 때 들어간 세인트폴스 스쿨은 탁월한 교양도서관을 갖추고 있었는데, 특히 역사와 철학 분야에 방대한 장서를 보유하고 있었다. 그러나 그 도서관은 일부 과학 분야의 서적, 특히 그즈음 내가 애타게 찾던 화학 책들을 보유하고 있지 않았다. 그러나 한 선생님이 특별히 써준 추천서 덕분에 과학박물관 도서관의 입장권을 받아, 멜러의《무기화학 및 이론화학 총론 Comprehensive Treatise on Inorganic and Theoretical Chemistry》과 그보다 훨씬 더 방대한《그멜린 무기화학 핸드북Gmelin Handbook of Inorganic Chemistry》 여러 권을 탐독했다.

대학에 들어갔을 때, 나는 옥스퍼드에서 쌍벽을 이루는 두 위대한 도서관인 래드클리프 과학도서관과 (기원이 1602년까지 거슬러올라가는 경이로운 교양도서관인) 보들리언 도서관에 출입할 수 있었다. 나는 보들리언 도서관에서 지금은 희미하게 잊힌 시어도어 후크의 저서를 발견했다. 후크는 19세기 초 즉흥 연기 및 연주 분야에 대한 천재성과 재기발랄함으로 크게 각광받은 인물이었다. 나는 후크에게 매료되어 그에 관한 일종의 전기傳記 또는 '사례 연구'를 쓰기로 결심했다. 영국박물관 도서관 다음으로 필요한 자료가 많은 데다 분위기까지 조용하여, 보들리언 도서관은 글을 쓰기에 안성맞춤이었다.

그러나 옥스퍼드에서 제일 마음에 드는 도서관은 뭐니 뭐니 해도 내가 다녔던 퀸스칼리지 도서관이었다. 빼어나게 아름다운 도서관 건물 자체는 크리스토퍼 렌이 설계한 것으로, 난방용 파이프와 선반이 뒤엉켜 있는 지하의 미로에는 방대한 지하 장서가 보관되어 있었다. 인큐내뷸러incunabula♦라고 불리는 고서들을 내 손으로 직접 만져보다니! 그것은 전혀 새로운 경험이었다. 나는 특히 뒤러의 코뿔소 그림을 포함해 경이로운 판화 삽화들이 잔뜩 들어 있는 게스너

♦   구텐베르크가 인쇄술을 발명한 1450년부터 1500년까지 유럽에서 활자로 인쇄된 서적을 가리키는 말.

의 《동물의 역사Historiae Animalium》(1551)와, 아가시의 네 권짜리 화석

어fossil fish 전집에 경탄을 금하지 못했다. 다윈의 저서 원본을 구경

한 곳도, 토머스 브라운 경의 저서들(《의사의 종교Religio Medici》《호장론

Hydriotaphia》《영혼의 정원The Quincunciall Lozenge》)을 모두 발견하고 곧 사

랑에 빠진 곳도 그곳이었다. 브라운 경의 저서 일부는 황당하기 이

를 데 없었지만 그 화려한 언어란! 간혹 브라운의 '고전古典 실력 뽐

내기'가 지나치다 싶으면, 스위프트의 신랄한 풍자소설로 갈아탈 수

도 있었다. 내가 지금까지 말한 책들은 물론 모두 초판본이었다. 나

는 부모님이 선호하는 19세기 서적들에 둘러싸여 성장했지만, 대학

생이 된 뒤에는 퀸스칼리지 도서관의 카타콤베에서 17~18세기의

존슨, 흄, 포프, 드라이든 문학에 입문했다. 그 책들은 (특별히 자물쇠가

채워진) 희귀본 코너가 아니라 평범한 서가에 진열되어 있어서, 자유

로운 열람이 가능했다. (내 개인적인 생각이지만, 그 책들은 처음 출간된 이후

로 줄곧 그 자리에 놓여 있었던 것 같았다.) 내가 역사와 모국어인 영어에 정

말로 관심을 갖게 된 것도 퀸스칼리지 도서관에서였다.

　나는 1965년에 뉴욕으로 처음 이사했는데, 끔찍하리만큼 비좁

은 아파트를 얻는 바람에 글을 읽거나 쓸 공간이 거의 없었다. 내가

할 수 있는 일이라고는, 냉장고 위에 원고지를 올려놓고 팔꿈치를

엉거주춤 치켜든 채 첫 책 《편두통》을 쓰는 것이 고작이었다. 나는

널따란 공간을 간절히 원했는데, 때마침 내가 근무하던 알베르트 아

인슈타인 의대의 도서관에 그런 공간들이 많았다. 나는 커다란 테이

블에 앉아 한참 동안 책을 읽거나 글을 쓰다가, 간간이 자리에서 일

어나 서가와 선반 사이를 이리저리 누볐다. 나는 아무 곳에나 내키

는 대로 시선을 던졌는데, 그러다가 뜻밖의 보물을 발견하고는 '이게 웬 횡재냐' 하고 쾌재를 부르며 내 자리로 가져오곤 했다.

도서관은 조용했지만, 서가 사이에서 속삭이는 소리가 나는 경우도 있었다. 언젠가 한번은 두 사람이 똑같은 고서(1890년에 나온 똑같은 장정의 《뇌Brain》 여러 권)를 찾다가 대화를 나누기 시작하여, 급기야 우정으로 발전하기도 했다. 도서관에 있는 사람들은 모두 자신만의 책을 읽으며 자기만의 세상에 몰입했지만, 일종의 공동체 의식이나 친밀감도 존재했다. 책의 물질적 속성(이를 테면 같은 책꽂이, 심지어 바로 옆에 꽂혀 있는 경우)이 매개체가 되어, 그런 책들을 만지고 공유하고 주고받거나, 심지어 대출한 독자들의 이름과 대출 날짜를 확인하는 가운데 유대관계가 새록새록 생겨났다.

그러나 1990년대에 이르러 큰 변화가 일어났다. 나는 여전히 도서관에 자주 들러, 서가에서 뽑아온 책들을 내 앞에 산더미처럼 쌓아놓은 채 테이블에 앉았다. 당시 학생들 사이에서는 서가를 외면하고 컴퓨터를 이용하여 필요한 자료를 검색하는 경향이 점차 늘어났다. 서가에 와서 두리번거리는 학생들은 왠지 외계인처럼 느껴졌다. 적어도 학생들이 보기에, 서가에 줄줄이 꽂혀 있는 책들 사이를 배회하는 것은 시간낭비인 듯했다. 대다수의 학생들이 서가를 찾지 않고 컴퓨터로 향하게 되자, 대학 측에서는 결국 책들을 처분하기로 했다.

나는 아인슈타인 의대 도서관뿐 아니라 미국 전역의 대학 도서관과 공공도서관에서 이런 일이 일어나고 있는 줄 까맣게 몰랐다. 최근 한 의대 도서관에 들렀다가, 한때 책이 넘쳐났던 서가가 썰렁

한 것을 보고 깜짝 놀랐다. 최근 몇 년 동안 대부분의 책들이 서가에서 퇴출되었지만, 거기에 대해 항의하는 사람들도 놀라울 정도로 거의 없는 것 같았다. 나는 그 도서관에서 일종의 분서갱유, 즉 수 세기 동안 누적된 지식을 파괴되는 범죄행위가 일어났다는 느낌이 들었다. 허탈해하는 내 모습을 본 도서관 사서는, '가치 있는' 것들은 모두 디지털화되었다며 나를 안심시키려 했다. 그러나 컴퓨터를 사용하지 않는 나로서는, 그 도서관에서 책은 물론 제본된 정기간행물까지 사라진 데 대해 깊은 상실감을 느끼고 있다. 왜냐하면 물리적인 책에는 대체될 수 없는 무엇, 즉 겉모습, 향기, 중량감이 존재하기 때문이다. 나는 한때 그 도서관에서 '오래된' 책들을 소중히 여겨서 고서와 희귀본을 위해 특별한 방을 마련해두었던 것을 떠올렸다. 그리고 1967년에 그 방에서 서가를 뒤지다 1873년에 출간된 에드워드 리빙의《편두통》을 발견하고, 그 책이 나의 첫 책《편두통》에 영감을 불어넣었던 일을 기억했다.

뇌 속으로의 여행

짐작하건대, 나는 열세 살이나 열네 살 때 처음 읽은 프리제시 카린시의 《나의 두개골 일주 여행기A Journey Round My Skull》라는 책의 영향을 받아, 나중에 내 자신의 신경학적 사례연구를 집필하게 된 것 같다. 그로부터 60년 후 다시 읽어보니, 카린시의 책이 여전히 놀라울 정도로 유효하다는 생각이 든다. 그 책은 단지 정교한 사례연구에 멈추지 않고, 인간의 시각·정신·생명을 위협하는 질병이 비범한 감수성과 재능의 소유자(심지어 인생의 황금기에는 천재 소리를 들었던 인물)에게 미친 복잡한 영향을 묘사하고 있다. 그러므로 그 책은 통찰에 관한 여행기이자, 상징적 단계symbolic stage♦에 관한 여행기이

♦ 교육심리학자 브루너가 제시한 지식 표상representation of knowledge의 세 가지 발달 단계 중 마지막 세 번째 것을 말한다. 체계적인 언어 사용에서부터 시작되며, 언어·수학·과학과 같은 상징체계가 사용되는 표상 방식이다. 나머지 두 가지 표상방식에는 행동적 표상enactive representation과 영상적 표상iconic representation이 있다.

기도 하다.

물론 카린시의 책은 나름의 결점을 갖고 있다. 독자들이 긴장감 넘치는 내러티브를 기대했을 법한 곳에서 장문의 철학적·문학적 여담이 나오곤 하는 것이다. 또한 상상 속에서만 가능한 부자연스러움과 무절제함이 잔뜩 배어 있어, 읽는 이에게 거부감을 줄 수 있다. 그러나 그런 것들은 다분히 의도적인 것으로, 작가가 자기 자신의 경험에서 자극을 받아 소설가적 상상력을 사실적(심지어 임상적) 현실과 결합하기 위해 도입한 장치라고 볼 수 있다. 그러므로 내가 보는 견지에서, 카린시의 책은 몇 가지 결점에도 불구하고 대단한 걸작이다. 오늘날 우리는 (전기와 자서전을 모두 포함하여) 의학적 회고록medical memoir의 홍수에 휘말려 익사할 지경이며, 이러한 장르적 폭발은 지난 20년간 계속되어왔다. 그러나 의술이 아무리 발달했어도 인간의 경험은 변하지 않았으며, 《나의 두개골 일주 여행기》는 인간의 뇌 내부로 떠난 여행을 자전적으로 기술한 최초의 책으로서 여전히 이 분야 최고의 책으로 꼽힌다.

◆

1887년에 태어난 프리제시 카린시는 헝가리의 유명한 시인·극작가·소설가·만담가로, (나중에 안 일이지만) 마흔여덟 살의 나이에 뇌종양 증상을 처음 경험했다.

어느 날 저녁 부다페스트의 단골 카페에서 차를 마시고 있던 그는 어떤 소리를 들었다. "특이한 우르릉 소리가 들리더니, 뒤이어 천지사방에서 느린 메아리가 잇따라 들려왔다. … 메아리는 서서히 커지다가 … 최고조에 도달한 후 차츰 줄어들어 결국 사라졌다." 깜짝 놀라 고개를 들어 주변을 둘러보았지만 아무런 일도 일어나지 않고 있었다. 기차가 지나갈 때 지축을 뒤흔드는 소리와 비슷했지만 기차가 지나간 것도 아니고 주변에 기차역이 있는 것도 아니었다. "이게 도대체 무슨 소리일까?" 그는 중얼거렸다. "저 멀리서 기차가 달리거나 … 새로운 교통수단인지도 모르겠군." 네 번째 '기차' 소리를 듣고 나서야 그는 자신이 환청을 겪고 있음을 깨달았다.

카린시는 간혹 누군가가 자기 이름을 부드럽게 속삭이는 듯한 소리를 들었다고 회상했다. 우리도 일상생활에서 그런 소리를 한두 번쯤 듣곤 하지만, 카린시가 들은 기차 소리는 그런 것과는 차원이 전혀 달랐다.

기차의 우르릉 소리는 크고 꾸준하고 지속적이었다. 현실 세계의 소리들을 압도할 정도로 강력했다. … 얼마 후, 나는 그 원인이 외부 세계에 있지 않다는 사실을 깨닫고 소스라치게 놀랐다. … 그 소리는 내 머릿속에서 들려오는 것이 분명했다.

나는 지금껏 많은 환자들에게 최초의 환청을 경험하게 된 과정을 들었는데, 그들의 첫 경험은 통상적으로 음성이나 소음이 아니라 음악이었다고 한다. 카린시와 마찬가지로, 그들은 먼저 음원音源을 찾기 위해 사방을 한참 두리번거렸다고 한다. 그러나 가능한 원인을 끝내 발견하지 못하면, 마지못해 (때로는 공포감에 휩싸여) 자신이 환청을 경험하고 있다는 결론을 내렸다고 한다. 이런 상황에서 많은 사람들은 '내가 미쳐가고 있는가 보다'라고 뇌까리며 두려워한다. 왜냐하면 '무슨 소리를 듣는다'는 것이 광기의 전형적인 증상이기 때문이다.

카린시는 그 점은 걱정하지 않았다.

나는 … 이 사건을 전혀 걱정하지 않지만, 매우 특이하고 이례적이라고 생각한다. … 나는 미쳤을 리가 없다. 만약 내가 미쳤다면, 내 증상을 스스로 진단하려 노력하지 않을 것이기 때문이다. 그러므로 내 정신이 이상한 게 아니라 다른 뭔가가 잘못됐음에 틀림없다.

◆

그러므로 그의 회고록《나의 두개골 일주 여행기》의 1장 "보이지 않는 기차The Invisible Train"는 마치 탐정소설이나 미스터리 소설처럼 시작된다. 어리둥절하고 기이한 사건들이 꼬리에 꼬리를 물고 일어나는데, 모든 사건들은 카린시의 뇌 속에서 서서히 은밀하게 일어나기 시작하는 변화들을 반영한다. 카린시는 점점 더 복잡해져가는 사건에 연루되어, 탐정 겸 용의자로 활동한다.

재능 많고 조숙했던 카린시(그는 열다섯 살에 첫 번째 소설을 썼다)는 스물다섯 살인 1912년에 명성을 얻었는데, 그때까지 이미 다섯 권 이상의 책을 출판한 상태였다. 그는 수학 훈련을 받았고 모든 분야의 과학에 관심이 많았지만, 특히 풍자문학, 정치적 열정, 초현실주의적 유머 감각으로 유명했다. 그는 철학·연극·시·소설 분야의 글을 썼으며, 첫 번째 뇌종양 증상이 나타났을 때에는 디드로가 남긴 기념비적인 저서 《백과전서》의 20세기 버전이 되기를 바라며 방대한 백과사전을 쓰기 시작한 터였다. 종전의 저술에는 늘 '계획과 구조'가 있었지만, 이제는 자신의 뇌 속에서 일어나는 일에 초점을 맞추지 않을 수 없었다. 카린시는 앞으로 일어날 일에 대한 명확한 개념 없이, 새로운 여행이 인도하는 곳에서 목격하는 현상을 기록하고, 메모를 달고, 반추하는 수밖에 없었다.

기차의 소음이라는 환청 현상은 이윽고 카린시의 삶에서 붙박이로 자리 잡았다. 그는 기차 소리를 매일 저녁 일곱 시에—단골 카페에 있든, 다른 어디에 있든—규칙적으로 듣기 시작했다. 그런 지 며칠도 채 지나지 않아, 더욱 이상한 사건들이 벌어지기 시작했다.

맞은편의 거울이 움직이는 것 같았다. 1~2인치쯤 움직이는가 싶더니, 다시 얌전히 걸려 있었다. … 이제는 또 무슨 일이 일어나고 있는 것일까? … 두통은커녕 아무런 통증도 없었고, 기차 소리도 들리지 않았으며, 내 심장박동은 완벽하게 정상이었다. … 그러나 나 자신을 포함한 모든 것들이 현실에 대한 통제력을 잃은 것 같았다. 테이블들은 늘 있던 자리에 머물렀고, 카페 건너편에서 두 명의 남자가 걸어가고 있었고, 내 앞에는 익숙한 물병과 성냥갑이 놓여 있었다. 그러나 그(것)들의 존재는 모두, 약간 괴상하고 우려스러울 정도로, 우연적이었다. 다른 장소에도 얼마든지 존재할 수 있는데 순전히 우연으로 그 자리에 있게 된 것처럼 말이다. … 이제 마술 상자 전체가, 마치 마룻바닥이 망가진 것처럼, 데굴데굴 구르기 시작했다. 나는 뭔가를 꼭 붙들고 싶었다. … 고정점이 아무 데도 없었다. … 아니면, 내 머릿속에서 뭔가를 하나 찾을 수 있을지도 모른다. 나 자신을 인식하는 데 도움이 되는 이미지나 기억이나 연상을 하나만 움켜잡을 수 있으면 좋겠다. 이것도 저것도 아니라면, 단어 하나라도.

이것은 지각·의식·자아의 토대가 무너지면 어떤 기분이 들게 되는지를 기술한, 괄목할 만한 구절이다. 그런 상태에 있는 사람들은 프루스트가 말한 "비존재의 심연abyss of unbeing"으로 침몰하며(이 기간은 아마 몇 분에 불과하겠지만, 영겁의 세월처럼 느껴질 수 있다), 그 속에서 자신을 건져낼 수 있는 동아줄—이미지·기억·단어를 갈망하게 된다.

이 시점에서, 카린시는 무언가 심각하고 이상한 사태가 벌어지고 있다는 것을 깨닫기 시작했다. 즉, 그는 자신이 경련을 경험하고 있거나 뇌졸중으로 발전하고 있는 게 아닌가라는 생각이 들었다. 그로부터 몇 주 후, 그는 구역질과 구토, 균형 잡기 및 보행 곤란이라는 후속 증상을 경험하기 시작했다. 그는 그런 증상들을 외면하거나 과소평가하려고 최선을 다했지만, 결국에는 지속적으로 흐릿해져가는 시력이 걱정되어 안과의사를 찾았다. 그의 좌절스러운 의료 오디세이는 이렇게 시작되었다.

그 직후 내가 자문을 구하러 찾아갔던 의사는, 심지어 진찰도 하지 않았다. 그는 내가 자각증상을 절반도 이야기하기 전에 손을 가로저으며 이렇게 말했다. "선생님, 당신은 청각장애도 뇌졸중도 아닙니다. … 니

코틴 중독, 그게 바로 선생님의 문제입니다."

◆

1936년 부다페스트에서 개업한 의사는 그로부터 70년 후, 예컨
대 뉴욕이나 런던에서 개업한 의사보다 실력이 모자랐을까? 환자의
말을 듣지도 않고, 진찰도 하지 않고, 독선적으로 결론을 내렸으니
말이다. 제롬 그루프먼이 자신의 저서《닥터스 씽킹Doctors Think》(해냄,
2007)에서 설파한 바와 같이, 환자의 말을 듣지도 않고, 진찰도 하지
않고, 독선적으로 결론을 내리는 의사들의 보편적이고 위험한 관행
은 동서고금을 막론하고 일어나는 일이다. 완치 가능한 장애가 인식
되지도 진단되지도 않았다가, 뒤늦게 밝혀져 손도 쓰지 못하는 사례
가 비일비재하다. 만약 첫 번째 의사가 카린시를 진찰했다면, 소뇌
장애cerebellar disturbance를 시사하는 협응장애coordination disorder를 발견
했을 것이다. 만약 의사가 그의 눈을 들여다봤다면, 뇌압腦壓의 증가
를 암시하는 확실한 징후인 유두부종papilloedema(시신경유두optic disk의
부종을 말한다)을 발견했을 것이다. 의사가 환자의 진술 노력에 조금
만 주의를 기울였더라도 그렇게 무사태평하지는 않았을 것이다. 뇌
에 중요한 원인이 있지 않고서야 그런 환청이나 갑작스러운 의식 약
화가 나타날 리 만무했기 때문이다.

카린시는 부다페스트의 풍요롭고 비옥한 카페 문화권에 속해
있었으므로, 그가 참가하는 사회적 모임에는 작가와 예술가뿐 아니
라 과학자와 의사도 포함되어 있었다. 어쩌면 그런 상황이 직접적

인 의학적 소견 청취를 더욱 어렵게 만들었을 수도 있다. 왜냐하면 의사들과 친한 친구나 동료 사이일 경우, 직설적인 대화를 나누기가 곤란할 수 있기 때문이다. 그렇게 몇 주가 지나자, 카린시는 여전히 자신의 증상을 가볍게 여기면서도 두 가지 '나쁜 기억'에 시달리기 시작했다. 그중 하나는 뇌종양으로 사망한 젊은 시절의 친구에 관한 기억이었다. 다른 하나는 언젠가 봤던 영화의 한 장면으로, 그 내용 인즉 신경외과의 위대한 개척자 하비 쿠싱이 의식 있는 환자의 뇌를 수술하는 것이었다.

이쯤 되자 자신이 뇌종양에 걸렸을지도 모른다고 의심한 카린 시는, 안과의사인 친구에게 자신의 망막을 자세히 진찰해달라고 부탁했다. 그가 친구에게 자각증상을 설명하는 장면은 너무나 생생해서 쇼킹할 뿐만 아니라 아이러니하기까지 하며, 그의 예리한 눈과 코믹한 재능을 한껏 과시하는 것 같다. 몇 달 전 별것 아니라며 그를 격려했던 친구는 카린시의 집요한 부탁에 적잖이 놀라, 그제야 검안경을 들이대고 정밀진단을 시작했다.

그가 나를 진찰하기 위해 몸을 깊숙이 숙였을 때, 기발한 장비 하나가 내 콧구멍을 문지르는 느낌이 들었다. 그가 긴장하며 나를 유심히 관찰할 때, 그의 숨소리를 어렵지 않게 들을 수 있었다. 나는 의례적인 격려의 말을 기다렸다. "전혀 이상 없어! 새로운 안경이 필요한 거 말고는—이번에는 도수를 약간 높이는 게 좋겠군…." 그러나 현실은 완전히 딴판이었다. 나는 H 박사가 갑자기 휙 하고 휘파람을 부는 것을 들었다….

그는 진료 도구를 테이블 위에 가만히 내려놓고, 머리를 한쪽으로 기울였다. 그러고는 나를 대단히 놀랍다는 듯한 표정으로 바라봤다. 불현듯 내가 낯설어 보이는 것처럼.

카린시가 갑자기 사회적 지인, 공포와 감정을 지닌 동료 인간으로서 존엄한 개인이기를 멈추고, 그저 하나의 표본이 된 것만 같았다. H 박사는 그토록 탐내던 표본을 우연히 발견한 곤충학자처럼 흥분을 감추지 못하고 진료실을 뛰쳐나가 동료들을 불러모았다.

진료실은 순식간에 북적거렸다. 전문의, 전공의, 의대생들이 구름같이 몰려와, 검안경을 통해 유두부종을 확인하려고 서로 밀고 밀리며 아비규환을 이루었다.

명망 있는 교수가 누추한 진료실에 찾아와, H 박사를 보고 반색하며 말했다. "축하합니다! 정말로 훌륭한 진단입니다!"
의사들끼리 서로 축하 인사를 나누는 동안, 카린시는 무언가 얘기하려고 애썼다.

"신사 여러분…!" 나는 점잖게 입을 열었다.
그동안 유두부종에만 온통 정신이 팔려 있던 사람들의 시선이 일제히 나에게 집중되었다. 그들은 그제야 나의 존재를 알아차린 것 같았다.

이러한 장면, 즉 흥미로운 질병에 갑자기 관심이 집중된 나머지, 그 질병을 앓게 된 (아마도 공포에 질린) 인간을 완전히 망각하는 사건은 전 세계 어느 병원에서나 일어날 수 있었고, 지금도 일어나고 있다. 의사라면 모두 이런 실수를 저지르는데, 그렇기 때문에 환자의 시점에서 바로 보기 위해 계속 책을 읽을 필요가 있다. 카린시처럼 재치·관찰력·표현력이라는 삼박자를 고루 갖춘 환자에게서 '곤충학적' 흥분의 황홀감 속에서, 인간적 요소는 망각되기 십상이라는 지적을 받는 것을, 의사들은 감지덕지하게 여겨야 한다.

그러나 우리가 명심할 점이 또 하나 있으니, 그것은 지금으로부터 70년 전 뇌종양을 진단하고 병변의 위치를 확인한다는 것이 얼마나 어렵고 미묘한 일이었겠는가라는 점이다. 1930년대까지만 해도 MRI나 CT 같은 것은 아예 존재하지 않았고, 기껏해야 정성을 다한 (그리고 때로는 위험한) 수술이 행해질 뿐이었다. 이를테면 뇌실腦室에 공기를 주입한다든지, 아니면 뇌혈관에 염료를 주입한다든지….

그런 상황에서 카린시가 몇 달 동안 이 의사 저 의사를 전전한 것은 당연한 일이었고, 그 와중에 시력은 날로 악화되어갔다. 사실상의 실명에 가까워졌을 때, 그의 눈앞에는 이상한 세상이 펼쳐졌다. 그는 자신이 실물을 보고 있는지 아니면 헛것을 보고 있는지, 더이상 확신할 수 없었다.

나는 빛의 움직임을 해석하여 전반적인 이미지를 형성한 다음, 기억의 도움을 받아 최종 이미지를 완성하는 방법을 터득하게 되었다. 내가 살고 있는 이상한 반₩암흑 세상에 익숙해진 나머지, 결국에는 거의 즐기는 경지에 이르렀다. 나는 인물의 윤곽을 상당히 잘 볼 수 있었으므로, 상상력을 동원하여, 마치 화가가 빈 프레임을 채우듯, 디테일을 메울 수 있었다. 나는 사람의 음성과 운동을 관찰함으로써 내 앞에 서 있는 사람의 얼굴 이미지를 형성하려고 노력했다. … 이미 실명했다고 생각하니 갑작스러운 공포감이 엄습했다. 내가 봤다고 상상한 것은 망상이 만들어낸 것에 지나지 않는지도 몰랐다. 사람들이 쓰는 단어와 음성을 이용하여 현실 세계의 상실된 부분을 복구할 수밖에 없을 것 같다. … 나는 현실과 상상 사이의 문턱에 서서 뭐가 실물이고 뭐가 환상인지 의심하기 시작했다. 육신의 눈과 마음의 눈이 뒤섞여 하나가 되어가고 있었다.

카린시가 영구적 실명에 도달하기 일보직전, 빈wien의 저명한 신경학자 오토 푀츨이 마침내 뇌종양을 정확히 진단하고 즉시 수술받을 것을 권했다. 카린시는 아내와 함께 기차를 여러 번 갈아타고 스웨덴에 도착하여, 하비 쿠싱의 제자로서 당대 최고의 신경외과의로 이름을 날리던 헤르베르트 올리베크로나를 만났다.

카린시가 올리베크로나를 서술한 구절은 통찰과 아이러니로 가득 차 있으며, 풍요롭고 화려한 기존의 문체와 달리 담백한 '여백의 미'를 보여주고 있다. 중유럽 출신의 유명한 작가 카린시의 넘치는 감성과 대조적으로, 스칸디나비아 출신의 침착한 신경외과의 올리베크로나는 정중함과 신중함이 은근히 돋보이는 인물이었다. 카린시는 그동안 의사들에게 품었던 양가감정, 거부감, 의심을 뒤로하고, 드디어 신뢰할 수 있고 심지어 사랑할 수 있는 의사를 만났다.

◆

"수술은 몇 시간 동안 계속될 것이지만, 나는 국소마취만 사용할 예정입니다." 올리베크로나가 카린시에게 말했다. "왜냐하면 뇌 자체에는 감각신경이 없어서 통증을 느끼지 않기 때문입니다. 게다가 그렇게 장시간 진행되는 수술에 전신마취제를 사용하면 너무 위험합니다. 참고로 말씀드리면, 뇌의 어떤 부분은 통증에 민감하지 않지만, 자극을 받으면 생생한 시각 또는 청각 기억을 떠올릴 수 있습니다."

카린시는 최초의 두개골 천공 과정을 다음과 같이 기술했다.

강철이 내 두개골을 통과할 때, 날카로운 굉음이 지긋지긋하게 계속되었다. 그것은 점점 더 빨리 뼈를 파고들었고, 최고조의 굉음은 매초 더욱 거세지며 당장이라도 고막을 찢을 기세였다. … 갑자기 맹렬한 꿈틀거림이 느껴지고 난 후 소음이 멈췄다.

자신의 머릿속에 체액이 밀려드는 소리를 듣고, 카린시는 그것이 혈액인지 척수액인지 궁금해했다. 다음으로, 이동식 병상에 실린 채 엑스선촬영실로 들어가니, 의사들이 내부의 윤곽을 드러내기 위해 뇌실로 공기를 주입했다. 그러자 뇌종양이 뇌실을 압박하고 있는 상황이 상세히 드러났다.

잠시 후 수술실로 돌아와, 수술대에 얼굴을 대고 엎드려 결박된 채 본격적인 수술을 맞이했다. 두개골의 커다란 부분이 노출된 후, 그중 상당 부분이 조금씩 제거되었다. 카린시는 실시간의 느낌을 다음과 같이 기술했다.

긴장감, 압박감, 갈라지고 찢어지는 소리, 끔찍한 비틀림과 절단 … 둔탁한 소음과 함께 뭔가가 부서졌다. … 이런 과정은 수도 없이 반복되었다. … 마치 포장용 나무 상자가 부풀어오르며 널빤지가 하나씩 하나씩 튕겨나가듯.

일단 두개골이 열리자 모든 통증이 일순간에 멈췄지만, 그런 사실이 역설적으로 불안감을 야기했다.

아니다, 나는 뇌를 다치지 않은 게 분명하다. 만약 뇌를 다쳤다면, 이보다는 덜 짜증스러울 것이다. 뇌종양이 나를 더 아프게 했더라면 좋았을 텐데. 실제로 느끼는 어떤 통증보다도 더 끔찍한 것은, 나의 상태가 불가능해 보인다는 사실이다. 한 사람이 수술대 위에 누운 상태에서 두개골이 열리고, 뇌가 외부 세계에 노출된다는 것은 불가능하다. 수술대에 누운 채 버젓이 살아 있다니 … 그런 상태에서 사람이 살아 있다는 건 불가능하고, 믿어지지 않고, 여러모로 부적절하다. 게다가 살아 있을 뿐만 아니라, 의식이 있고 심지어 완전 제정신이라니.

올리베크로나의 침착하고 친절한 음성이 일정한 간격으로 개입하여 상황을 설명함으로써 카린시를 안심시켰다. 덕분에 카린시의 불안감은 진정되어 호기심으로 바뀌었다. 올리베크로나는 수술실에서 거의 베르길리우스 같은 존재였다. 베르길리우스가 단테의 《신곡》에서 시인 단테를 데리고 지옥과 연옥을 순례한 것처럼, 그는 헝가리의 시인 카린시를 데리고 뇌 속의 세계와 풍경을 안내했다.

수술이 진행되는 예닐곱 시간 동안, 카린시는 독특한 경험을 했다. 어쩌면 변성의식상태altered state of consciousness◆에 있었을지도 모르지만, 완전한 의식을 보유하고 있었으므로 그건 꿈이 아닌 게 분명했다. 그는 수술실의 천장에서 자신의 신체를 내려다보며, 이리저리 움직이거나 줌인/줌아웃을 반복하는 것 같았다.

내 마음속의 환각은 수술실 내부에서 자유롭게 움직이는 것 같았다. 그곳에서는 단 하나의 불빛이 수술대 전체를 고루 비추고 있었다. 올리베크로나가 … 몸을 앞으로 굽히자 … 그의 앞이마에 부착된 램프가 나의 열린 두개강cranial cavity 내부를 속속들이 비췄다. 그는 이미 노르스름한 체액을 제거한 상태였다. 소뇌cerebellum의 엽lobe들은 주저앉아 저절로 부서질 것 같았고, 나는 개방된 종양의 내부를 들여다보고 있다고 상상했다. 그는 새빨갛게 달아오른 전기침으로 절개된 정맥을 지졌다. 이미 시야에 노출된 혈관종angioma(혈관으로 구성된 종양)은 벌써

◆　깨어 있을 때의 의식과 다른 의식 상태. 수면 상태와 최면 상태를 비롯, 약물 복용 상태, 임사 상태, 명상 상태까지 포괄하는 모든 비일상적인 의식 상태를 말한다.

드러나 있었는데, 낭cyst 내부에서 약간 한쪽으로 치우쳐 있었다. 종양 자체는 거대한 빨간 공처럼 보였는데, 내 눈에는 작은 콜리플라워만 한 크기로 보였다. 표면에서는 마치 디자인이 새겨진 카메오♦♦처럼 수많은 엠보싱이 일종의 패턴을 형성했다. … 올리베크로나가 그것을 곧 파괴할 예정이라는 사실이 매우 안타깝게까지 느껴졌다.

카린시의 시각화(또는 환각)는 몇 분 동안 디테일하게 지속되었다. 그는 올리베크로나가 집중하느라 아랫입술을 빨아들이며 능숙하게 종양을 제거한 다음 수술의 필수적인 부분을 만족스럽게 수행하는 장면을 생생하게 기술했다.

실제로 일어나고 있는 상황에 대한 본인의 디테일한 정보 제공과 회상에 의해 뒷받침되다 보니, 그런 강렬한 시각화 현상을 뭐라고 불러야 할지 모르겠다. 카린시 자신은 환각이라는 단어를 사용했지만, 공중에서 자신의 신체를 내려다보는 것은 소위 유체이탈체험out-of-body experiences(OBEs)♦♦♦이라는 경험의 전형적 특징이다. {OBEs는 종종 심장정지나 임박한 재앙 지각과 같은 임사체험near-death experiences(NDEs)과 연관되며, 뇌수술 도중에 일어나는 측두엽발작temporal lobe seizure이나 측두엽 자극과도 연관된다.}

환각이 됐든 OBEs가 됐든, 카린시는 수술이 성공적이었을 뿐

만 아니라 종양이 뇌를 전혀 손상시키지 않고 제거되었음을 알았던 것 같다. 어쩌면 올리베크로나가 그 사실을 알려주자, 카린시가 그의 말을 내재화하여 마치 자신의 눈으로 직접 본 것처럼 시각으로 전환했을 수도 있다. 카린시는 이처럼 강렬하고도 안도감이 드는 경험을 한 후 깊은 잠에 빠져, 입원실의 병상으로 복귀할 때까지 깨어나지 않았다.

올리베크로나의 거장다운 손에 맡겨진 수술은 잘 진행되어, 양성으로 판명된 종양은 말끔히 사라졌다. 카린시는 건강을 완벽하게 회복했고, 의사들조차 영구적으로 상실할 거라고 여겼던 시력도 회복했다. 다시 글을 읽고 쓸 수 있게 되자, 넘치는 안도감과 고마운 감정에 사로잡힌 카린시는 《나의 두개골 일주 여행기》를 눈 깜짝할 사이에 집필했다. 그리하여 독일어판이 나오자마자 자신의 생명을 살려준 의사에게 제일 먼저 증정했다. 그는 뒤이어 (문체와 접근 방법이 약간 다른) 《하늘나라 탐방 보고서The Heavenly Report》라는 책을 추가로 출간한 데 이어, 그것도 모자라 《병 속의 메시지Message in the Bottle》를 쓰기 시작했다. 그는 1938년 쉰한 살의 나이에 갑작스럽게 세상을 떠났는데, 그 순간까지 완벽한 건강 상태와 창의력을 유지한 것이 분명해 보인다. 전해지는 이야기에 의하면, 카린시는 구두끈을 매려고 허리를 숙였다가 뇌졸중 발작을 겪었다고 한다.

2

◆

병실에서
Clinical Tales

———

냉장보관

리처드 애셔 문하에서 공부하는 의대생이던 1957년, 나는 그의 환자 '엉클 토비Uncle Toby'를 만나 팩트와 우화의 이 기이한 만남에 흥미를 느꼈다. 애셔 박사는 엉클 토비의 사례를 간혹 '립 밴 윙클[*] 사례'라고 불렀다. 엉클 토비의 스토리는 그 후 종종 내 머릿속에 생생히 떠올랐으며, 1969년 나의 뇌염후증후군postencephalitis syndrome 환자가 '각성awakening' 현상을 보일 때까지 수년 동안 내 의식 속에 잠재해 있었다.

애셔 박사는 아픈 소녀를 진료하기 위해 어떤 집에 왕진 중이었

---

[*] 미국의 작가 W. 어빙의 단편집 《스케치북》(1819~1820)에 수록된 동명의 단편소설의 주인공. 미국 뉴욕주 허드슨강 근처 마을에 사는 게으름뱅이이며 공처가인 립은 산에 사냥하러 갔다가 이상한 모습의 낯선 사람들을 만나, 그들의 술을 훔쳐 마시고 취해 잠들었다. 깨어나 마을로 돌아와보니 아는 사람이 전혀 없었다. 무려 20년간이나 잠들어 있었던 것이다.

다. 소녀의 가족과 치료 방법을 논의하고 있는데, 문득 한구석에서 입을 꼭 다문 채 움직이지 않고 있는 인물이 눈에 띄었다.

"저 사람이 누구죠?" 그가 물었다.

"엉클 토비예요. 최근 7년 동안 거의 움직이지 않고 있어요."

엉클 토비는 그 집에서 딱히 돌볼 필요가 없는 붙박이가 되어 있었다. 처음에는 행동이 하도 서서히 느려지는 바람에 가족들이 눈치채지 못했지만, 얼마 후 굼뜬 행동이 완연해지자 가족들은 이를 일종의 범상치 않은 현상으로 받아들였다. 가족은 날마다 그에게 먹을 것과 물을 주었고, 몸을 돌려주고 때로는 용변도 보게 해줬다. 하지만 그는 전혀 귀찮게 굴지 않았고 가구의 일부나 마찬가지였다. 대부분의 사람들은 한구석에 잠자코 고정되어 있는 그를 알아채지 못했다. 그는 아픈 게 아니라, 단지 멈춰 있을 뿐이었다.

밀랍 같은 이 인물에게 말을 걸어봤지만, 애셔 박사는 대답은커녕 아무런 반응도 감지하지 못했다. 맥박을 짚어보려고 손을 만졌다가, 송장의 손처럼 싸늘한 느낌이 들어 흠칫했다. 그러나 희미하고 느린 맥박이 감지되었다. 엉클 토비는 살아 있는 게 분명했지만, 이상하리만큼 싸늘한 혼미stupor◆ 상태에 놓여 있었다.

가족과 이야기를 나눠봤지만 어색하고 불안한 분위기를 조성하기만 했다. 그들은 엉클 토비에게 별 신경을 쓰지 않았지만, 나름 예의를 갖추고 배려하는 게 분명했다. 감지할 수 없는 변화가 서서히 누적되어 가시화되자, 이제는 모든 것을 기정사실로 받아들이고

◆　의식은 있으나, 반응하려는 의지가 전혀 없는 상태.

순응한 것 같았다. 그러나 애셔 박사가 어렵사리 입을 열어 엉클 토비를 병원으로 옮기자고 제안하자, 그들은 동의했다.

큰 병원으로 이송된 엉클 토비는 특별한 장비를 갖춘 대사질환 병동에 입원했고, 나는 이곳에서 그를 만나게 되었다. 통상적인 체온계로는 체온을 측정할 수 없어, 저체온증 환자 전용 체온기를 수소문해 측정한 결과, 정상치보다 무려 16.5도나 낮은 섭씨 20도가 나왔다. 뭔가 짚이는 게 있어서 즉시 검사를 해보니, 아니나 다를까! 대사율이 거의 0에 가까웠는데, 이는 갑상샘이 사실상 기능을 발휘하지 않는다는 것을 의미했다. 엉클 토비는 대사를 자극하는 기관인 갑상샘이 작동하지 않아 심각한 갑상샘 저하증hypothyroid(또는 점액부종myxedema)에 걸려 있었던 것이다. 갑상샘은 우리 몸을 덥히는 '난로'와 같은데, 난로가 고장났으니 살아 있지만 살아 있지 않은, 냉장보관 상태에 머물러 있었을 수밖에.

갑상샘저하증은 간단한 의학 문제였으므로, 우리가 할 일은 너무나 분명했다. 갑상샘호르몬인 티록신thyroxine만 투여하면, 그는 차츰 의식을 회복할 것으로 기대되었다. 그러나 그러한 워밍업(대사의 재점화) 작업은 매우 신중하고 서서히 진행될 필요가 있었다. 왜냐하면 그의 기능과 기관이 대사저하증hypometabolism에 적응해 있었기 때문이다. 만약 대사를 너무 빨리 자극하면 심장 또는 다른 기관에 합병증이 초래될 우려가 있었다. 우리는 매우 서서히 티록신을 투여하기 시작했고, 그는 매우 서서히 워밍업을 하기 시작했다….

일주일이 지난 후, 엉클 토비의 체온이 22도로 상승했지만, 아무런 변화가 보이지 않았다. 그가 움직이면서… 말을 하기 시작한 것은 3주 후, 체온이 26도를 훌쩍 넘어서기 시작하면서부터였다. 그의 음성은 극도로 낮고 느리고 거칠어, 1분에 한 바퀴씩 도는 축음기의 꺽꺽거리는 소리를 연상케 했다. (이런 삐걱거리는 소리는 부분적으로 성대의 점액부종 때문이었다.) 그의 사지도 부종 때문에 뻣뻣하고 퉁퉁 부어 있었지만, 물리치료를 받으며 수족을 움직이자 더욱 유연하고 나긋나긋해졌다. 한 달이 지나자, 언어와 동작이 아직 느리고 냉담해 보이기는 하지만 엉클 토비는 정신이 또렷해지며 활기와 의식과 관심이 서서히 되살아났다.

"이게 어찌된 일이죠? 내가 왜 병원에 있죠? 무슨 병에 걸렸나요?" 그가 물었다. "그동안 느낌이 어땠나요?" 우리가 되레 반문했다. "좀 서늘하고, 좀 나른하고 기력이 없는, 그런 느낌이네요."

"하지만 오킨스 씨," 우리가 말했다. ('엉클 토비'는 우리끼리만 부르는 이름이었다.) "당신이 서늘하고 기운 없는 느낌이 들었던 때와 여기 있다는 걸 발견하게 된 때, 그 사이에 무슨 일이 있었느냐고요."

"별일 없었어요," 그가 대답했다. "난 아무것도 몰라요. 내가 정말 많이 아팠나 봐요. 그래서 기절하자 가족들이 여기로 데려온 거 아닌가요?"

"얼마나 오랫동안 의식을 잃었죠?" 우리는 정색을 하고 물었다.

"얼마나 오래됐냐고요? 하루나 이틀쯤일 거예요. 그보다 길었을 리는 없어요. 내 가족이 곧바로 병원으로 데려왔을 테니까요."

그는 문득 호기심 어린 표정으로 우리의 '심상찮은 얼굴'을 골똘히 쳐다봤다.

"내가 아는 것 말고 다른 일이 있었나요? 혹시, 무슨 특이한 일이라도?"

"천만에요." 우리는 그를 안심시킨 다음 황급히 자리를 피했다.

◆

우리가 그를 오해한 게 아니라면, 오킨스 씨는 시간이 흘렀다는 것을 전혀 감지하지 못한 듯했다. 정황상으로 볼 때, 그처럼 오랜 시간이 지났음을 전혀 느끼지 못하는 게 분명했다. 그는 한때 이상한 느낌이 들었지만, 지금은 괜찮아졌다고 대수롭지 않게 말했다. 그게 전부이며, 더 이상 덧붙일 게 없다고 했다. 그가 정말로 그렇게 믿고 있었을까?

그날 저녁 수간호사가 약간 당황한 표정으로 우리를 찾아왔을 때, 모든 사실관계가 명백하게 밝혀졌다. "엉클 토비는 지금 활력이 넘치는 상태예요." 그녀가 말했다. "뭐든 말하고 싶어 안달이에요. 자신의 배우자와 직업은 물론이고, 애틀리◆의 정치 활동, 왕이 아팠던 일, '새로운' 건강보험 제도에 대해서까지… 하지만 지금 벌어지고 일에 대해서는 아는 게 전혀 없어요. 지금이 1950년이라고 생각하는 것 같아요."

한 명의 개인이자 의식적 독립체인 엉클 토비는 마치 혼수상태에 빠진 것처럼 모든 심신 상태가 느려지다가 멈춰버렸다. 그 무의식적인 기간 동안, 그는 현실 세계를 떠나 '부재중'이었다. 잠이 든

◆　영국의 노동당 정치가·수상(1883~1967).

것도, 트랜스 상태에 빠진 것도 아니고, 깊고 무심한 혼수상태에 잠겨 있었던 것이다. 그러다 의식의 수면水面으로 부상하고 나니, 혼수상태에 잠겨 있던 세월이 공란이 될 수밖에. 그것은 기억상실증이나 지남력장애disorientation*가 아니라, 그보다 높은 수준의 뇌기능과 정신이 7년간 '외출'해 있었던 것이었다.

우리는 대처 방안을 놓고 난상토론을 벌였다. 7년 동안 사라진 지식, 즉 그가 흥미롭고, 중요하고, 소중하게 여겼던 것들 중 상당수가 돌이킬 수 없이 지나가버렸다는 사실에 그는 어떻게 반응할까? 자신이 더 이상 동시대인이 아니라 '과거의 한 부분' '시대착오적 인물' '이상야릇하게 보존된 화석'이라는 사실은 또 어떻고?

옳든 그르든, 우리는 '시치미 떼기' 전략을 구사하기로 결정했다. (그건 단순한 시치미 떼기가 아니라, 노골적인 사기였다.) 물론 그것은 일시적인 계략으로, 그가 심신의 건강을 회복하여 현실을 받아들임으로써 심각한 충격을 견딜 수 있을 때까지만 계속될 예정이었다.

따라서 의료진은 지금이 1950년이라는 그의 믿음을 굳이 바로잡으려고 노력하지 않았다. 우리는 들키지 않으려고 조심했고, 부주의한 발언을 일절 금지했다. 우리는 그에게 1950년의 신문과 정기 간행물을 대량 공급했다. 그는 신문과 잡지를 탐독하다, 간혹 우리가 '세상 돌아가는 것'을 너무 모른다는 점과 종이의 상태가 엉망진창이고 누르스름하고 낡았다는 데 놀라움을 금치 못했다.

모든 것은 그 자리에

6주가 지난 후, 그의 체온은 거의 정상을 회복했다. 건강이 양호하고 신체도 튼튼하며, 나이에 비해 상당히 젊어 보였다.

그런데 그 시점에서 마지막 아이러니가 찾아왔다. 엉클 토비는 갑자기 기침을 하며 가래에 피가 섞여 나오기 시작하더니, 급기야 심각한 각혈을 경험했다. 흉부엑스선 검사 결과 가슴에서 큰 혹이 발견되어 기관지 내시경검사를 해보니, 신속히 증식하는 악성 귀리세포암종oat-cell carcinoma으로 확인되었다.

우리는 그가 1950년에 촬영한 흉부 사진과 정기 검진에서 찍은 엑스선 사진을 겨우 구해, 그 당시에 간과되었던 작은 암세포를 발견했다. 병변의 위치는 귀리세포암종과 동일했다. 그런 전격적인 악성암종은 신속히 성장하며, 몇 달 만에 치명적인 상태에 이르는 게 상례다. 그런데 그런 급성 암을 무려 7년 동안 그대로 간직하고 있었다니! 그 암도 신체의 다른 부위와 마찬가지로 냉장보관 상태에서 활동과 성장이 억제된 게 틀림없어 보였다. 이제 정상 체온을 회복하고 나니 암도 덩달아 맹위를 떨치기 시작한 것 같았다. 오킨스 씨는 며칠 후 심한 기침을 계속하다 세상을 떠나고 말았다.

그의 가족은 그를 차갑게 방치함으로써 생명을 살렸고, 우리는 그에게 온기를 불어넣음으로써 결과적으로 죽음으로 몰고 갔다.

신경학적 꿈

꿈이 어떻게 해석되든, 이집트인들은 그것을 종교적 예언이나 불길한 징조로 여겼다. 프로이트는 꿈을 소망의 환각적 성취로 간주했고, 프랜시스 크릭과 그레임 미치슨은 신경 쓰레기neural garbage의 과부하를 뇌에서 제거하기 위해 설계된 '역학습reverse learning'으로 간주했다. 그러나 꿈은, 직접적이든 왜곡되었든, 현재의 심신 상태를 반영하는 요소를 분명히 포함하고 있다.

따라서 신경계장애가—뇌 자체에서 기인하든, 아니면 감각신경 또는 자율신경의 투입에서 기인하든—꿈의 내용을 구체적이고도 현저하게 변경할 수 있다는 사실은 별로 놀랍지 않다. 모든 신경과 개업의들은 이 점을 잘 알고 있음에 틀림없지만, 아직도 환자들에게 꿈에 대한 질문을 잘 던지지 않는다. 의학 문헌에는 이 주제에 대한 내용이 사실상 전무하지만, 나는 그런 질문이 매우 중요하다고 생각한다. 그런 질문은 신경학적 검사의 중요한 일부로, 진단에 도움이 될 뿐만 아니라, 꿈의 효용(신경학적 건강과 질병을 민감하게 반영하는 바로미터)을 입증하기 때문이다.

나는 수년 전 편두통 클리닉에서 근무하던 중 이러한 문제의식을 처음 느끼게 되었다. 편두통의 시각적 전조증상visual aura이 매우 강렬한 꿈(또는 악몽)을 흔히 수반하는 것은 물론, 편두통의 전조증상이 꿈에 등장하는 현상도 심심찮게 발생했기 때문이다. 환자들의 꿈에는 섬광이나 지그재그 모양의 불빛, 확장되는 암점scotoma, 차오르다 이지러지는 색깔이나 윤곽 등이 나타날 수 있다. 그들은 꿈에서 시야결손visual field defect(반맹hemianopia)을 경험할 수 있고, 드물게 모자이크 현상이나 영화적 시각효과를 겪을 수도 있다.

이상과 같은 신경학적 현상은 직접적이고 생생하며, 그러지만 않았으면 정상적으로 펼쳐졌을 꿈에 끼어들어 걸리적거리는 경향이 있다. 그러나 꿈과 결합되고 융합되어, 꿈 자체의 이미지와 상징에 맞춰 변형될 수도 있다. 그러므로 편두통에 선행하는 섬광은 꿈과 융합되어 종종 불꽃놀이로 나타날 수 있다. 그와 비슷한 예로, 나의 환자 중 한 명은 핵폭탄이 폭발하는 꿈을 꾸던 중 편두통 전조증상이 슬그머니 끼어들어 융합되는 현상을 경험했다. 맨 처음에는 휘황찬란한 불덩어리가 (전형적 전조증상인) 무지갯빛 지그재그 테두리에 휩싸여 등장하여, 점점 커지며 반짝이다가, 결국에는 커다란 암점暗點에 의해 대체되며 꿈도 막바지에 이르렀다. 이 시점에서, 환자는 으레 희미해져가는 암점, 강렬한 메스꺼움, 두통의 초기 증상과 함께 잠에서 깨어났다.

후두피질occipital cortex이나 시각피질visual cortex에 병변病變이 있는

환자는 꿈속에서 특이한 시각결손을 관찰할 수 있다. 예컨대 나의 환자 Mr. I.(《화성의 인류학자An Anthropologist on Mars》(바다출판사, 2015)에 등장하는 색맹 화가)는 중심완전색맹central achromatopsia이었는데, 흑백 꿈만 꾼다고 하소연했다. 선조전피질prestriate cortex에 특정 병변이 있으면 꿈을 꾸는 동안 얼굴을 인식하지 못할 수 있는데, 이런 증상을 얼굴인식불능증prosopagnosia이라고 한다. 나의 다른 환자는 후두엽에 혈관종이 있었는데, 꿈이 갑자기 빨간색 일색으로 변하면 발작이 임박했음을 예감했다. 후두피질의 손상 부위가 충분히 넓은 경우, 시각심상visual imagery이 꿈에서 완전히 사라질 수 있다. 나는 간혹 알츠하이머병의 발현 증상으로서 이런 증상을 접하곤 했다.

◆

한 환자는 초점감각발작focal sensory seizure과 운동발작motor seizure을 앓고 있었는데, 언젠가 프로이트에게 기소되어 재판을 받는 꿈을 꿨다. 꿈에서 기소장이 낭독되는 동안, 프로이트는 그의 머리를 법봉으로 계속 때렸다. 그런데 이상하게도, 얻어맞는 통증이 머리가 아니라 왼쪽 팔에서 느껴졌다. 그는 잠에서 깨어난 후에도 왼쪽 팔의 무감각증과 경련을 경험했는데, 그것은 전형적인 초점발작 증상이었다.

가장 흔한 신경학적 또는 '생리학적' 꿈은 통증, 불쾌감, 배고픔, 갈증에 관한 것인데, 의학적 증상이 발현되더라도 꿈의 장면에서는 은폐된다. 예컨대, 어떤 환자는 다리 수술을 받은 후 깁스를 했는데,

꿈에서 한 건장한 남자가 나타나 그의 왼발을 몹시 아프도록 밟았다. 그는 그 남자에게 처음에는 공손히, 그러다가 점점 더 급박하게 발을 치워달라고 했다. 그러나 자신의 부탁이 받아들여지지 않자 그 남자를 몸으로 밀치려고 시도했다. 남자가 꿈쩍도 하지 않았고 꿈속에서 그는 그 이유를 깨달았다. 꿈속에서 그 남자는 압축된 중성자(뉴트로늄neutronium)로 구성되어 있으며, 체중이 지구에 맞먹는 6조 톤쯤 되었던 것이다. 그는 마지막으로 젖 먹던 힘까지 다해 그 남자를 밀쳤다. 그러자 발이 마치 바이스◆로 고정된 듯한 강렬한 통증이 느껴져 잠에서 깼다. 통증의 이유는 새로운 깁스의 압박으로 인해 발이 허혈虛血 상태가 되었기 때문이었다.

질병이 신체 증상으로 나타나기 전에, 그 시작이 환자의 꿈에 나타나는 경우도 있다. 내가 《깨어남Awakening》(알마, 2012)에서 소개한 환자의 경우, 1926년에 급성 기면성뇌염acute encephalitis lethargica에 걸렸는데, 밤새도록 하나의 중심 주제에 대해 그로테스크하고 끔찍한 꿈을 꿨다. 그녀는 아무도 접근할 수 없는 성城에 갇히는 꿈을 꿨는데, 공교롭게도 그 성의 형태와 모양이 자신과 똑같았다. 그녀는 마법과 주문에 걸려 무아지경에 빠졌다. 세상의 종말이 왔고, 그녀는 지각知覺 있는 석상石像이 되었다. 꿈속에서 그녀는 너무나 깊은 잠에 빠졌으므로, 그 무엇으로도 그녀를 깨울 수 없었다. 그것은 그녀가 기존에 알고 있던 죽음과 전혀 다른 죽음이었다. 다음 날 아침, 그녀의 가족은 그녀를 깨우느라 무진 애를 먹었다. 마침내 그녀가

◆　수작업이나 기계공작에서, 공작해야 할 가공품을 끼워서 고정시키는 장치.

잠에서 깨어났을 때, 대경실색할 사건이 벌어져 있었다. 그녀가 파킨슨병과 긴장증catatonic에 걸린 것이다.

내가 《아내를 모자로 착각한 남자The Man Who Mistook His Wife for a Hat》(알마, 2016)에서 언급한 크리스티나라는 여성은 담낭 절제수술을 받기 위해 병원에 입원했고, 세균 감염에 대비하여 예방적 항생제를 투여받았다. 담낭을 제외하면 건강했으므로, 아무런 합병증도 예상되지 않았다. 수술 전날 밤, 그녀는 유별나게 강렬한 꿈을 꿨다. 몸이 전후좌우로 마구 흔들리고, 걸음걸이가 매우 불안하고, 발밑에 아무것도 밟히지 않고, 손에도 아무런 감각이 없었다. 손이 앞뒤로 제멋대로 움직이며, 집어올리는 것은 무엇이든 계속 떨궜다.

"그런 끔찍한 꿈은 난생처음이에요." 그녀는 이렇게 말했다. "느낌이 너무 강렬해서 도저히 잊을 수 없어요." 꿈으로 인한 그녀의 스트레스가 너무 심한 것 같아, 우리는 정신과의사에게 소견을 요청했다. "수술 전 불안증입니다." 정신과의사는 말했다. "지극히 자연스러운 현상이며, 흔히 볼 수 있는 사례입니다." 그러나 불과 몇 시간 만에 그녀의 꿈이 현실이 되었다. 그녀는 급성 감각신경병증acute sensory neuropathy에 걸려 정상적인 생활을 영위할 수 없게 되었는데, 그 질병은 고유수용감각proprioception 상실로 인해, 직접 들여다보지 않고서는 사지가 어디에 위치하고 있는지를 더 이상 알 수 없게 되는 병이다. 그 질병이 아직 발병하지 않은 상태에서 신경기능을 잠식하고 있었는데, '무의식적인 마음'과 '꿈꾸는 마음'이 '깨어 있는 마음'보다 더 예민하게 질병에 반응한 것 같았다. 그런 꿈을 예지몽premonitory dream 또는 전지몽precursory dream이라고 하는데, 질병의 경과 및 예후를 간혹 예고할 수 있다. 다발경화증multiple sclerosis 환자는 꿈을 통해 완화remission를 몇 시간 전에 예감할 수 있으며, 뇌졸중이나 신경학적 손상에서 회복하고 있는 환자는 객관적으로 명확한 소견이 나타나기 전에 특기할 만한 꿈을 꿀 수 있다. 이런 면에서 볼 때, '꿈꾸는 마음'은 의학적 검사(반사망치와 핀을 통한 검사)보다 신경기능을 더 잘 반영하는 고감도 지표일 수 있다.

어떤 꿈은 예지몽의 수준을 넘어서기도 하는데, 나는 《나는 침대에서 내 다리를 주웠다A Leg to Stand on》(알마, 2012)에서 그와 관련된 특이한 개인적 사례를 자세히 기술했다. 나는 다리 부상에서 회복되던 중, 의사에게서 쌍목발에서 외목발로 바꿀 단계가 됐다는 말을 들었다. 나는 그렇게 하려고 두 번 시도했지만, 두 번 모두 앞으로 고꾸라지는 불상사가 발생했다. 아무리 궁리를 해봐도, 의도적으로 외목발을 짚을 방도가 도무지 떠오르지 않았다. 잠시 후 깜빡 잠이 들어 꿈을 꿨는데, 꿈속에서 나는 오른손을 뻗어 머리 위에 걸린 목발을 움켜쥔 다음 오른팔 아래로 밀어넣었다. 그러고는 자신만만하게 첫걸음을 내디딘 후, 복도를 따라 여유 있게 내려갔다. 잠에서 깨어난 나는 꿈에서 봤던 대로 오른손을 뻗어 머리 위에 걸린 목발을 움켜쥔 다음 오른팔 아래로 밀어넣었다. 그러고는 자신만만하게 첫걸음을 내디딘 후, 복도를 따라 여유 있게 내려갔다.

내가 보기에, 그 꿈은 단순한 예지몽이 아니라 뭔가 실제적인 일을 한 것 같았다. 즉, 나의 뇌가 직면한 운동뉴런 문제를 풀어, 정신적 실연psychic enactment(또는 리허설 내지는 시험trial)의 형태로 보여준 것이 바로 꿈이라는 생각이 들었다. 간단히 말해서, 꿈은 일종의 학습 행위였던 셈이다.

사지나 척추의 손상으로 인한 신체상body image의 장애는, 최소한 급성인 경우, 여하한 '타협점'이 도출되기에 앞서서 거의 예외 없이 꿈에 나타난다. 내가 입은 구심로차단성deafferenting 다리 부상의 경우, 기능이 상실되거나 절단된 사지에 대한 꿈이 계속되었다. 그러나 그런 꿈은 몇 주 내에 대뇌피질의 신체상이 변경되거나 '치유'됨에 따라 꾸지 않게 되는 경향이 있다. (이 같은 대뇌피질지도cortical mapping의 변화는 마이클 머제니크의 원숭이 실험◆에서 증명되었다.) 그와 대조적으로, 환각지◆◆는 아마도 사지가 절단된 후에도 신경흥분이 계속되기 때문인지 꿈(그리고 깨어 있는 의식)에 매우 지속적으로 침투하는데, 세월이 흐름에 따라 점차 아득해지고 또 흐릿해진다.

파킨슨증 현상도 꿈을 침범할 수 있다. 자기 성찰 능력이 매우 발달한 에드 W.는 최초의 파킨슨증 발현이 꿈의 스타일 변화로 나타났음을 느꼈다. 그는 꿈에서 슬로모션으로만 움직일 수 있거나, 몸이 꽁꽁 얼어붙어 있거나, 질주하기만 하고 멈출 수 없었다. 그리고 시공時空이 수시로 변하여 계속 척도가 바뀌는 바람에, 혼란스럽

◆　1970년대 후반까지만 해도, '인간과 동물의 뇌는 성인이 된 후 특정한 영역의 기능이나 구조가 변하지 않는다'는 것이 일반적인 생각이었다. 이런 통념은 1978년 UC 샌프란시스코의 마이클 메제니크 교수의 실험에 의해 완전히 뒤집혔다. 그는 올빼미원숭이의 오른손 중지를 자른 뒤 중지 대신 검지와 약지를 계속 사용하게 했더니, 원래 원숭이의 뇌에서 중지를 담당하던 뇌 영역을 검지와 약지가 대신 사용하는 현상을 발견했다. 이런 현상을—이제는 일반적인 용어가 된—신경가소성neuroplasticity 또는 뇌가소성brain plasticity이라고 한다.

◆◆　사지四肢가 절단된 후에도, 마치 여전히 존재하고 있는 것처럼 감각되는 현상.

고 복잡한 문제가 야기되었다. 그로부터 몇 개월 동안 그런 (거울을 들여다보는 듯한) 꿈이 점차 현실화되었고, 운동완만증bradykinesia이나 가속보행festination과 같은 외적 증상이 명확해졌다. 그러나 그런 증상들이 맨 처음 나타난 것은 꿈에서였다.◇ 꿈의 변화는 뇌염후파킨슨증postencephalitic parkinsonism은 물론 통상적인 파킨슨병 환자들이 엘도파L-opa를 복용한 후 첫 번째로 보이는 반응에서 종종 나타난다. 그들의 꿈은 갈수록 점점 더 생생해지고 감정적으로 격앙되는 게 일반적이다. (많은 환자들에 따르면 갑자기 눈부신 색깔의 꿈을 꾼다고 한다.) 때로는 꿈이 지나치게 리얼해서, 깨어난 뒤에도 잊거나 떨쳐버릴 수 없을 정도다.

이러한 과잉 꿈excessive dream은 생생한 감각과 무의식적인 심적 내용psychic content이 넘치고, 어떤 면에서 환각과 유사하며, 열병, 섬망, 약물 반응(아편, 코카인, 암페타민 등), 금단증상, 렘반동REM rebound♦에서 흔히 볼 수 있다. 일부 정신병psychosis의 초기에도 이와 비슷한 건잡을 수 없는 몽유병이 나타날 수 있다. 그것은 '미친 꿈'의 초기 증상으로, 폭발을 앞둔 화산이 우르릉거리는 것과 마찬가지로 다가올 분출을 시사하는 첫 번째 단서일 수 있다.

◇   내가 아는 또 한 명의 남성은 투렛증후군Tourette's syndrome 환자였는데, 투렛증후군 스타일의 꿈을 빈번히 꾼다고 호소했다. 그것은 매우 격렬하고 생동감 넘치는 꿈으로, 예측불허의 사건, 가속, 갑작스러운 일탈이 난무했다. 그런데, 할로페리돌haloperidol이라는 진정제를 복용했더니 상황이 반전되었다. 그 결과 나중에는 투렛증후군 특유의 골몰하는 태도와 방종은 사라지고, 소박한 소망을 성취하는 꿈만 꾸게 되었다고 한다.
♦   인위적으로 렘수면을 박탈당한 뒤, 이를 보상하기 위해 더 많은 렘수면이 나타나는 현상을 말한다.

프로이트에게, 꿈은 무의식으로 가는 '왕도'였다. 의사들에게 꿈은 왕도가 아닐 수 있지만, 예기치 않은 진단 및 발견, 그리고 환자의 경과에 대한 뜻밖의 통찰로 가는 샛길이다. 그것은 매력이 넘치는 샛길이므로, 결코 소홀히 할 수 없다.

무無

자연은 진공vacuum을 혐오하며, 우리도 그렇다. 텅빔void이란 공
허함emptiness, 무nothingness, 무공간성spacelessness, 무장소성placelessness,
즉 모든 '결핍lessness'을 의미하며, 혐오감을 자아내는 동시에 상상도
할 수 없는 개념이다. 그러나 그것은 가장 이상하고 역설적인 방법
으로 우리의 뇌리를 떠나지 않는다. 사뮈엘 베케트가 자신의 첫 번째
소설《머피Murphy》에서 말했듯, "무無보다 더 실제적인 것은 없다."

데카르트에게 빈 공간은 아예 없었고, 아인슈타인에게 '장field'
없는 공간은 없었다. 칸트에게 공간과 확장extension이란 아이디어는,
우리의 이성이 보편적인 선험적 종합판단synthetic a priori의 작동을 통
해 경험에 부여하는 형태form였다. 칸트가 상정한 온전하고 활발한
신경계는 일종의 변환기transformer로, 현실reality에서 관념ideality을 형
성하고 관념에서 현실을 형성한다. 칸트의 그런 개념은 현장(특히 신
경학적이고 신경생리학적인 현장)에서 즉각 검증될 수 있다는 장점을 지

니고 있는데, 형이상학적 표현에서는 그런 사례를 찾아보기가 극히 어렵다.

예컨대, 척추마취를 받아 하반신의 신경수송neural traffic이 중단된 사람의 경우를 생각해보자. 그는 신경이 마비되어 감각을 잃었을 뿐이지만, 사실을 있는 그대로 느끼지 못한다. 그 대신, 어처구니없게도 신체의 일부가 '존재하지 않는다'고 느낀다. 다시 말해서, 몸이 두 동강 난 다음 하반신이 완전히 사라진 것처럼 느끼게 된다. 어딘가 다른 곳에 존재한다는 익숙한 심정이 아니라, 존재가 아니거나 아무 데도 없다는 묘한 심정이 된다. 척추마취를 받은 환자들은 하나같이 신체의 일부가 "없어졌다"거나 "행방불명"됐다고 말하며, 해당 부분을 생명과 '의지'가 없는 시육屍肉, 모래, 반죽에 비유한다. 한 환자는 표현할 수 없는 것을 표현하려고 애쓰다, 결국에는 잃어버린 다리를 "아무 데서도 찾을 수 없어요. 지구상에서 사라진 것 같아요"라고 말했다. 그런 말을 들으면, 독자들은 홉스의 삼단논법을 떠올릴 수도 있겠다. "몸이 아닌 것은 우주의 일부가 아니다. 그런데 우주는 전부다. 고로 우주의 일부가 아닌 것은 무無이며, 결과적으로 아무 곳에도 존재하지 않는다."

척추마취는 일과성 '소멸'의 두드러지고 극적인 사례를 제공하지만, 우리의 일상생활에는 그보다 더 단순한 소멸의 사례가 수두룩하다. 우리 모두는 간혹 팔을 베고 자다가 신경을 짓눌러, 신경수송을 일시적으로 중단시키는 때가 있다. 그런 경험은, 비록 매우 짧지만, 묘한 경험이다. 왜냐하면 우리는 팔이 더 이상 '내 것'이 아니며, 자신의 일부가 아닌 비활동적이고 무감각한 물체인 것처럼 느끼기 때문이다. 비트겐슈타인은 '확실성'의 근거를 신체의 확실성에서 찾았다. "만약 당신이 '여기에 팔이 하나 있소'라고 말할 수 있다면, 우리는 당신에게 나머지 전부도 있음을 인정할 것이다." 그러나 신경이 머리에 짓눌린 후 깨어났을 때, 당신은 "이게 내 팔이오"라든가 심지어 "이건 손이오"라고도 말할 수 없을 것이다. 순전히 형식적 의미인 경우를 제외하면 말이다. 지금껏 늘 당연시되었던 것(즉 자명한 것)은, 알고 보면 근본적으로 위태로우며 상황적합적contingent이다. 신체든 무엇이든 소유한다는 것은, 결국 신경에 달렸기 때문이다.

그 밖에도 일시적·지속적·영구적 소멸이 일어나는 상황은—생리학적이든, 병리학적이든, 흔하든, 흔치 않든—무수히 많다. 뇌졸중, 종양, 손상(특히 뇌의 우반구)은 좌반신의 부분적·전체적 소멸을 초래하는 경향이 있는데, 의사들은 이러한 상태를 지각부전imperception, 무관심inattention, 무시neglect, 인식불능agnosia, 질병인식불능anosognosia, 소거extinction, 소외alienation 등 다양한 병명으로 부른다. 이 모든 것들을 한마디로 표현하면, '무의 경험'(좀 더 정확히 말하면, 유의미한 경험의 박탈)이다.

척수나 거대한 사지신경총limb plexus이 차단되면, 설사 뇌가 온전하더라도 비슷한 상황이 벌어질 수 있다. 왜냐하면 이미지(또는 칸트가 말하는 직관intuition) 형성에 필요한 정보가 박탈되기 때문이다. 실제로 척수 차단이나 부위 차단regional block이 일어난 동안 뇌의 활성전위를 측정해보면, 신체지도body map◆(이것은 뇌에 표상된 신체상으로, 칸트적 관념성을 위해 요구되는 경험적 현실성이다)의 상응하는 부분에서 활성이 서서히 사라지고 있음을 확인할 수 있다. 사지의 신경/근육이 손상되거나 사지가 깁스에 둘러싸일 경우에도, 두 가지 요인이 복합적으로 작용하여 신경수송과 자극을 일시적으로 중단시킴으로써 말초에서 이와 유사한 소멸을 초래할 수 있다.

요컨대, 궁극적으로 역설적인 의미에서 무와 소멸은 현실이다.

♦ 뇌가 인체를 주관하기 위해 발달시킨 신체상. 와일더 펜필드는 인체의 촉각과 운동감각을 완벽한 뇌지도로 목록화하고, 이를 바탕으로 인체 모형을 만들어 엄청난 반향을 불러일으켰다.

세 번째 밀레니엄에서 바라본 신

많은 의학 문헌들에는, 뇌전증epilepsy 환자들이 발작 중에 인생이 바뀐 종교적 체험 사례가 조심스럽게 기술되어 있다. 특히 측두엽뇌전증temporal lobe epilepsy에 의해 야기되는 소위 발작적 황홀경 ecstatic seizure에 경우, (간혹 더없는 행복감과 강력한 신적 존재감을 수반하는) 압도적으로 강렬한 환각을 초래할 수 있다.◇ 그런 발작은 매우 짧을지 모르지만, 한 사람의 인생 지향을 근본적으로 바꿔놓는 메타노이아metanoia◆◆로 귀결될 수 있다. 표도르 도스토옙스키는 그런 발작을 종종 경험했으며, 그중 상당수를 기록으로 남겼다.

◇ 나는 《환각Hallucinations》(알마, 2013)에서 발작적 황홀경은 물론 임사체험을 매우 자세히 기술했다.
◆◆ 《성경》에서 회개悔改 또는 회심回心을 뜻하는 단어로, 그리스어에서 유래했다.

주변의 공간이 커다란 소음으로 가득 찬 가운데, 나는 움직이려고 발버둥쳤다. 하늘이 땅 위에 내려앉아 나를 집어삼키는 듯한 느낌이 들었다. 나는 신神을 실제로 만져봤다. 그는 내 속으로 들어왔다. "그래, 신은 존재한다." 나는 울부짖었다. 그 외에 기억나는 것은 아무것도 없다. 당신네처럼 건강한 사람들은 … 도저히 상상할 수 없을 것이다, 우리 뇌전증 환자들이 두 번째 발작 중에 느끼는 행복감을. … 이러한 더할 나위 없는 행복감이 몇 초, 몇 시간, 또는 몇 달 동안 지속되는지 따위는 모른다. 그러나 날 믿어라. 나는 이 행복감을 삶이 가져다줄 어떠한 즐거움과도 바꾸지 않을 것이다.

그로부터 한 세기가 지난 후, 케네스 듀허스트와 A. W. 비어드는 〈영국정신과학저널British Journal of Psychiatry〉에 제출한 보고서에서, 한 버스 안내원이 승차 요금을 받던 중 갑작스레 경험한 들뜬 느낌feeling of elation을 디테일하게 기술했다.

그는 갑자기 지복감이 밀려오는 것을 느꼈다. 문자 그대로 하늘나라에 있는 것 같았다. 그는 하늘나라에 있는 것이 얼마나 행복한지를 승객들에게 설명하면서도, 승차 요금을 한 치의 오차도 없이 정확히 징수했다. … 그는 신과 천사의 음성을 들으며 고양exaltation 상태를 이틀 동안 유지했으며, 나중에도 그 경험을 회상하며 하늘나라와 신의 존재를 추호도 의심하지 않았다. [그로부터 3년 후] 그는 3일 연속으로 세 번의 발작을 경험한 후 다시 고양 상태에 이르렀다. 그는 정신이 "맑아졌다"고 했다. … 이번 발작 기간 동안 그는 신앙을 잃었다.

듀허스트와 비어드가 보고한 환자는 이제 더 이상 천국과 지옥, 사후세계, 그리스도의 신성을 믿지 않았다. 그가 무신론으로 두 번째 개종했을 때 경험한 흥분감과 깨달음은 최초의 개종 때와 전혀 다르지 않았다.

좀 더 최근에, 오린 데빈스키와 동료들은 그런 발작을 경험하는 환자들의 뇌파도EEG 기록을 비디오로 촬영하여, 그 패턴을 면밀히 비교, 검토했다. 그 결과 환자들의 측두엽(흔하게 나타나는 부분은 우측측두엽)에서 나타나는 뇌전증 활성epileptic activity의 급증이 현현epiphany과 정확히 동기화synchronization됨을 관찰했다.

발작적 황홀경은 매우 드문 현상이며, 측두엽뇌전증 환자 중에서도 1~2퍼센트에서만 발견된다. 그러나 20세기 후반, 간혹 종교적 기쁨과 경외감, '천상의' 환영vision과 음성, 드물지 않게 종교적 개종 또는 메타노이아가 수반되는 다른 정신 상태들의 유병률이 어마어마하게 증가했다. 그중에는 유체이탈체험(OBEs)과 OBEs보다 훨씬 더 정교하고 신비로운 임사체험(NDEs)이 포함되어 있다. OBEs가 더욱 흔해진 이유는, 심각한 심장정지 등으로 사경을 헤매다 생환하는 사람들이 증가했기 때문이다.

OBEs와 NDEs는 모두 각성 상태에서 발생하지만, 종종 의식 상태를 심오하게 변형함으로써 생생하고 그럴 듯한 환각을 초래한다. 따라서 OBEs와 NDEs를 경험하는 환자들은 '환각'이라는 용어를 거부하고 '현실성'을 강력히 주장한다. 그리고 개별적 기술記述 사이에 현저한 유사성이 존재하므로, 일부 사람들은 그것을 객관적 '현실성'의 단서로 받아들인다.

그러나 원인이나 양상이 어찌 됐든, 환각이 그렇게 현실처럼 보이는 근본적 이유는, 뇌 안에서 실제 지각과 동일한 시스템을 이용하기 때문이다. 즉, 환각적 음성이 들리면 청각경로가 활성화되고, 환각적 얼굴이 보이면 평상시에 주위 환경에서 얼굴을 인지하고 판별해내는 데 사용되는 방추형 얼굴영역fusiform face area(FFA)이 활성화된다.

OBEs의 경우, 시험 참가자는 자기가 자신의 몸을 떠났다고 느낀다. 즉, 공중이나 방 한구석에 떠 있는 상태에서, 먼 거리에서 자신의 텅 빈 신체를 내려다보는 것처럼 느낀다. 그런 경험은 더없이 행복할 수도 있고, 끔찍할 수도 있고, 중립적일 수도 있다. 그러나 OBEs의 초현실적인 성격, 즉 정신과 신체의 외견상 분리는 본인의 마음에 영원히 각인되므로, 어떤 사람들은 그것을 무형적 영혼immaterial soul이 존재한다는 증거로 간주하며, 나아가 의식과 인격과 정체성은 신체와 독립적으로 존재할 수 있으며, 심지어 육신이 사망한 후에도 생존할 수 있다는 증거로 받아들인다.

신경학적으로 볼 때, OBEs란 일종의 신체적 착각이며, 시각 표상과 고유감각표상proprioceptive representation이 일시적으로 해리dissociation된 데서 비롯된다. 시각과 고유감각은 통상적으로 협응協應하는데, 그래야 자신의 눈과 머리의 관점에서 자신의 신체를 포함한 세상을 바라볼 수 있기 때문이다. 스웨덴 카롤린스카 연구소의 헨리크 에르손과 동료들이 우아하게 증명한 바와 같이, 비디오 고글이나 마네킹이나 고무팔과 같은 단순한 장비만 있어도, 시각 입력과 고유수용체 입력을 헷갈리게 하여 묘한 심신분리disembodiedness 느낌을 초래함으로써 OBEs를 유발할 수 있다.

심장정지, 부정맥, 갑작스러운 혈압/혈당 강하와 같은 수많은 질병들이 종종 불안증이나 질병과 결합하여 OBEs를 초래할 수 있다. 내가 아는 환자들 중에는 난산難産, 기면증narcolepsy, 수면 마비 등과 관련하여 OBEs를 경험한 사람들이 있다. 비행 중에 강한 중력에 노출된(때로는 원심분리 훈련을 받는) 전투기 조종사들의 경우, OBEs뿐만 아니라 그보다 훨씬 더 정교한 의식 상태(NDEs와 유사한 상태)를 보고해왔다.

NDEs의 경우, 일련의 전형적 단계를 거쳐 진행되는 것이 보통이다. 사람들은 경이로운 '생명의 빛'을 향해 어두운 복도나 터널을 힘들이지 않고 기쁨에 겨워 통과하며, 이러한 경로를 종종 '하늘나라로 가는 길' 또는 '생과 사의 경계'로 해석한다. 이승에서 저승으로 넘어온 것을 환영하는 친구와 친척들의 환상이 보일 수 있으며, 평생 동안의 기억이 마치 빛의 속도로 넘어가는 자서전 페이지처럼, 빠르지만 극도로 자세하게 눈앞에 펼쳐질 수도 있다. 신체로의 복귀는 갑작스러울 수도 있고 점진적일 수도 있는데, 전자의 사례로는 심장정지에서 맥박이 돌아오는 경우를, 후자의 사례로는 혼수상태에서 깨어나는 경우를 들 수 있다.

OBEs에서 NDEs로 이행하는 경우도 드물지 않다. 일례로 토니 치코리아라는 외과의사의 사례가 그런 경우인데, 그는 내게 번갯불에 맞은 사연을 털어놨다. 내가 《뮤지코필리아Musicophilia》(알마, 2012)에 적은 바와 같이, 그는 그다음에 벌어진 일을 내게 생생하게 설명했다.

나는 번갯불에 튕겨 앞으로 날아가고 있었습니다. 어리둥절했죠. 상하좌우를 휘휘 둘러보며 날아가다, 내 몸이 땅바닥에 있는 걸 보았습니다. "젠장, 난 이제 죽은 게로군." 사람들이 내 주변으로 몰려드는 것을 봤습니다. 그런데 그중 한 여성(공중전화 박스 앞 대기자 행렬에서, 바로 내 뒤에 서서 전화를 기다리던 사람이었습니다)이 내 몸 위에 걸터앉아 심폐소생술을 시도했습니다. … 나는 계단 위로 떠올랐는데, 내 의식도 나를 따라왔습니다. 나는 내 아이들을 보았고, 그 애들이 잘 지내리란 깨달음을 얻었습니다. 잠시 후 푸르스름한 백색광이 나를 에워싸더니 … 행복하고 평화로운 느낌이 밀물처럼 몰려왔습니다. 인생에서 최고점과 최저점을 찍은 때가 나를 스쳐 지나갔고 … 생각이 맑아지고 무한한 황홀경에 빠져들었습니다. 가속적으로 끌려 올라간다는 느낌이 들었습니다. … 속도와 방향성이 존재했습니다. 이윽고 나는 중얼거렸습니다. "이건 지금껏 내가 경험한 것 중 제일 멋진 느낌이야."—쾅! 나는 돌아와 있었어요.

그 후 약 한 달 동안 기억력에 약간의 문제가 있었지만, 치코리아 박사는 정형외과 의사 일을 재개할 수 있었다. 그러나 그 자신의 표현을 빌리면, 그는 '새사람'이 되어 있었다. 전에는 음악에 별로 관심이 없었지만, 이제는 고전음악, 특히 쇼팽의 피아노곡을 듣고 싶어 안달이 났다. 그는 피아노 한 대를 구입하여 강박적으로 연주하고, 심지어 작곡까지 하기 시작했다. 그는 그 모든 에피소드(번갯불에 맞은 직후 초월적인 환상을 보고, 소생하여 음악적 재능을 부여받아, 세상 사람들에게 음악을 선사하게 된 것)가 신神의 계획의 일부라고 확신하고 있었다.

치코리아는 신경과학 박사학위 소지자로서, 자신의 갑작스런 영성spirituality과 음악성 발현이 뇌의 변화와 관련된 게 틀림없음을 직감하고, 뇌영상을 이용하여 그 비밀을 밝힐 수 있을 거라고 생각했다. 그는 종교와 신경학 사이에서 아무런 갈등을 느끼지 않았다. 만약 신이 인간에게 역사하거나 임재한다면, 신경계나 (영적 느낌과 신념에 전문적으로 관여하는) 뇌 영역을 통해 그렇게 할 것이라는 게 그의 생각이었다. 자신의 영적 회심spiritual conversion에 대한 치코리아의 합리적 태도(어떤 이들은 이를 '과학적 태도'라고 할 것이다)는 또 한 명의 외과 의사 이븐 알렉산더와 극명한 대조를 이룬다. 알렉산더는《나는 천국을 보았다Proof of Heaven: A Neurosurgeon's Journey into the Afterlife》(김영사, 2013)라는 책에서, 뇌수막염meningitis으로 인해 7일간 혼수상태에 빠져 있으면서 경험한 복잡한 NDEs를 상세히 기술했다. 그 책에 따르면, 그는 NDEs를 경험하는 동안 밝은 빛(생과 사의 경계)을 통과하여, 목가적이고 아름다운 풀밭(그는 그곳이 천국이라고 믿었다)에 도착하여, 아름다운 미지의 여인을 만나 텔레파시로 다양한 메시지를 전달받았다고 한다. 그는 한 단계 더 나아가 사후세계에 진입하여, 모든 것을 포용하는 신의 존재를 느끼게 되었다. 알렉산더는 그 이후로 천국은 실제로 존재한다는 복음을 전파하고 싶은 마음에 전도사 비슷한 사람이 되었다.

알렉산더는 신경외과 의사이자 뇌기능 전문가라는 이름을 내걸고 자신의 체험 사례를 대대적으로 홍보했다. 그는《나는 천국을 보았다》의 부록에서 '항간에 떠도는 NDE에 관한 신경과학적 가설'을 소개하고, 그 가설이 자신의 사례에는 적용될 수 없다며 일언지하에 묵살했다. 그가 내세운 이유인즉, "자신의 대뇌피질은 혼수상태에 빠진 동안 폐쇄되었으므로, 어떠한 의식적 경험의 가능성도 배제된다"는 것이었다.

그러나 상당수의 환각 사례가 그러하듯, 그의 NDE에는 시청각적 디테일이 풍부했다. 그는 그런 현상에 적잖이 당황했다. 그럴 수밖에 없는 것이, 감각적 디테일은 통상적으로 대뇌피질에 의해 생성되는 것이기 때문이었다. 그럼에도 불구하고 그의 의식은 더없이 행복하고 형언할 수 없는 사후세계의 영역으로 들어가, 그가 느끼기로는 혼수상태 중 대부분의 기간 동안 머물렀다. 따라서, 그는 고심 끝에 자신의 본질적 자아인 '영혼'은 대뇌피질을 비롯한 어떤 물질적인 기반도 필요로 하지 않는다는 결론을 내놓았다.

그러나 신경학적 과정을 묵살하기는 그리 쉽지 않다. 알렉산더 박사는 자신이 혼수상태에서 갑자기 벗어났다고 둘러댔다. "나의 눈이 열리자 … 뇌가 … 곧바로 활동을 개시했다." 그러나 거의 모든 사람들은 혼수상태에서 서서히 벗어나며, 그 과정에서 중간적인 의식 단계를 경유하기 마련이다. NDEs가 나타나는 것은 바로 이 전이 단계, 즉 일종의 의식을 회복했지만 완전히 또렷한 의식에는 아직 도달하지 않은 상태다.

알렉산더는, 그 자신은 며칠 동안 지속되었다고 믿는 사후세계 여행이 '깊은 혼수상태에 빠져 있는 동안에만 가능한 일'이었다고 주장했다. 그러나 토니 치코리아를 비롯한 많은 사람들의 경험에서 알 수 있듯, 밝은 빛을 넘어 완전한 NDEs에 이르는 환각 여행은 설사 훨씬 더 오랫동안 지속되는 것처럼 느껴진다 하더라도 겨우

20~30초 동안에 일어날 수 있다. 그런 위기 상황 동안의 시간 개념은 주관적이며, 가변적이거나 무의미하다고 봐야 한다. 요컨대, 알렉산더 박사의 사례에 대한 가장 납득할 만한 가설은 NDEs가 혼수 상태에서 일어난 게 아니라, 혼수상태에서 벗어나면서 대뇌피질이 완전한 기능을 회복하는 과정에서 일어났다고 보는 것이다. 전문가라는 그가 이처럼 명백하고 자연스러운 설명을 인정하지 않고 초자연적인 설명을 고집하다니, 참으로 의아한 일이다.

알렉산더 박사처럼 NDEs에 대한 자연스러운 설명을 부정하는 태도는 비과학적인 것을 넘어 반과학적이다. 그런 태도는 각종 심령 현상들에 대한 과학적 연구를 원천적으로 배제한다.

켄터키 대학교의 신경학자 케빈 넬슨은 NDEs와 그 밖의 깊은 환각 현상들의 신경학적 기반을 수십 년 동안 연구해왔다. 그는 2011년 자신의 연구 결과를 현명하고 신중하게 엮은 책 《뇌의 가장 깊숙한 곳The Spiritual Doorway in the Brain: A Neurologist's Search for the God Experience》(해나무, 2013)을 펴냈다.

넬슨에 따르면, 대부분의 NDEs 사례에서 기술되는 '어두운 터널'은 안압眼壓 이상으로 인한 시야 축소를 나타내며, '밝은 빛'은 뇌줄기brainstem에서 비롯된 시각흥분visual excitation의 흐름을 나타낸다고 한다. (시각흥분은 각종 시각중개국visual relay station을 거쳐 시각피질에 도달하는데, 이러한 경로를 소위 교뇌-슬상핵-후두경로pons-geniculate-occipital pathway라고 한다.)

다양한 질환(예를 들어, 시각상실, 청각상실, 뇌전증, 편두통, 감각박탈)에 수반되는 비교적 단순한 지각적 환각perceptial hallucination◆(예를 들어, 무늬, 동물, 사람, 풍경, 음악 등의 환각)은 심오한 의식 변화를 수반하지 않는 게 보통이므로, 매우 놀라면서도 거의 항상 환각으로 인식된다. 그에 반해 발작적 황홀경, NDEs 같은 매우 복잡한 환각은 환각이 아니라 진실로 받아들여지며, 종종 '영적 세계'나 '영적인 사명 또는 운명'을 계시함으로써 사람의 인생을 바꾸게 된다.

영적인 느낌과 종교적 신념에 빠지기 쉬운 경향은 인간의 본성 깊은 곳에 내재하며, 사람에 따라 정도의 차이는 있지만 신경학적 기반에서 유래하는 것으로 보인다. NDEs는 종교적 성향이 강한 사람들에게는 이븐 알렉산더의 표현대로 "천국의 증거"를 제시하는 것처럼 보일 수 있다.

종교인들 중 일부는 NDEs 말고 다른 경로를 통해 천국의 증거를 경험하기도 하는데, 그것은 바로 예배prayer다. 인류학자 T. M. 루어만은 《신이 응답할 때When God Talks Back》에서 예배의 경로를 탐구했다. 신성divinity의 핵심인 신은 실체가 없다. 즉, 신은 통상적인 방법으로는 볼 수도, 느낄 수도, 들을 수도 없다. 루어먼은 이처럼 증거가 없는 상황에서, 그 많은 전도자들과 신앙인들의 삶에서 신이 어떻게 실제적이고 친근한 존재가 되는지 알고 싶어 했다.

그녀는 참여적 관찰자의 자격으로 복음주의 공동체에 가입하여, 예배와 시각화visualization(《성경》에 묘사된 인물과 사건의 디테일을 매우

♦ 　정신적 환각psychic hallucination에 대비되는 용어. 지각적 환각의 일종인 환청은 '외부에서 들려오는 소리'를 느끼는 것인 반면, 정신적 환각(또는 개념적 환각hallucination of conception)은 '내부로부터의 소리'를 느끼는 것이다.

풍부하고 구체적으로 상상하는 것)라는 그들의 수련법을 집중적으로 연구했다. 그녀는 책에 다음과 같이 썼다.

회중은 마음의 눈으로 보고 듣고 냄새 맡고 만지는 것을 연습한다. 그들은 이 상상된 경험에 실제 사건의 기억에서 가져온 감각적 생생함을 부여한다. 그런 과정을 거쳐, 그들이 상상할 수 있는 것은 더욱 진짜인 것처럼 느껴지게 된다.

이런 강렬한 수련을 통해, 일부 회중의 마음은 조만간 '상상'에서 '환각'으로 도약한다. 이제 회중은 신과 나란히 걸으며, 신을 듣고 보고 느끼게 된다. 그리하여 그들이 그토록 갈망했던 음성과 비전이 지각적 실체를 부여받는데, 그 원리는 환각의 경우와 동일하다. 즉, 뇌의 청각 및 시각중추를 활성화시킴으로써 신의 음성과 모습을 보고 듣게 되는 것이다. 이러한 비전, 음성, '존재감'은 강렬한 기쁨·평화·경외·계시의 감정을 수반한다. 어떤 복음주의자들은 그런 경험을 여러 번 할 수 있지만, 어떤 사람들은 단 한 번만 한다. 그러나 신을 단 한 번만 경험하더라도, 실제적 지각의 압도적인 힘으로 충만하므로, 평생 동안 신앙을 유지하기에 충분하다. (종교적 성향이 없는 사람들의 경우, 명상이나 강렬한 집중을 통해 지적·감정적 차원에서 그런 경험을 할 수 있다. 누구와 사랑에 빠지든, 바흐의 음악을 듣든, 양치식물의 복잡성을 관찰하든, 과학적 문제를 해결하든….)

최근 10~20년 동안 '영적 신경과학spritual neuroscience' 분야의 연구가 점점 더 활발해져왔다. 그런 연구가 매우 어려운 이유는, 참가자의 영적 경험을 임의로(연구자 또는 참가자 마음대로) 불러낼 수 없을 뿐더러, 설사 어렵사리 불러낸다 할지라도 그 타이밍과 과정을 제어할 수 없기 때문이다—이를 두고 종교인들은 모든 것이 신의 섭리대로 진행된다고 할 것이다. 그럼에도 불구하고 연구자들은 발작, OBEs, NDEs 같은 병리 상태와 예배, 명상 같은 긍정적 상태에서 일어나는 생리적 변화를 증명할 수 있었다. 이러한 변화들은 전형적으로 광범위하게 나타나며, 뇌의 1차 감각영역primary sensory area은 물론 변연계limbic system(감정을 담당), 해마계hippocampal system(기억을 담당), 전전두피질prefrontal cortex(지향성intentionality과 판단을 담당)에서도 나타난다.

환각은 그 내용이 계시적이든 평범하든 초자연적 현상이 아니며, 인간의 의식과 경험의 통상적 범위에 속한다. 그렇다고 해서 그것이 영적 생활에서 나름의 역할을 담당하고, 개인에게 커다란 의미를 제공할 수 있음을 부정하려는 것은 아니다. 사람들이 그것에 가치를 부여하고, 그것을 믿음의 근거로 삼고, 그것을 바탕으로 내러티브를 구성하는 것은 납득할 수 있지만, 환각이 여하한 형이상학적 존재나 장소의 존재에 대한 근거를 제공할 수는 없다. 그것은 환각을 창조하는 뇌의 힘에 대한 근거를 제공할 뿐이다.

딸꾹질에 관하여

나는 《온 더 무브On the Move》(알마, 2016)에서, 1960년에 만났던 한 남성의 이야기를 소개했다. 나는 그 당시 샌프란시스코에서 그랜트 레빈과 버트럼 파인스타인의 연구조교로 일했는데, 두 사람은 파킨슨병 환자를 전문적으로 수술하는 신경외과 의사였다.

두 사람의 환자 중 한 명인 Mr. B.는 커피 판매상으로, 1920년대에 유행한 기면성뇌염encephalitis lethargica에 걸렸다 다행히 목숨을 건진 사람이었다. 그러나 이제는 뇌염후파킨슨증이라는 후유증으로 거동이 어려워진 상태였다. 약간 허약하며 폐기종emphysema을 앓고 있었지만, 다른 질환이 없어 파킨슨병의 떨림과 경직 증상을 완화하기 위해 개발된 냉동수술cryosurgery♦을 받기에 안성맞춤인 것처럼 보였다.

♦　극심한 저온을 이용하여 조직을 파괴하는 수술.

Mr. B.는 수술 직후 딸꾹질을 시작했는데, 우리는 처음에 별로 대수롭지 않게 여기고 곧 멎으려니 생각했다. 그러나 딸꾹질은 멈추기는커녕 더욱 심해졌고, 급기야 등과 복부는 물론 전신에 심한 근육통을 초래했다. 딸꾹질이 너무 맹렬하여, 밥도 못 먹고 잠을 잘 수도 없을 지경이었다. 우리는 비닐봉지에 날숨 불기 같은 다양한 민간요법을 시도해봤지만 아무런 소용이 없었다.

6일 동안 불철주야로 딸꾹질을 계속한 후, Mr. B.는 기진맥진하면서 공포에 떨기 시작했다. 딸꾹질을 오래 하면 몸이 약해져서 죽을 수도 있다는 소문을 들은 뒤로는 공포감이 극에 달했다.

딸꾹질이란 횡격막에 갑자기 불수의적 경련이 발생하여 일어나는 현상으로, 외과의사들은 간혹 난치성 딸꾹질을 치료하기 위해 최후의 수단으로 횡격막신경phrenic nerve을 차단하기도 한다. 그러나 그랬다가는 복식호흡diaphragmatic breathing이 더 이상 불가능해지므로, 가슴의 늑간근intercostal muscle을 이용하여 얕은 호흡을 할 수밖에 없다. 설상가상으로 횡격막신경 차단은 Mr. B.에게 가능한 치료법이 아니었다. 왜냐하면 그는 폐기종 환자여서, 횡격막이 없으면 생존할 수가 없었기 때문이다.

내가 머뭇거리며 최면술을 제안했더니, 레빈과 파인스타인은 미심쩍어 하면서도 '밑져야 본전'이라는 심정으로 동의했다. 우리는 최면술사를 수소문하여 그가 Mr. B.를 최면 상태로 유도하는 것을 보고 입을 떡 벌렸다. 일주일 동안 한 순간도 쉬지 않고 딸꾹질한 사람을 진정시키다니, 기적에 가까운 일이었기 때문이다. 그런데 더욱 놀라운 건 그다음이었다. 최면술사는 다음과 같은 최면후암시를 걸었다. "내가 이따가 손가락을 튕기면, 당신은 깨어나 더 이상 딸꾹질을 하지 않게 될 겁니다." 최면술사는 탈진한 환자를 한숨 자도록 내버려뒀다가, 10분 후 갑자기 손가락을 튕겼다. 그러자 Mr. B.는 잠에서 깨어났고, 약간 어리둥절해 보이기는 했지만 딸꾹질에서 완전히 해방되어 있었다. 그 이후 딸꾹질은 두 번 다시 재발하지 않았고, Mr. B.는 냉동수술 덕분에 몇 년 더 생존할 수 있었다.

◆

1917년부터 1927년까지 전 세계에서 유행한 기면성뇌염, 일명 '수면병sleepy sickness'에 걸렸다 살아난 수십만 명의 환자들은 회복되고 수년 후 다양한 유형의 뇌염후증후군을 겪었는데, Mr. B.도 그런 사람들 중 한 명이었다. 수면병은 시상하부, 기저핵basal ganglia, 중뇌midbrain, 뇌줄기에 침범하여 다양한 병변을 초래하지만, 유독 대뇌피질만은 대체로 안전하다. 수면병은 (수면·성욕·식욕 조절과 자세·균형·운동 조절에 관여하는) 피질하조직subcortex과 (호흡 조절 등의 자율 기능에 관여하는) 뇌줄기에 주로 악영향을 미친다. 이러한 제어 시스템들은 오랜 계통발생학적 역사를 갖고 있으며, 대부분의 척추동물에 존재한다.◇

많은 뇌염후증후군들은 계속 진행하여 파킨슨증의 극단적 형태로 발달할 뿐만 아니라, 갖가지 이상한 호흡기 행동을 초래하는 경향이 있었다. 파킨슨증과 이상한 호흡기 행동은 수면병이 유행한 직후 특히 심각하게 나타났지만, 세월이 흐름에 따라 약화되는 경향이 있었다. 심지어 뇌염후딸꾹질postencephalitic hiccup도 여러 곳에서 유행했었다.

　수면병의 피해자들 중에는 발작성 웃음이나 울음은 물론 특발성의 재채기, 기침, 하품을 경험하는 사람들도 있었다. 특이하다고 여길지 모르지만, 로버트 프로바인이 《불가사의한 행동들—하품, 웃음, 딸꾹질Curious Behavior: Yawning, Laughing, Hiccupping, and Beyond》에서 강조한 바와 같이, 하품·웃음·딸꾹질 등은 통상적인 행동이다. 단, 그런 행동들이 심각하고 지속적이고 원인 불명인 경우에는 비정상적인 것으로 간주된다. 그런 환자들은 식도, 횡격막, 목구멍, 콧구멍에 자극을 받지도 않았고, 웃거나 울음을 터뜨릴 이유도 없다. 그러나 뇌의 병변을 통해 그런 행동이 자극되거나 자발적이고 부적절한 방식으로 표출되도록 조장될 경우, 딸꾹질·기침·재채기·하품·웃음(또는 울음)을 주체할 수가 없다.◇◇ 1935년이 되자 대부분의 뇌염후증후군 환자들은 광범위한 긴장증이나 심각한 파킨슨증에 시달렸고, 기이한 호흡기 행동은 거의 사라졌다.

◇　딸꾹질은 임신 8주의 태아에게 나타날 수 있지만, 임신 후기에 가면 줄어든다. 출생 후에 딸꾹질이 수행하는 기능을 정확히 알 수는 없지만, 일종의 흔적행동vestigial behavior(아마도 우리의 먼 조상인 물고기의 아가미 운동의 흔적)인 것으로 보인다. 뇌줄기에 특정한 병변이 있는 환자에서 나타나는 '목·입천장·중이中耳 근육의 동시운동synchronous movement'을 유심히 관찰하면, 그런 심증이 굳어진다. 물고기의 아가미 근육의 흔적이 아니라면, 이런 근육들은 서로 연관될 하등의 이유가 없어 보인다. 그러므로 신경학자들은 딸꾹질을 가리켜 아가미성 근육간대경련branchial myoclonus이라고 부른다. (닐 슈빈은 《내 안의 물고기Your Inner Fish》(김영사, 2009)에서, 인간과 물고기의 수많은 해부학적·기능적 유사점을 다뤘다.)

◇◇　다발경화증, ALS(루게릭병), 알츠하이머병, 일부 뇌졸중, 일부 뇌전증(소위 울음발작dacrystic seizure이나 웃음발작gelastic seizure을 경험하는 뇌전증) 환자들이 웃음이나 울음을 참을 수 없는 것도 이와 비슷한 경우라고 할 수 있다.

그로부터 30년 후, 나는 브롱크스에 있는 베스에이브러햄 병원에서 일하며 80명의 이상한 뇌염후증후군 환자들을 치료했다. 대부분의 환자들은 파킨슨증과 수면장애를 앓았지만, 초기 문헌에서 기술된 뚜렷한 호흡기장애를 앓는 사람은 단 한 명도 없었다. 그러나 1969년 내가 그들에게 엘도파를 투여하면서 상황이 달라졌다. 많은 환자들이 호흡기/발성기 틱respiratory/phonatorytic◆을 경험했는데, 그중에는 갑작스러운 심호흡, 하품, 기침, 한숨, 끙끙거림, 킁킁거림이 포함되어 있었다.

나는 그런 환자들에게 일일이 과거에 그런 호흡기 증상을 경험해본 적이 있는지 물었다. 대부분의 환자들은 명확한 답변을 할 수 없었지만, 지적이고 의사 표현이 뚜렷한 프랜시스 D.라는 여성은 기면성뇌염에 걸렸던 1919년부터 1924년까지 호흡위기respiratory crisis를 겪었지만, 그 이후에는 괜찮았다고 대답했다. 그렇다면 엘도파가 기존의 호흡기장애 감수성sensitivity 또는 성향proclivity을 활성화했을 가능성이 있었으므로, 나는 다른 호흡기 증상 환자들의 경우에도 프랜시스 D.와 같은 현상이 일어났는지 여부를 확인해야 했다.

나는 문득 뇌염후증후군 환자로, 딸꾹질을 경험했던 커피 판매

◆ 틱tic이란 투렛증후군 환자들이 전형적으로 경험하는 증상으로, 다수의 '특이하고, 반복적이고, 판에 박히고, 억제할 수 없는 행동들'을 포괄한다. 자세한 내용은 다음 글 〈로웰과 함께한 여행〉을 참고하라.

상 Mr. B.의 사례를 떠올렸다. 외과수술로 인해 기저핵에 발생한 병변이 호흡기제어 시스템을 손상시켜, 과민성hypersensitivity을 조장하고 딸꾹질을 유도한 건 아니었을까?

엘도파를 지속적으로 사용함에 따라 호흡기/발성기 행동은 더욱 정교화되어, 끙끙거림과 기침뿐만 아니라 웃음과 킁킁거림, 쉿쉿 소리와 휘파람 소리, 개 짖는 소리, 양/염소 우는 소리, 소 울음소리, 허밍과 윙윙 소리를 내는 경향이 있었다. 내가《깨어남》에서 언급한 롤란도 O.의 경우, "숨을 한 번 내쉴 때마다 멀리서 들리는 제재소 소리, 벌떼가 웅웅거리는 소리, 식사를 마친 후 만족스러워하는 사자의 소리처럼 일종의 속삭이듯 가르랑거리는 소리를 냄으로써 듣는 이의 귀를 즐겁게 했다." (수면병이 극성을 부리던 1920년대에 글을 쓴 스미스 일리 젤리프의 경우, 뇌염후증후군 환자들이 내는 소리를 "동물원의 소음"이라고 불렀다. 한 병동 전체가 뇌염후증후군 환자들로 채워진 베스에이브러햄 병원에서는 엘도파를 복용한 후 증상이 활성화된 환자들이 병원을 방문한 사람들을 깜짝 놀라게 했다. 간혹 방문객들은 내 환자들이 입원해 있는 5층에 동물원이 생겼냐며 의아해하기도 했다.)

많은 환자들의 호흡기/발성기 행동이 정교화되었는데, 프랭크 G.의 경우 허밍 소리가 "킵쿨, 킵쿨keep cool, keep cool" 소리로 변형되어 하루에 수백 번씩 반복되었다. 다른 환자들의 호흡기 행동은 기도문을 읊는 듯한 틱으로 발전하여, 특정한 단어나 구절에 리듬과 멜로디가 가미되어 반복되었다.° 언젠가 한번은 늦은 밤에 뇌염후증후군 환자들을 회진하던 중, 한 4인실에서 흘러나오는 코러스를 연상시키는 특이한 소리를 들었다. 입원실 문을 살짝 열고 안을 들여다보니, 네 명의 환자들 모두가 고이 잠든 상태에서 자신도 모르게 노래를 부르고 있었다. 개별적인 멜로디는 따분하고 반복적이고 단조로웠지만, 네 개의 목소리가 어우러지며 절묘한 화음을 이루었다. 수면병 환자들이 수면보행증, 잠꼬대, 잠결에 노래하기 증상을 보이는 것은 드문 일이 아니었지만 네 명의 환자들이 잠결에 합을 맞춰 4중창을 한다는 이야기는 금시초문이었다. 가만히 보아하니, 잠결에 노래하기는 맨 처음 음악성이 풍부한 로잘리 B.에게서 시작되어, 차츰 다른 환자들에게 전염되며 4중창으로 발전한 것 같았다.

◆

엘도파는 그 밖에도 수많은 불수의적 행동들을 활성화하거나 조장하는 것으로 나타났다. 사실상 모든 피질하기능subcortical function 들은 자기만의 고유한 임무를 띠고 자율적·자발적으로 작동하는 것이 상례이지만, 엘도파를 복용한 환자들은 서로 보고 듣는 가운데 불수의적인 모방과 흉내 내기를 통해 피질하기능이 증폭되었다.

프랜시스 D.는 호흡 기능에 아무런 문제가 없었지만, 엘도파를 복용한 지 10일 이내에 자동적인 호흡제어 기능이 붕괴되었다. 그녀의 호흡은 빠르고 얕고 불규칙해졌으며, 갑작스럽고 맹렬한 들

◇   나는《뮤지코필리아》의 〈다베닝에 빠진 남자: 운동이상증과 성경 낭송〉에서 이와 비슷한 사례를 기술했다. 그 내용을 간략히 정리하면, 지연성운동이상tardive dyskinesia에 걸린 한 남성에서 호흡기/발성기 틱이 완전한 주문incantation의 형태로 발전했다는 것이다.

숨inspiration에 의해 파괴되었다. 이러한 장애는 며칠 내에 명백한 호흡위기로 비화되어, 아무런 경고 신호도 없이 가쁜 들숨이 시작된 후 10~15초간의 강제적 숨참기를 거쳐 맹렬한 날숨으로 이어졌다. 이러한 발작은 점점 더 강렬해져 거의 1분 동안 지속되었고, 프랜시스는 발작이 진행되는 동안 닫힌 성문glottis을 통해 공기를 내뿜으려고 필사적으로 노력했다. 그러다 보니 숨이 막혀 얼굴이 시뻘겋게 달아오르고, 급기야 엄청난 힘을 가해 총성과 같은 소음을 내며 숨을 내뿜었다.

나는 프랜시스의 룸메이트 마사에게서도 비슷한 성향을 관찰했는데, 그녀는 점점 더 가쁜 숨을 몰아쉬다 결국에는 호흡을 고르지 못해 완전한 호흡위기로 이행했다. 프랜시스와 마사의 증상이 너무 비슷해, 나는 둘 중 한 명이 다른 사람을 '모방'하는지도 모른다는 생각을 하게 되었다. 나의 심증은 미리엄이라는 환자를 통해 굳어졌다. 그녀는 두 여성과 4인실을 함께 사용하던 제3의 환자였는데, 멀쩡히 숨 쉬다가 갑자기 호흡기장애가 시작되어 악화일로를 걸었다.

[내가 알아챈] 첫 번째 현상은 딸꾹질로, 매일 아침 6시 30분에 시작되어 한 시간 동안 지속되었다. … 둘째로, '신경성' 기침과 헛기침(인후 청소)이 시작되며, 뭔가가 목구멍을 막았거나 긁는 듯한 (틱과 유사한) 느낌을 수반했다. … [그다음에는] 가쁜 숨과 숨 참기 경향이 나타나, 헛기침과 기침을 대체했다. … 마지막으로, 완전한 호흡위기가 왔는데, 그 증상이 프랜시스 D.와 매우 흡사했다.

또 다른 환자 릴리안 W.는 100가지가 넘는 다양한 형태의 위기를 경험했다. 딸꾹질, 헐떡거림 발작, 안구운동 발작, 쿵쿵거림, 식은땀, 치아 맞부딪치기, 왼쪽 어깨의 따뜻해짐을 동반하는 발작, 발작성 틱…. 그녀는 반복적 발작을 의식儀式처럼 만들었다. 구체적으로 한쪽 발을 세 가지 다른 자세로 두드리기, 이마에 정해둔 곳 네 군데를 만지작거리기, 발작 횟수 세기, 특정한 구절을 특정한 횟수로 반복하기, 공포감 발작, 킥킥거리기 등이 있었다. 누군가에게 특정한 발작에 대한 이야기를 들으면, 그녀는 언제나 변함없이 해당 발작을 시작했다. 그녀는 남의 영향에 매우 민감했으며, 특히 안구운동 위기 때는 더욱 그랬다.

지금까지 언급한 특이 행동들은 지속적일 뿐만 아니라, 점점 더 강렬해지고 전염성이 있다는 공통점이 있다. 마치 뇌가 민감화·조건화되어, 그런 뻐딱한 행동을 학습하거나 위세에 눌려 받아들이기라도 하는 것처럼 말이다. 그런 행동들은 자체적인 생명력을 갖고 있어 일단 시작되면 갈 데까지 가는 경향이 있으므로, 의지력을 동원하더라도 멈추기가 어려울 수 있다. 그런 행동들은 우리를 척추동물 행동의 기원과 연결해준다. 척추동물의 행동은 궁극적으로 5억 년의 역사를 가진 핵심적 뇌—바로 뇌줄기에서 유래한다.

로웰과 함께한 여행

나는 1986년 로웰 핸들러라는 보도사진가photojournalist를 만났다. 그는 자신이 투렛증후군 환자라고 밝히며, 스트로브 사진술을 이용하여 실험 삼아 다른 투렛증후군 환자들을 촬영하고 있다고 했다. 그는 틱이 진행되고 있는 장면을 종종 포착할 수도 있다고 했다. 나는 그의 사진이 무척 마음에 들었다. 그래서 그의 동의를 얻어, 둘이 함께 여행하며 전 세계의 투렛증후군 환자들을 만나고, 그들의 삶과 이 기이한 신경학적 질환에 적응한 모습을 기록으로 남기기로 했다.

'틱'이란 투렛증후군 환자들이 전형적으로 경험하는 증상으로, 다수의 특이하고, 반복적이고, 판에 박히고, 억누를 수 없는 행동들을 포괄한다. 가장 단순한 틱은 경련(씰룩거림이나 비틂), 깜박거림, 찡그림, 으쓱거림, 킁킁거림이 되겠으나, 그보다 훨씬 더 정교하고 복잡한 틱도 있을 수 있다. 예컨대 로웰의 경우, 나의 구식 회중시계에 매혹된 나머지 유리를 가볍게 세 번 두드리고 싶어 하는 저항할 수 없는 충동이 생겼다. (한번은 그가 내 시계를 만지려고 손을 뻗을 때, 나는 시계를 이리저리 움직이며 약을 올리다 호주머니에 쏙 집어넣었다. 그러자 그는 좌절감에 빠져 환장하게 되었고, 나는 그의 욕구를 충복시키기 위해 시계를 다시 내줄 수밖에 없었다.)

대부분의 틱은 처음에는 아무런 의미도 없고 불수의적인 근육경련(소위 간대성근경련myoclonus)에 가깝지만, 나중에 정교해지거나 의미를 띠게 될 수도 있다. 그럼에도 불구하고, 투렛증후군 환자들에게서 볼 수 있는 틱과 강박행위 중 상당수는 사회적으로 용인될 수 있는 것 또는 신체적으로 가능한 것의 한계를 테스트하는 수단으로 간주되는 것 같다.

어떤 투렛증후군 환자는 놀라운 수준의 수의적 제어능력voluntary control을 보유하고 있어 불수의적이거나 충동적 행동을 제어하기도 한다. 예컨대 펀칭틱punching tic의 경우, 다른 사람의 얼굴을 향해 펀치를 날리다가, 불과 몇 밀리미터 앞에서 주먹을 멈출 수 있다. 그러나 투렛증후군 환자들은 자기 자신에 대해서는 덜 신중한 것 같다. 내가 아는 두 명의 환자들은 얼굴을 앞으로 한 채 제 몸을 땅바닥에 내던지려는 충동을 느끼며, 다른 환자들은 자신의 가슴이나 머리에 강타를 날려 뼈를 부러뜨리거나 뇌진탕을 입었다.

구두틱verbal tic, 특히 추잡한 언사나 저주를 불쑥 내뱉는 틱은 비교적 드물지만, 심각한 모욕이나 무례함을 초래할 수 있다. 이 경우에는 의식이 개입하여 모욕적인 단어를 순화시킬 수 있다. 예컨대 스티브 B.의 경우, "니거Nigger(깜둥이)!"라는 말을 내뱉으려는 충동을 느끼는데, 마지막 순간에 이 말을 "니켈과 다임Nickels and dimes(약간의 돈)!"이라는 말로 바꿔 위기를 모면하곤 한다.

투렛증후군 환자들은 종종 '본심'과 전혀 동떨어진 행동을 한다. 나는 언젠가 앤디 J.라는 환자와 만났는데, 그는 억누를 수 없는 '폭언하기 틱spitting tic'을 가진 사람이었다. 처음 만났을 때 그는 내가 손에 든 클립보드를 때려 땅바닥에 떨어뜨리더니, 아내를 가리키며 이렇게 말했다. "저 년은 창녀고, 나는 포주다." 그러나 그는 본래 상냥하고 차분한 젊은이로, 아내에게 커다란 애정을 품고 있었다.

그러나 투렛증후군이 간혹 특별한 창의적 에너지를 공급할 수도 있다. 18세기의 위대한 문학가 새뮤얼 존슨은 투렛증후군 환자였던 게 거의 확실시된다. 그는 수많은 충동적·의례적 행동을 일삼았는데, 특히 누구의 집에 들어갈 때는 출입구에서 빙글빙글 돌거나 미친 듯이 손을 흔들고 난 뒤, 갑자기 펄쩍 뛰어오르며 문턱을 넘어 달음박질했다. 또한 그는 이상한 발성, 장황한 중얼거림, 다른 사람 흉내 내기를 밥 먹듯 했다. 그의 문학에 나타난 엄청난 즉흥성, 익살스러움, 번득이는 재치가 터보엔진이 장착된 듯한 그의 가속적·충동적인 상태와 유기적으로 연결되었을 거라고 생각하지 않을 도리가 없다.

◆

로웰과 나는 캐나다의 토론토로 가서 셰인 F.라는 화가를 만났다. 극심한 틱과 강박행위 때문에 그의 일상생활은 도전과 우여곡절로 점철되었지만, 용케도 아름답고 압도적인 회화와 조각 작품을 창작하고 있었다.

첫눈에 봐도, 셰인은 로웰과 다른 종류의 투렛증후군 환자인 게 분명했다. 그는 끊임없이 움직이며 뭔가를 지속적으로 탐구했다. 그는 주변에 있는 모든 사물들과 사람들을 바라보고, 만져보고, 뒤집어보고, 쿡 찌르고, 면밀히 조사하고, 냄새 맡지 않고서는 못 배겼다. 그것은 강박적이지만, 그와 동시에 주변의 세상을 재미 삼아 탐구하는 행동이었다. 그는 극도의 예민한 감각으로 모든 것을 감지했으며, 50미터 밖에서 들리는 휘파람 소리까지 들을 수 있었다. 그는 30~40미터쯤 달려갔다 돌아오곤 했는데, 도중에 굉장한 민첩성을 발휘해 누군가의 다리 사이로 쏙 들어가 달리기도 했다. 또한 그는 막 나가는 유머감각을 갖고 있어서, 종종 즉석에서 다층적인 말장난과 농담을 구사했다.

셰인은 특별히 강렬한 형태의 투렛증후군 환자였지만, 자신의 틱과 발성을 약화시킬 만한 의약품을 일절 삼갔다. 그에게는 의약품을 복용할 경우 치러야 할 대가가 너무 컸다. 왜냐하면 의약품이 자신의 증상뿐만 아니라 창의력까지 약화시킨다는 느낌이 들었기 때문이다.

하루는 로웰, 셰인과 함께 토론토의 큰길을 따라 한가로이 걷고 있었다. 그날은 완벽하게 화창한 날이었는데, 셰인이 느닷없는 돌출행동으로 나와 로웰의 느긋한 기분을 잡치고 말았다. 그는 갑자기 도로를 질주하며, 간간이 땅바닥에 무릎을 꿇고 아스팔트 냄새를 맡거나 맛을 보곤 했다. 잠시 후 우리는 보도 한편에 테이블을 내놓은 노천카페를 지나다 때마침 한 젊은 여성이 맛있어 보이는 햄버거를 입에 가져가는 장면을 목격했다. 로웰과 나는 입에서 군침이 도는 수준에 그쳤지만, 셰인은 즉각 행동을 개시해서는, 놀랍게도 전광석화같이 돌진하여 햄버거가 그녀의 입에 닿기 전에 크게 한 입 베어 무는 게 아닌가!

그 여성과 그 자리에 함께 있던 사람들은 기절초풍했지만, 그녀는 이내 폭소를 터뜨렸다. 그녀가 셰인의 기행奇行에서 코미디적인 측면에만 주목하는 바람에, 잠재적 도발성은 희석되었다. 그러나 셰인의 갑작스런 행동이 사회적으로 용인될 수 있는 수준을 종종 넘어섰으므로, 늘 해피엔드로 끝나는 건 아니었다. 그는 종종 의심의 눈초리를 받았고, 경찰이나 행인의 공격을 유발한 경우도 부지기수였다. 그리고 그의 끊임없는 틱과 강박행위는 그 자신과 주변 사람들을 진이 빠지게 했다.

◆

로웰과 나는 유명한 TV 쇼 출연을 섭외받아, 네덜란드 암스테르담으로 갔다. 나는 10대 시절 네덜란드와 사랑에 빠졌었는데, 장소도 좋았지만 렘브란트와 스피노자 시대 이후 네덜란드 사람들의 전형적인 특징으로 자리 잡은 지적·도덕적·창의적 자유도 마음에 들었다. (나는 네덜란드를 처음 방문했을 때, 지폐의 액면가가 활자는 물론 점자로도 표시되어 있는 것을 보고 깜짝 놀랐다.)

그러나 나는 네덜란드인들이 투렛증후군 환자들을 어떤 시선으로 바라보는지 궁금했다. 그들의 자유롭고 독립적인 마음이 투렛증후군 환자들이 유발할 수 있는 충격, 공포, 분노를 완화시켰을까?

TV에 출연하여 인터뷰를 하기 전날, 우리는 암스테르담 시내를 거닐었다. 나는 로웰을 몇 미터 뒤에서 따르며, 그의 이상하고 갑작스럽고 시끄러운 행동에 사람들이 보이는 반응을 유심히 지켜봤다. 그들의 반응은 얼굴에 고스란히 드러났다. 어떤 사람들은 재미있어 하고, 어떤 사람들은 불안해하고, 몇몇은 격분했다.

우리는 TV에 출연한 다음 날도 암스테르담 시내에 나가봤는데, 많은 사람들이 TV 인터뷰를 시청한 게 분명해 보였다. 왜냐하면 사람들의 반응이 180도 달라진 것을 느낄 수 있었기 때문이다. 로웰을 알아보고 투렛증후군에 대해 뭔가를 이해했는지, 그들의 얼굴에는 미소와 호기심이 가득했으며, 다정한 인사를 건네는 사람들도 있었다. 우리는 교육과 인식 전환이 얼마나 중요한지를 깨달았고, TV쇼 한 번으로 하룻밤 사이에 그렇게 큰 변화가 나타날 수 있다는 데 놀랐다.

우리는 그날 저녁 느긋한 마음으로 한 주점에 들러 약간의 마리화나를 구입하여 밖에서 피웠다. 그러고는 몇 시간 동안 시내를 배회하며 교회, 운하에 비친 풍경, 상점의 쇼윈도, 사람들을 바라봤다. 카메라를 챙겨든 로웰은 자신이 생애 최고의 사진을 찍고 있다고 느꼈다. 그날 밤 늦게 호텔에 도착했을 때, 오래된 교회의 종들이 울리기 시작하며 나는 극도의 행복감과 희열을 느꼈다. 우주의 삼라만상이 제자리를 지키고 있으니, 가능한 우주의 모습 중에서 가장 완벽하다는 생각이 들었다.

그러나 다음 날 아침, 로웰은 기분이 언짢아졌다. 전날 밤 마리화나에 취해 카메라에 필름을 넣는 것을 까맣게 잊고 셔터만 연신 눌러댔음을 깨달은 것이었다. 그리하여 그가 포착했다고 생각한 '생애 최고의 샷'은 단 한 장도 존재하지 않게 되었다.

우리는 로테르담에서 벤 판 더 베테링을 만났다. 그는 네덜란드의 총명한 정신과의사로서 투렛증후군 환자를 치료하는 클리닉을 운영하고 있었는데, 그 당시만 해도 그런 병원은 극히 드물었다. 그는 우리에게 두 명의 환자를 소개해줬다. 그중 한 명은 게르만족 특유의 생김새를 가진 젊은 남성으로, 정장을 차려입은 데다 격식을 매우 중시하는 스타일이었다. 그는 자신의 투렛증후군 증상을 혐오하며 그 때문에 주변 사람들에게 달갑잖은 시선을 받는다고 털어놨다. 그는 외설증copralalia을 가능한 한 억제하거나 바꾸려고 노력한다고 말하며, "그건 아무짝에도 쓸모없는 증상입니다!"라고 덧붙였다. 예컨대 그는 "퍽Fuck!"이라는 단어가 입에서 튀어나오려고 할 때마다, 안간힘을 들여 "프라이트풀Frightful!"로 곧잘 바꿨다. (사실 "퍽"보다 "프라이트풀"이 주목을 더 많이 끌었다.) 그의 증상은 대낮에 억제되거나 순화順和된 데 대한 앙갚음으로, 야간에 복수를 하는 것 같았다. 밤에 잠잘 때 입술 사이로 외설스러운 말이 속사포처럼 튀어나왔기 때문이다.

다른 한 명은 젊은 여성으로, 평소에는 대중 앞에서 투렛증후군 증상이 발현되는 것을 부끄러워하거나 두려워했지만, 로웰의 화려한 투렛 증상에 자극을 받아 (그녀의 표현을 빌리면) "일단 발동이 걸리자" 투렛 증상이 발현되도록 스스로를 놔버렸고, 둘은 함께 강박적인 움직임과 잡음의 경이로운 이중창을 쏟아냈다. 그녀는 이렇게 말했다. "투렛증후군에는 뭔가 원초적인 요소가 있어요. 나의 경우에는 뭔가를 감지하거나 생각하거나 느낄 때마다 즉시 운동과 음성으로 전환된다니까요." 그녀는 이 같은 급물살을 즐긴다고 했다. 그녀는 그게 "마치 삶 자체"인 것처럼 느꼈지만, 사회라는 무대에서는 너무 많은 골칫거리를 만들어낸다고 인정했다.

투렛증후군의 영향은 환자 자신에게만 국한되지 않고, 주변의 다른 사람들에게 파급되어 그들의 생활과 반응에 영향을 미친다. 나아가, 그 사람들은 환자들에게 (종종 부정적이고 때로는 폭력적인) 압력을 행사한다. 투렛증후군을 환자에게만 국한된 '증후군'으로 간주하고, 따로 떼어 연구하거나 이해할 수는 없다. 그것은 끊임없이 사회적 결과를 초래하며, 그 결과를 포함하거나 통합한다. 따라서 우리는 투렛증후군 환자의 증상을 둘러싼 환자와 세상 간의 복잡한 협상을 보게 된다. 그것은 일종의 적응adaptation으로, 때로는 유머러스하고 양성적benign이지만 때로는 갈등, 고통, 불안, 분노를 수반한다.

◆

로웰과 나는 이듬해에 승용차를 몰고 미국 전역을 여행하며 우리를 만나는 데 동의한 10여 명의 투렛증후군 환자를 방문했다.

로웰에게 운전대를 맡긴 채 피닉스의 변두리를 둘러본 것은 놀랄 만한 경험이었다. 그는 갑자기 브레이크나 액셀을 밟으며, 운전대를 좌우로 휙 비틀기 일쑤였기 때문이다. 그러나 일단 개방도로에 진입하자, 로웰의 틱스럽고ticcy 충동적이며 부산한 상태는 어느 틈에 차분하고 집중된 상태로 바뀌었다. 그는 이제 운전석에 침착하게 앉아 전방에 펼쳐진 도로에 시선을 고정했다. 그는 속도를 시속 65마일(105킬로미터)에 맞추고, 궤도를 이탈하는 일이 전혀 없었다. 마치 애리조나 사막 한복판을 가로질러 날아가는 화살처럼.

세 시간 동안 논스톱으로 달리고 나니 오금이 저려, 나는 로웰에게 넌지시 말했다. "여기서 내려서 선인장 사이로 걸어다니면 당신의 투렛 증상이 심해질까요?"

"아뇨." 그는 대답했다. "그래 봤자 무슨 소용이에요?"

로웰은 강한 접촉성 틱touching tic 혹은 강박행위를 갖고 있어서 사람들이 주변에 있을 때 그들을 만지지 않고는 못 배긴다. 주로 그는 한 손이나 한쪽 발로 부드럽게 건드리는데, 사람들은 그것을 거의 동물적인 충동으로 여긴다. 말이 머리나 코로 사람을 들이받거나 비벼대는 것처럼 말이다. 틱과 강박행위에 대한 사람들의 반응은—긍정적이든, 부정적이든, 중립적이든—투렛의 한 사이클을 완성시키는 것인데, 선인장과 같은 식물의 경우에는 그런 반응을 기대할 수 없다.

로웰의 행동을 보니, 언젠가 만난 투렛증후군을 갖고 있던 베트남 청년이 떠올랐다. 그는 베트남에 살 때는 외설증을 갖고 있었지만, 샌프란시스코에 살던 당시에는 베트남어를 알아듣는 사람이 거의 없으므로 더 이상 베트남어로 욕을 하지 않았다. 로웰처럼 그도 이렇게 말했다. "그래 봤자 무슨 소용이에요?"

♦

투렛증후군 환자들은 간혹 즉흥적으로 촉감이나 시각적 모양(쭈글쭈글함, 삐딱함, 비대칭, 이상한 형태)에 이끌린다. (예컨대 한 목공예가는 즉흥적이고 발작적인 비대칭을 작품에 도입하여, '틱 같은, 혹은 새된 소리 같은 형태의' 의자를 만든다.) 로웰은 종종 이상한 단어와 소리를 강박적으로 뒤섞어가며 반복하는데, 그 기묘함이 자신의 귀를 자극하고 때로는 즐겁게 하는 것 같다. 하루는 함께 아침 식사를 하는데, 오트밀(그는 이것을 '오크밀'이라고 불렀다)을 보고 흥분한 그가 "오크밀, 오크밀!"을 반복하다가 급기야 "크크크음!"이라는 폭발음을 냈다. 또 한번은 랍스터를 먹던 중 "라브브스스터, 라브브스스터"를 계속 반복하다 "마브브스스터, 슬로브브스스터"를 거쳐, 결국에는 "나는 '브브스스트트'라는 소리와 스펠링을 좋아해요"라고 실토했다.

"특정한 단어를 자꾸 반복하면 기분이 그렇게 좋을 수가 없어요." 그는 말했다. "내가 강박적으로 뭔가를 만질 때 느끼는 만족감과 똑같아요. 내가 당신의 회중시계 유리를 만지거나 손톱으로 톡톡 칠 때도 기분이 좋았어요. 다양한 감각을 갖고 노는 거예요."

배고픔은 투렛증후군을 악화시킬 수 있다. 우리가 피닉스를 떠나 식음을 전폐하고 논스톱으로 투손에 도착했을 때, 허기진 로웰은 몹시 격렬한 틱으로 괴로워하고 있었다. 우리가 한 레스토랑에 들어가자, 모든 이들의 시선이 그에게 집중되었다. 테이블에 앉았을 때, 로웰이 이렇게 말했다. "이제부터 뭘 좀 하려고 하니까 15분 동안 나를 방해하지 말아요." 말을 마치고 난 그는 눈을 꼭 감고 리드미컬하게 심호흡을 하기 시작했다. 그러자 30초도 채 안 지나 틱이 줄어들었고, 1분쯤 지나자 완전히 사라졌다. 웨이터가 다가왔을 때(그는 우리가 처음 들어왔을 때, 로웰이 격렬하게 움직이는 모습을 목격했었다), 나는 손가락을 내 입술에 갖다대며 멀찌감치 떨어지라고 손짓을 했다. 그로부터 정확히 15분 후 감았던 눈을 떴을 때, 로웰은 매우 느긋한 표정을 지으며 틱에서 거의 해방된 것처럼 보였다. 나는 그 광경을 도저히 믿을 수 없었다. 왜냐하면 그런 놀라운 변화가 생리적으로 불가능하다고 생각했기 때문이다.

"무슨 일이에요? 방금 도대체 무슨 일을 한 거예요?" 나는 로웰에게 다그쳐 물었다. 그는 빙그레 웃으며, 공공장소에서 통제 불가능한 틱 행위가 발생했을 때 이를 해결하기 위해 초월명상법을 배웠노라고 말했다. "그냥 자기암시예요." 그는 설명했다. "명상가들은 만트라mantra♦를 사용해요. 몇 개의 단어나 간단한 구절을 마음속으로 서서히 반복하면, 이윽고 일종의 트랜스 상태로 진입하여 모든 것을 밝히 알게 돼요. 그러면 마음이 차분해지죠." 그는 그날 저녁 내내 틱에서 거의 완전히 해방되었다.◇ 로웰은 애리조나에 사는 일란성 쌍둥이 투렛증후군 환자의 모습을 카메라에 담았다. 틱 증상은 두 소년에게 거의 동시에, 집에서 기르는 앵무새의 갑작스러운 비명 소리를 모방하는 것으로 나타났다. 둘은 어깨를 으쓱이고 코를 찡그

♦　　만다라로 번역되는 산스크리트어로, 우리말로는 주문呪文 또는 진언眞言에 해당한다.

◇　　언젠가 한번은 로웰과 함께 시계로 가득 찬 가게로 들어갔다. 모든 시계추들이 좌우로 왔다 갔다 하는 것을 본 로웰이 소스라치게 놀라며 호들갑을 떨었다. "여기서 당장 나갑시다. 아무래도 최면에 걸릴 것 같아요."

리고 혀 차는 소리를 내더니, 이윽고 복잡한 틱과 사지/몸통의 뒤틀림 증상을 나타냈다. 둘의 증상은 비슷하지만, 완전히 똑같지는 않았다—한쪽은 '눈 깜박임 틱'이고 다른 쪽은 '숨 가쁨 틱'이었다. 그러나 면밀히 분석하지 않으면, 둘의 모습과 행동은 거의 똑같아 보였다. 그런 비슷한 증상들 중에서 유전적 소인genetic predisposition과 상호모방의 비율은 몇 대 몇이었을까?

우리는 뉴올리언스에서 강박장애와 중증 틱을 동시에 앓는 청년을 만났는데, 그것은 드물지 않은 조합이었다. 그는 뉴올리언스로 오기 전에 사우스다코타의 미사일 격납고에서 일했는데, 그 직업은 그에게 끔찍한 고통을 안겼다. 왜냐하면 스위치를 만지작거리고 싶은 충동 때문에, 늘 미사일을 발사하여 핵전쟁을 일으킬지도 모른다는 불안감에 시달렸기 때문이다. 보수도 괜찮고 동료들도 친절하게 대해줬지만 상존하는(그러나 스릴 만점인) 부담감을 견디지 못한 그는, 스트레스가 덜한 일을 찾기 위해 그 일을 그만뒀다.

우리는 애틀랜타에서 칼라와 클로디아라는 또 한 쌍의 일란성 쌍둥이를 만났다. 두 사람은 셰인과 마찬가지로 내가 간혹 '슈퍼' 투렛증후군이라고 부르는 기상천외하고 변화무쌍한 투렛증후군 환자였다. 그들은 20대 초반의 세련되고 유머러스하고 지적인 여성들이었지만, 목청이 터져라 끊임없이 외쳐대는 바람에 목이 늘 잠겨 있었다. 그들은 운동 틱motion tic과 뒤틀림 증상을 자주 보였지만, 엽기적인 충동과 판타지가 터져나오는 것은 입을 통해서였다.

칼라와 클라우디아 자매를 승용차에 태우고 운전하는 것은 고역이었다. 교차로를 지날 때마다 한 명은 "우회전!", 다른 한 명은

"좌회전!"을 외쳤기 때문이다. 두 사람이 영화관에서 함께 "불이야!"를 외치는 바람에, 놀란 관람객들이 우르르 몰려나가는 소동이 일어난 적도 있었다. 또 "상어다!" 하고 외쳐 해변을 깨끗이 비운 적도 있다고 했다. 그들은 침실 창문에서 고막을 터뜨릴 정도로 고함을 질렀는데, 그중 하나는 "흑인 여자와 백인 여자가 동성애를 해요!"라는 소리였고, 더욱 가관인 것은 "아버지가 나를 강간해요!"라는 울부짖음이었다. 모든 이웃들은 그들의 외침이 황당무계하다는 점을 익히 잘 알고 있었기에 그러려니 했지만, 그들의 아버지는 그 말에 결코 익숙해지지 못했고 딸들이 "강간!" 하고 외치면 엄청난 정신적 고통을 받았다.

우리의 짧고 드문드문한 미국 여행이 그렇게 극단적인 사례로 막을 내린 것은 불행한 일이었다. 하지만 그런 극단적인 사례는 마음속에 오랫동안 남아 질병을 명확히 이해하는 데 도움을 주기도 한다.

미국을 여행하며 10여 명의 투렛증후군 환자와 그 가족들을 만나는 동안, 로웰과 나는 병원에서 볼 수 있는 것보다 훨씬 광범위한 사례들을 접할 수 있었다. 그중에는 일반적인 신경과의사들이 마주칠 수 없는 사례들도 있었다. 기상천외한 형태가 있었는가 하면, 임상에서 주목받지 않을 정도로 경미한 형태도 있었다. 자폐증과 마찬가지로, 투렛증후군의 스펙트럼은 폭이 넓다. 매우 복잡하지만 경미한 형태인 경우도 있고, 매우 단순하지만 심각한 형태인 경우도 있다. 그리고 한 명의 환자를 놓고 보더라도, 투렛증후군의 형태와 강도는 오르락내리락할 수 있다. 몇 달 또는 몇 년 동안 완화될 수도 있고, 몇 달 또는 몇 년 동안 심하게 악화될 수도 있다.

◆

　로웰은 누군가에게서 거의 신화적인 장소가 존재한다는 소문을 들었다. 그곳은 캐나다 북쪽 끝에 있는 마을로, 투렛증후군 환자들로만 구성된 공동체다. 좀 더 구체적으로 말하면 메노파 교도Mennonite◆들로 이뤄진 대가족으로, 6세대 이상에 걸쳐 대대로 투렛증후군 환자들을 배출해왔다. (그래서 로웰은 그 마을을 투렛마을Tourettesville이라고 부르기 시작했다.) 그 거대한 가문의 구성원이라는 것은 뭘 의미할까? 틱 증상과 고함소리가 특이하기는커녕, 가문의 오랜 전통의 일부로 간주될 텐데 말이다. 그런 고립되고 종교적인 공동체에서, 도덕적·종교적 신념은 투렛증후군에 어떤 영향을 미쳤을까? 반대로 투렛증후군은 그들의 신념에 또 어떤 영향을 미쳤을까? 우리는 직접 방문하여 확인해보기로 했다.

　우리는 라크리트에서 가장 가까운 공항(공항이라고 해봐야, 숲속의 가설 활주로와 다름없었다)에서 낡고 페인트칠이 벗겨진 승용차 한 대를 렌트했다. 렌터카의 앞 유리는 도로에서 튀어오른 거친 자갈에 맞았는지 금이 가 있었다. 라크리트까지 110킬로미터 거리를 운전해가기 시작했을 때, 나는 도시의 긴장감이 사라지는 것을 느꼈고 로웰의 투렛 발작도 아마도 시골의 아름다움, 평화로움, 적막감 덕분에 점차 완화되는 것을 관찰할 수 있었다. 라크리트 마을에 도착했을 때, 길가에서 수박을 판매하는 메노파 교도 커플을 지나쳤다. 우리

◆　종교개혁 시기에 등장한 개신교 교단으로, 유아세례를 인정하지 않는 재세례파의 일파.

는 차를 멈추고 수박 한 통을 구입하며 브리티시컬럼비아 출신의 그들과 잡담을 나눴다. 브리티시컬럼비아는 두 개의 작은 공동체를 연결하고 있었는데, 그중 하나는 작은 공동체였고, 다른 하나는 북서부의 메노파 공동체들을 연결하는 고요하고 반半종교적이고 반半상업적인 네트워크의 일부였다.

메노파는 독일과 저지대국가Low Countries♦♦ 출신 대규모 인구집단의 후손인데, 맨 처음 종교의 자유를 찾아 우크라이나에 모여들었다가 후에 캐나다에 정착했다. 그들은 지금까지도 전통적인 생활방식을 고수하며, 토양과 가족, 비폭력, 검소함, 거대한 외부 세계와의 부분적 단절을 지향하고 있다.

라크리트는 700명의 주민으로 구성된 마을로, 다섯 개 메노파의 지파支派별로 각각 하나씩 교회를 갖고 있으며, 교파 내에서는 상당한 범위에 걸친 풍습과 신념을 지키며 살아가고 있다. 가장 엄격한 지파는 구식민지 메노파Old Colony Mennonite로, 교육과 일상생활에서 세속적인 것에 의구심을 품고 있다. (그러나 그들조차도 1690년대에 갈라져나간 아미시Amish만큼 철저한 은둔생활을 하지는 않는다.) 라크리트의 보수적인 주민들은 까만색 옷을 단정하게 입고 여성들은 머리에 쓰개 headdress를 착용하지만, 다른 주민들은 청바지와 셔츠를 입는다. 그들의 생활방식에서는 평온함과 함께 단순함과 실용성이 묻어나온다.

이 평온함은 우리가 데이비드 잰슨의 집을 방문했을 때 깨지고 말았다. 데이비드는 그곳에서 가장 두드러진 투렛증후군 환자였는

♦♦   유럽 북해 연안의 벨기에, 네덜란드, 룩셈부르크로 구성된 지역.

데, 나는 로웰의 주선으로 그를 만났다. 데이비드는 우리를 맞으러 달려나오며 연신 비명을 지르고 틱을 일으켰다. 고막을 찢는 듯한 충격적인 소음은 그 자신의 인격은 물론 라크리트 전체의 잔잔한 분위기를 휘저어놓는 듯했다. 그의 쾌활한 분위기는 로웰에게 발동을 걸었고, 급기야 두 사람이 부둥켜안고 틱을 일으키며 비명을 지르는 장면은 애처로우면서도 우스꽝스러웠다. 미안한 얘기지만, 나는 두 마리의 반려견이 흥분하는 광경을 떠올렸다.

이제 40대 초반인 데이비드는 여덟 살 때 다양한 틱 증상을 보이기 시작했다. 하지만 주변에서 놀라는 사람은 아무도 없었다. 어머니와 두 명의 누나는 물론 수십 명의 사촌들, 그리고 그보다 훨씬 더 많은 먼 친척들이 틱 증상을 갖고 있었기 때문이다. 친척들은 '피짓fidget(잠시도 가만히 있지 못하는 사람)'이라고 불렸고, 잰슨 가족들은 '레스틀리스restless(안절부절못하는 사람)'나 '너버스nervous(신경과민)'라고 불렸다.

"할머니는 늘 눈을 깜박이고, 입술로 부르르 소리를 내요." 데이비드의 사촌 중 한 명이 말했다. "또는 혀를 쯧쯧 차거나 폭소를 터뜨리거나 오만상을 찌푸리곤 해요. 하지만 뭘 하든 지극히 정상이에요. 왜냐고요? 모든 사람들이 그러거든요."

데이비드의 진정한 갈등은 열다섯 살 때 시작되었다. 그도 그럴 것이, 그가 큰 소리로 느닷없이 "퍽Fuck!"을 외치기 시작했기 때문이다. 음란어와 비속어는 라크리트의 투렛증후군 환자들 사이에서 흔한 증상이 아니었다. 가만히 있지 못하는 것과는 달리, 음란어와 비속어는 야만인이나 악마의 유혹에 빠진 못된 짓을 연상시켰다. 설상

가상으로 데이비드의 강박행위도 증가하기 시작했다. 그는 때때로 자해를 하거나 물건을 파괴하고 싶은 충동을 느꼈다. "악마야!" 그는 그럴 때마다 혼잣말로 이렇게 중얼거렸다. "지금 당장 내 몸 밖으로 나가라. 나를 혼자 내버려두면 안 되겠니?"

데이비드는 세상을 등졌지만, 마을 밖으로 멀리 달아난 게 아니라 집 안에 꼭꼭 숨었다. "나는 저주의 주문을 외울 때 집 안에 머물렀어요." 그는 말했다. "거의 1년 동안 사람들을 만나지 않았어요. 종종 방안에 틀어박혀 울다 지쳐 잠이 들곤 했어요."

데이비드의 부모는 아들을 이해하려고 무던히 노력했지만, 그들도 혼란스럽기는 마찬가지였다. 그들은 아들의 증상이 반은 도덕적이고, 반은 육체적인 것이라고 여겼다. 즉, 데이비드가 어떤 외부적 힘에 예속되어 있지만, 그 자신이 저주를 물리치지 못하고 "수용한" 것도 문제라고 생각했다. 데이비드 역시 자신을 의지박약자로 간주하기 시작했다. 그러나 라크리트의 주민들 중에는 데이비드의 사례를 단순한 시각으로 바라보는 사람들도 있었으니, 그 내용인즉 데이비드는 신의 분노와 처벌의 대상이라는 것이었다. 한 주민에 따르면, 그 당시에는 다음과 같은 분위기가 지배적이었다고 한다. "잰슨 가족들은 이상한 사람들이고 그중에서도 데이비드가 특히 그래. 그 가족이 필시 무슨 죄를 지어 신에게 벌받고 있는 게 분명해."

데이비드는 20대 초반에 결혼하여 가정을 꾸렸지만, 정신적 혼란 상태는 지속되었다. 그는 종종 숨을 거칠게 헐떡이거나 멈추고 싶은 충동을 느끼곤 했는데, 그런 호흡기경련respiratory convulsion은 투렛증후군 환자에게 드물지 않은 증상으로서 환자를 기진맥진하게 만들었다. "나는 호흡기경련과 싸우느라 너무 피곤했어요. 특히 차를 운전할 때는요." 데이비드는 회고했다. 그는 하이레벨High Level에서 헤이강Hay River까지 트럭을 몰고가며, 갑자기 브레이크를 밟거나 액셀을 밟거나 방향을 바꾸려고 하는 강박행위와 사투를 벌였다. 때로 데이비드는 틱스러운 행동 때문에 스스로 상해를 입히기도 했다. "언젠가 전기톱을 사용하다가 다리를 베였는데, 지금에 와서 생각해보니 그것도 투렛증후군 때문이었어요." 그는 이렇게 말하면서 왼쪽 무릎의 기다랗고 허연 흉터를 내게 보여줬다.

데이비드는 힘든 농사일과 소와 말 돌보는 일을 좋아했지만, 틱 증상 때문에 가축들이 놀라 도망가기 때문에 어려움이 많았다. 서른 살이 되어 어쩔 수 없이 일을 그만두고 생활보조비를 받게 되자, 삶의 의욕은 끝도 없이 곤두박질쳤다. 마침내 서른아홉 살이 되었을 때 데이비드는 위기에 직면했다. "뭔가 해결책이 필요했어요. 더 이상 그렇게는 살 수 없었거든요."

한 마을의사가 데이비드에게 다가와 그가 헌팅턴무도병Huntington's chorea이라는 끔찍하고 치명적인 병을 앓고 있는 것 같다고 말해줬다. 에드먼턴에서는 근육이 갑자기 수축하는 간대성근경련 진단이 나왔다. 마지막으로, 데이비드는 뉴욕의 로체스터 대학교 메디컬센터에서 일하는 로저 컬란 박사에게 보내졌다. 그는 운동장애를 전문적으로 치료하는 신경과의사였다.

컬란은 데이비드를 보고 대번에 말했다. "당신은 투렛증후군 환자입니다." 데이비드는 금시초문이었지만, 컬란에게 틱 증상과 강박행위에 대한 설명을 듣고 한량없는 위로를 느꼈다. "나는 기뻐서 펄쩍 뛰고 싶은 심정이었어요." 그는 말했다. "의사의 말은 저주라는 끔찍한 느낌을 멀리 날려버렸어요. 그동안 나를 괴롭혔던 건 내 안에서 역사하는 악마(사실, 이게 제일 두려웠어요)도 아니고, 의학적 불운도 아니었어요. 그저 단순한 질병이었고, 심지어 이름도 있었어요. 나는 그 귀여운 이름을 수도 없이 부르고 또 불렀어요."

그러나 다 좋은데 걸리는 게 딱 하나 있었다. "그런데 방금 특이한 병이라고 하셨잖아요." 데이비드는 컬란의 말을 반복했다. "그거 유전되는 거 아닌가요?"

"투렛증후군이 유전되는 사례는 거의 보지 못했습니다." 의사가 말했다.

"그래요?" 데이비드는 적이 놀랐다. "내가 아는 사람들은 거의 다 투렛증후군 환자예요. 어쨌든 우리 가족은 그래요. 어머니와 두 누나가 모두 그렇고요." 그는 연필을 꺼내 종이에 가계도를 그리고, 투렛증후군을 앓는 열 명이 넘는 친척들 이름에 동그라미를 쳤다.

그로부터 4년 후 컬란을 만나 자초지종을 물어보니, 그는 의사 생활을 통틀어 그렇게 놀랐던 적은 처음이라고 대답했다. 그는 투렛증후군이 그렇게 강력한 유전적 요소를 갖고 있을 거라고는 생각해본 적이 없었다. 그래서 라크리트를 방문하여 직접 확인해봤지만, 믿기 어려운 건 마찬가지였다. 그는 일주일 동안 밤낮을 가리지 않고 마을을 샅샅이 뒤져, 총 69명의 잰슨 가문 구성원들과 인터뷰를 했다. 컬란은 그들에게 심각한 기질적 질환에 걸린 것도 저주를 받은 것도 아니며, 아마도 유전적 소인에 의한 신경계의 비진행성장애 nonprogressive disorder♦를 겪고 있는 것 같다고 말해줬다.

과학적 설명 덕분에 많은 이들이 위로를 받음과 동시에 진지한 논의의 장이 마련되었지만, 종교적 관점이 완전히 사라지지는 않았다. 라크리트 주민들은 아직도 투렛증후군의 배후에서 역사하는 신의 손길을 보았다. 그럼에도 불구하고 그들은 의학 용어를 완전히 포용했고, 라크리트의 주민들 사이에서 볼 수 있는 특이 행동은 이제 투레팅Touretting이라고 불리게 되었다. 투렛증후군을 처음 발견한 19세기 프랑스의 신경학자 조르주 질 드 라 투레트Georges Gilles de la Tourette가 살아 있었다면 기절초풍했을 것이다. 파리에서 6400킬로미터나 떨어진 외딴 농촌 마을에까지 그의 이름이 알려졌으니 말이다.

정통 유대교도들 사이에는 특이한 것을 발견했을 때 축복을 하는 관습이 있다. 그들은 창조의 다양성 때문에 신을 찬미하며, 기이한 일에 깃든 경이로움 때문에 신에게 감사한다. 오늘날 자신들 사이에 엄연히 존재하는 투렛증후군 환자들을 바라보는 라크리트 주민들의 태도가 바로 그렇다고 할 수 있다. 그들은 투렛증후군을 성가시거나 무의미하다고 여겨 부정적 반응을 보이거나 무시할 대상으로 배척하지 않고, 섭리의 절대적 불가사의함을 나타내는 기이함과 경이로움의 대상으로 받아들인다.

충동과 저주받은 듯한 느낌이 교차하는 가운데, 투렛증후군 환자들은 주변의 어느 누구도 공유하거나 완전히 이해할 수 없는 특이한 병에 걸려 따돌림받고 손가락질받고 있다는 느낌이 들 수 있다.

◆   시간이 경과함에 따라 기관 손상이나 겉으로 나타나는 증상이 악화되지 않는 장애를 말한다.

많은 환자들은 어린 시절 외면당하거나 처벌받았고, 어른이 되어서는 레스토랑 등의 공공장소 출입이 금지되었다. 수년 동안 그런 일을 직접 당해본 로웰에게 라크리트는 그야말로 지상낙원이었다. 한 사람의 투렛증후군 환자로 살며, 단 한 번도 따가운 눈총에 시달리지 않은 곳은 그곳이 처음이었다. 그는 라크리트와 사랑에 빠진 나머지, 언젠가 투렛증후군에 걸린 멋진 메노파 여성과 결혼하여 라크리트에서 영원히 행복하게 살고싶다는 소망을 품게 되었다. "나는 뉴욕에서 살고 싶은 유혹을 느꼈어요." 그는 라크리트를 떠난 후 이렇게 회고했다. "그러나 투렛마을 같은 장소에서 가족, 친구들과 함께 생활하고 싶은 유혹도 느꼈어요. 하지만 나는 방문자에 불과했고, 아무리 사랑받았어도 어디까지나 방문자일 뿐이었어요. 아주 짧은 시간 동안만 그들의 세계에 속할 수 있었을 뿐이죠."

억제할 수 없는 충동

2006년에 월터 B.라는, 마흔아홉 살의 상냥하고 외향적인 남성이 나를 찾아왔다. 그는 10대 때 머리를 다쳐 뇌전증 발작을 일으켰는데, 그 이후로 하루에 수십 번씩 데자뷔 형태의 발작을 경험하게 되었다. 그는 때때로 (아무도 듣지 못하는) 음악 소리를 듣기도 했다. 자신에게 무슨 일이 일어나고 있는지 전혀 몰랐으므로, 혹시 웃음거리가 되거나 증상이 악화될지도 모른다는 두려움에 휩싸여 자신의 이상한 경험을 남에게 알리지 않았다.

그러다 마침내 의사를 찾아갔더니, 의사는 측두엽뇌전증으로 진단한 후 일련의 뇌전증 치료제를 투여하기 시작했다. 그러나 그의 발작은 측두엽발작은 물론 대발작grand mal까지 더욱 빈번해졌다. 10년 동안 온갖 치료제를 다 써본 후, 월터는 안 되겠다 싶어 다른 신경과 의사를 찾아갔다. 그 의사는 '난치성' 뇌전증 치료 전문가로서, 좀 더 근본적인 접근 방법, 즉 우측두엽의 발작중심seizure focus을 제거하는 외과 수술을 제안했다. 그 수술은 약간 도움이 됐지만, 몇 년 후 제2의 광범위한 수술이 필요하게 되었다. 두 번째 수술은 투약과 함께 그의 발작을 더욱 효과적으로 제어했지만, 곧바로 몇 가지 특이한 문제를 수반했다.

본래 적당한 식사량을 유지했던 월터는 갑자기 엄청난 식욕을 느끼게 되었다. "남편은 체중이 불기 시작했어요." 그의 아내가 나중에 나에게 말했다. "여섯 달 만에 바지 사이즈가 세 단계나 껑충 뛰었어요. 식욕을 억제하지 못해, 한밤중에 일어나 쿠키 한 봉지를 단숨에 먹어치우거나 치즈 한 덩어리를 커다란 크래커 한 박스에 곁들여 후다닥 해치웠어요."

"나는 눈에 보이는 건 뭐든 닥치는 대로 먹었어요." 월터가 말했다. "만약 당신이 테이블 위에 승용차 한 대를 세워놓았다면, 그것도 먹어버렸을 거예요." 그는 신경도 매우 날카로워졌다.

집에 마음에 들지 않는 일이 있으면(이를 테면 양말이 없거나 호밀 빵이 다 떨어졌거나, 가족이 나를 흉보거나) 벌컥 화를 낸 후 몇 시간 동안 분을 삭이지 못했어요. 한번은 퇴근 후 승용차를 몰고 귀가하던 중, 승용차 한 대가 추월하려 했어요. 나는 가속페달을 밟아 그 차를 가로막았어요. 나는 차창을 내리고 운전자에게 가운뎃손가락을 세워 욕을 하며 고함을 치기 시작했고, 급기야 금속제 커피잔을 그 차에 던졌어요. 그가 휴대폰으로 경찰을 부르는 바람에, 나는 길가에 차를 세우고 딱지를 떼었어요.

월터는 관심을 너무 과하게 쏟거나 전혀 신경 쓰지 않는 식으로 극단적이었다. "나는 너무 쉽게 산만해졌어요." 그는 말했다. "웬만한 일은 거들떠보지도 않았고, 설사 시작하더라도 끝까지 할 수 없었어요." 그러나 그는 몇 가지 활동에 '빠져드는' 경향도 있었다. 예컨대 피아노 앞에 한번 앉았다 하면 여덟 시간 내지 아홉 시간 동안 일어나지 않았다.

더욱 심란한 점은, 채워지지 않는 성욕이 생겼다는 것이었다. "남편은 나에게 늘 섹스를 요구했어요." 그의 아내가 말했다.

> 남편은 상냥하고 따뜻한 파트너였는데, 어느 날 갑자기 호색한好色漢으로 변했어요. 친밀한 분위기를 만드는 법을 까맣게 잊은 것 같았어요. … 그는 수술을 받은 다음부터 끈질기게 섹스를 요구했어요. … 하루에 최소한 대여섯 번씩이나. 전희나 애무도 생략하고 곧바로 진격했고요.

월터에게 충족감은 찰나적일 뿐이었다. 그는 오르가즘을 느낀 지 몇 초 만에 다시 섹스를 원하기 일쑤였다. 거듭된 섹스로 인해 아내가 탈진하자, 다른 배출구에 눈을 돌렸다. 그는 한때 헌신적이고 사려 깊은 남편이었지만, 이제는 아니었다. 충족되지 않는 성욕과 충동으로 인해, 자신의 아내와 평생 동안 유지해왔던 일부일처제와 이성애라는 선線을 넘게 된 것이다.

남성, 여성, 어린이에게 무차별적으로 성적 관심을 갖는다는 것은, 그에게는 도덕적으로 상상도 할 수 없는 일이었다. 그는 인터넷

포르노를 가장 덜 해로운 해결책으로 여겼다. 비록 판타지일망정 어느 정도의 욕구 해소와 만족을 제공했기 때문이다. 기진맥진한 아내가 곯아떨어지고 나면, 컴퓨터 화면 앞에 앉아 몇 시간 동안이나 마스터베이션을 했다.

그가 성인 포르노를 시청하기 시작하자, 다양한 웹사이트에서 아동 포르노를 구입하거나 다운로드받으라고 호객행위를 했다. 그는 호객행위에 응했을 뿐만 아니라, 다른 형태의 성적 자극—이를테면 남성, 동물, 페티시fetish◆에도 호기심을 갖게 되었다.◇ 자신의 예전 성적 본성과 너무도 이질적인 새로운 강박행위에 놀라고 수치심을 느낀 월터는, 자제력을 발휘하기 위해 필사적으로 노력하기 시작했다. 직장 생활도 열심히 하고, 사교 모임에도 참석하고, 친구들과 만나 식사도 하고 영화도 봤다. 그러는 동안에는 강박행위를 억제할 수 있었지만, 밤이 찾아와 혼자가 되면 다시 욕구에 굴복했다. 깊은 수치감에 빠진 그는 아무에게도 그런 사실을 말하지 않고 9년 이상 이중생활을 했다.

그러던 중 결국 올 것이 오고야 말았다. 연방 요원들이 월터의 집을 수색하여, 아동 음란물 소지 혐의로 그를 체포한 것이다. 그건

◆ 인격체가 아닌 물건이나 신체 특정부위에서 성적 판타지나 만족감을 얻으려는 경향을 말한다.

◇ 프로이트는 이러한 성적 취향을 '다형적 도착polymorphous perversion'이라고 불렀다. 다형적 도착은 많은 질병에 수반되는데, 그 질병들의 공통점은 뇌 속의 도파민 수준이 지나치게 높다는 것이다. 내가 돌보던 뇌염후증후군 환자들의 경우, 엘도파로 인해 각성 증상을 보인 사람들 중에서 다형적 도착이 발견되었다. 또한 투렛증후군 환자들, 암페타민이나 코카인을 장기적으로 사용한 사람들 중에서도 그런 사례가 간혹 보고된다.

끔찍한 일이었지만 되레 다행스럽기도 했다. 왜냐하면 더 이상 숨기거나 감출 필요가 없었기 때문이다. (그는 그 사건을 "음지 탈출"이라고 불렀다.) 이제 그의 비밀은 아내와 자녀들, 그리고 주치의에게 노출되었다. 주치의는 즉시 병용요법combination therapy을 통해 그의 성욕을 감소(정확히 말하면, 사실상 말살)시켰다. 그리하여 중증 성욕항진증 환자였던 그는 하루아침에 거의 불감증에 가깝게 되었다. "남편은 즉시 이전의 사랑스럽고 상냥한 행동을 되찾았어요." 그의 아내가 내게 말했다. "마치 고장 난 스위치가 꺼진 것처럼요." 이 고장 난 스위치에는 켜고 끄는 것 사이의 중간 단계는 전혀 없었다.

나는 월터가 체포되어 기소되는 사이에 여러 번 그를 만났는데, 그는 그때마다 두려움을 표했다. 그는 주로 친구, 동료, 이웃들의 반응을 걱정했다. ("그들이 나에게 손가락질을 하거나 달걀을 던질 거라고 생각했어요.") 그러나 그는 법원이 신경학적 상태를 감안하여 자신의 행동을 범죄로 간주하지는 않을 거라고 생각했다.

안타깝게도 그의 예상은 빗나갔다. 체포된 지 15개월 후, 그는 아동 포르노를 다운로드한 혐의로 기소되어 법정에 섰다. 검사는 월터가 주장하는, 소위 신경학적 상태는 일고의 가치가 없는 눈속임이라고 논고했다. 월터가 평생의 도착자로서 공공의 적이므로, 법정 최고형인 20년 징역형에 처해야 한다고 검사는 주장했다.

월터에게 애초에 측두엽 수술을 제안했고 근 20년 동안 월터를 치료했던 신경과의사가 감정인expert witness의 자격으로 법정에 나타났고, 나는 의견서 제출을 통해 뇌수술이 월터의 신경과 행동에 미친 영향을 설명했다. 의사와 나는 공히 월터의 상태는 드물지만 잘 알려진 클뤼버-부시증후군Klüver-Bucy syndrome으로, 채워지지 않는 식욕과 성욕을 초래하며 간혹 순전히 생리적인 메커니즘에 따라 과민성irritability과 주의산만distractibility을 수반할 수 있다고 지적했다. (클뤼버-부시증후군은 1880년대에 측두엽이 절제된 원숭이에서 처음으로 인지되었으며, 뒤이어 인간에서도 기술되었다.)

월터가 보여왔던 극단적인 양자택일 반응all-or-none reaction은 손상된 중추신경계의 전형적 특징으로, 엘도파를 복용하는 파킨슨병 환자에서도 나타날 수 있다.◇ 통상적인 제어 시스템에는 적절히 반응하는 중간 지대가 존재하기 마련이다. 그러나 월터의 욕망 제어 시스템에는 '이만하면 됐다'는 타협점이 없고, '더욱더'라는 충동만이 존재했다. 그러니 계속 전진만 할 수밖에. 의사는 그런 문제점을 인식하고 난 후, 약물을 이용하여 욕망 시스템을 손쉽게 제어할 수 있었다. 비록 그 과정에서 일종의 화학거세라는 대가를 치러야 했지만 말이다.

그의 신경과 주치의는 법원에서, 월터는 지금껏 아내 외에 어느 누구에게도 손을 댄 적이 없으며, 이제는 더 이상 성욕에 예속되어 있지 않다고 강조했다. (또한 신경학적 장애와 관련된 35건의 소아성애증pedophilia 사례 중에서, 체포된 후 범죄행위로 기소된 경우는 단 두 건에 불과하다

◇   《깨어남》에 등장하는 환자들 중에서도 이와 유사한 사례들이 많이 발생했다. 그들은 뇌의 다양한 추진장치drive system에 손상을 입은 사람들이었다. 나중에 레너드 L이 털어놓은 바에 의하면, 엘도파를 복용하기 전에는 '거세당한 사람'이나 매한가지였지만, 엘도파를 복용하자마자 엄청난 성욕이 샘솟았다고 한다. 그는 병원 측에 엘도파를 복용하는 환자들을 위한 매매춘 서비스 운영을 제안했지만, 뜻을 이루지 못하자 종종 남들이 보는 앞에서 수 시간에 걸쳐 쉬지 않고 마스터베이션을 했다.

고도 지적했다.) 나는 법원에 제출한 의견서에 다음과 같이 썼다.

Mr. B.는 우수한 지능의 소유자인 동시에 … 매우 섬세한 도덕적 감수성을 갖고 있지만, 한때 저항할 수 없는 생리적 강박에 휩싸여 성격에 걸맞지 않은 행동을 저질렀습니다. … 그는 엄격한 일부일처제를 지향합니다. … 그의 과거사나 현재의 성향을 아무리 살펴봐도 소아성애를 시사하는 징후는 전혀 없습니다. 그는 소아는 물론 어느 누구에게도 해가 되지 않습니다.

재판관은 결심공판에서 월터가 클뤼버-부시증후군에 대한 책임이 없다는 변론에 동의했다. 그러나 그녀는 그가 의사에게 자신의 문제를 조속히 알림으로써 도움을 받지 않은 과실이 있다고 했다. 여러 해 동안 타인에게 해를 끼칠 수 있는 행동을 지속했다는 것이다. 더욱이 그의 범죄에 희생된 사람이 전혀 없었던 것도 아니라고 판사는 강조했다.

그녀는 월터에게 26개월의 징역에 이어 25개월의 가택연금, 그런 다음 5년의 관리감독 기간을 둔다고 선고했고 월터는 자신의 형량을 놀라울 정도로 담담하게 받아들였다. 월터는 비교적 정신적 외상을 겪지 않고 수형 생활을 하며, 그 시간을 활용하여 동료 재소자들과 음악 밴드를 결성하고 서적을 탐독하는가 하면 장문의 편지도 썼다. (그는 종종 내게 편지를 보내, 자신이 읽고 있는 신경과학 책에 대해 이야기했다.)

그의 경련과 클뤼버-부시증후군은 약물 치료로 잘 관리되었고,

아내는 징역 및 가택연금 기간 내내 그의 곁을 지켰다. 이제 그는 자유의 몸이 되었으며, 아내와 함께 종전의 단란했던 생활을 거의 회복했다. 두 사람은 오래전 결혼식을 올렸던 교회에 여전히 다니며, 월터는 지역사회에서 활발하게 활동하고 있다.

최근 나와 만났을 때, 월터는 분명 삶을 즐기고 있었으며 숨길 비밀이 없어서 안도한 것 같았다. 그는 내가 그때까지 그에게서 본 적이 없는 편안한 기운을 발산했다.

"나는 지금이 정말 좋아요." 그가 말했다.

파국

2003년 7월, 나는 신경과 동료 오린 데빈스키와 함께 스폴딩 그레이에게 상담을 해주고 있었다. 그는 배우 겸 작가로, 자신이 사실상 고안해낸 자전적 모놀로그라는 기발한 예술 장르로 이름을 날렸다. 스폴딩은 2년 전 여름 머리 부상을 입은 후 발생한 복잡한 증상을 상의하기 위해, 아내 캐시 루소와 함께 우리를 찾아왔다.

2001년 6월, 두 사람은 스폴딩의 예순 번째 생일을 축하하기 위해 아일랜드로 휴가를 떠났다. 어느 날 밤에 그들은 차를 몰고 시골길을 주행하던 중 한 수의사의 밴과 정면충돌했다. 운전대를 잡은 사람은 캐시였고, 스폴딩은 다른 승객과 함께 뒷좌석에 앉아 있었다. 안전벨트를 매지 않은 스폴딩이 캐시의 뒤통수에 이마를 부딪치는 바람에, 두 사람 모두 의식을 잃었다. (캐시는 약간의 화상과 타박상을 입었지만, 영구적인 손상을 입지는 않았다.) 스폴딩은 의식을 회복했을 때 땅바닥에 널브러져 있었는데, 그의 옆에는 망가진 차가 나뒹굴고 있었고 다친 오른쪽 엉덩이에서 심한 통증이 느껴졌다. 그는 당장 인근의 시골 병원으로 실려갔고, 며칠 후 좀 더 큰 병원으로 이송되어 엉덩이에 핀을 박았다.

스폴딩의 얼굴은 멍이 들고 퉁퉁 부었지만, 의사는 그에 아랑곳하지 않고 고관절골절에 집중했다. 캐시가 스폴딩의 오른쪽 눈 바로 위의 '움푹 들어간 상처'를 발견한 것은, 그로부터 일주일이 더 지난 후 부기가 가라앉고 나서였다. 의사는 그제서야 엑스레이를 찍어보고, 눈구멍과 두개골에 복합골절이 일어났다며 수술을 권했다.

스폴딩은 캐시와 함께 수술을 위해 뉴욕으로 돌아와 MRI 촬영을 받았다. 영상 판독 결과 뼛조각이 오른쪽 전두엽을 압박하고 있는 것으로 밝혀졌지만, 의사는 그 부분에서 별다른 손상을 발견하지 못했다. 의사는 뼛조각을 제거하고 두개골의 일부를 티타늄 판으로 대체한 다음, 과도한 체액을 배출하기 위해 션트shunt(배출장치)를 삽입했다.

그는 고관절골절 부위에서 아직도 약간의 통증을 느끼며 정상적으로 걷지 못했고, 심지어 발에 지지대를 채워야 했다. (충돌사고 때 그의 궁둥신경sciatic nerve이 손상되었다.) 그런데 이상한 점이 하나 있었다. 수술과 통증에 시달리고 제대로 움직이지도 못했던 지긋지긋한 몇 달 동안, 스폴딩은 놀랍도록 기분이 좋아 보였던 것이다. 캐시는 그런 남편을 "믿을 수 없을 정도로 건강"하고 낙관적이라고 생각했다.

뇌수술이 끝난 지 5주 후인 2001년 노동절 연휴† 동안, 스폴딩은 시애틀에서 대규모 공연을 두 차례나 성공적으로 완료했다. 그는 목발을 짚은 상태임에도 불구하고 외견상 최상의 컨디션을 유지하고 있었다.

그런데 일주일 후인 9월 11일, 스폴딩의 정신상태가 갑자기 심각하게 변화하며 깊은, 심지어 정신병적인 우울증이 찾아왔다.

◆

사고가 일어난 지 2년 후 우리를 처음 방문했을 때, 스폴딩은 지지대를 채운 오른쪽 다리를 아주 천천히 신중하게 움직이며 상담실로 들어왔다. 그가 의자에 앉고 난 후, 나는 소스라치게 놀랐다. 자발적 운동과 발화發話가 부족하고, 몸을 거의 움직이지 않으며, 얼굴 표정이 거의 없었기 때문이다. 그는 먼저 말을 꺼내지 않고, 나의 질문에 매우 간단한(종종 한 단어짜리) 대답으로 응수했다. 나와 오린은 퍼뜩 이런 생각이 들었다. 이것은 단순한 우울증도, 지난 2년간의 스트레스와 수술에 대한 반응도 아니라고. 내가 보기에, 이 사람은 모종의 신경학적 문제를 갖고 있음에 틀림없었다.

내가 그를 독려하여 그 나름의 방식으로 의사를 표현하도록 유도한 결과, 그는 다음과 같은 이야기를 (내 생각에는 다소 이상한 방식으로) 털어놓기 시작했다. 사고가 일어나기 몇 달 전, 그는 새그하버에 있는 자택을 처분해야 한다는 갑작스런 '강박'을 느꼈다. 가족과 함께 5년 동안 살아온 삶의 보금자리로, 그가 매우 아끼는 집이었다.

◆   미국에서는 9월 첫째 주 월요일이 노동절이므로, 토요일에서 월요일까지 3일이 연휴가 된다.

그와 캐시는 가족을 위해 좀 더 많은 방이 필요하다는 데 합의하고, 인근에서 침실 여러 개와 널찍한 마당이 딸린 집을 한 채 구입한 상태였다. 그러나 그가 옛집을 팔 수 없다고 한사코 버티는 바람에, 두 사람은 아일랜드로 떠나던 때에도 그 집에 눌러앉아 살고 있었다.

그는 아일랜드의 병원에 입원해 있는 동안 옛집의 매도 계약을 마무리지었다고 내게 말했다. 또한 그는 나중에 이런 느낌이 들었다고도 했다. 그 당시에 제정신이 아니었다고. "마녀나 유령이나 로아Loa♦가" 그렇게 하라는 "명령을 내렸다"고.

아무리 그렇더라도, 스폴딩은 2001년 여름 내내 사고와 수술에도 불구하고 신바람이 나 있었다. 그는 작품에 대한 새로운 아이디어가 충만했고(사고, 심지어 수술까지도 멋진 소재가 될 수 있었다), 〈중단된 삶Life Interrupted〉이라는 새로운 작품 공연에서 그 아이디어를 사용할 수 있었다.

그해 여름에 벌어진 끔찍한 사건을 창의적으로 이용할 만반의 태세가 갖춰져 있었다는 데 대해, 나는 깊은 인상을 받았지만 약간 꺼림칙하기도 했다. 그러나 다른 한편으로는 그의 심정을 충분히 이해할 수 있었다. 돌이켜 생각해보면, 나 역시 나 자신의 위기를 책의 소재로 사용하는 데 주저하지 않았기 때문이다.

사실, 자기 자신의 삶(그리고 때로는 타인의 삶)을 소재로 사용하는 것은 예술가들 사이에서 흔히 볼 수 있는 현상이다. 게다가 스폴딩은 매우 특별한 부류의 예술가였다. 간혹 TV와 영화에도 출연

♦   부두교의 신적 존재.

했지만, 그의 진정한 독창성은 무대에서 나타났다. 그는 10여 편의 모놀로그로 높은 평가를 받았고, 그중 일부는 영화(〈킬링 필드의 독백 Swimming to Cambodia〉 〈상자 속의 괴물Monster in a Box〉)로 제작되기도 했다. 그의 연출기법은 삭막할 정도로 단순했다. 책상 하나, 물 한 잔, 노트 한 권, 마이크 하나만 있는 무대 위에 홀로 등장하여, 주로 자전적인 스토리의 실타래를 풀어나가며 관객들과 즉각적인 라포를 형성하곤 했다. 이러한 공연들에서, 그의 삶을 이루는 희비쌍곡선(그가 종종 처하는 어처구니없는 상황들)은 매우 극적이고 강렬한 내러티브로 승화되었다. 그 점에 대해 자세히 물었더니, 그는 자신이 '타고난' 배우라며 어떤 의미에서 자신의 인생이 모두 '연기'라고 했다. 가끔 자신이 모놀로그의 소재로 사용할 요량으로 위기를 자초하는 게 아닐까라는 의문을 품는다고도 했다. 그런 의문은 그를 혼란에 빠뜨렸다. 옛집을 판 것도 '소재'로 삼기 위해서였을까?

스폴딩의 모놀로그에서 특기할 만한 점 중 하나는, 최소한 무대 위에서는 같은 말을 되풀이하는 경우가 극히 드물었다는 것이다. 스토리는 회차回次마다 약간 다른 관점에서 기술되었고, 강조하는 점도 늘 달랐다. 그는 재능 있는 진실의 창조자로, 매순간 자신에게 진실로 보이는 것이라면 뭐든 만들어낼 수 있었다.

◆

스폴딩 가족은 계약에 따라 2001년 9월 11일 옛집을 비우기로 되어 있었다. 그즈음 스폴딩은 매도 계약을 깊이 후회한 나머지, 아일랜드의 병원에 입원했을 때 내린 결정을 '재앙'으로 간주하고 있었다. 그날 아침 캐시가 세계무역센터가 공격받았다고 알려줬을 때, 그는 거의 아무런 반응도 보이지 않았다.

캐시에 따르면, 스폴딩은 그날 이후 옛집을 팔았다는 사실을 반추*하며, 줄곧 우울증, 강박관념, 분노, 죄책감에 빠져 있었다고 했다. 그를 그런 감정에서 벗어나게 할 수 있는 것은 아무것도 없었다. 그의 마음속에서는 옛집에 대한 장면과 대화들이 끊임없이 재생되었고, 그 외에 다른 사안들은 모두 지엽적이거나 무의미할 뿐이었다. 한때 열렬한 독서광이자 왕성한 작가였던 그는 이제 아무것도 읽거나 쓸 수 없다고 느꼈다.

스폴딩은 이전에도 20여 년 동안 간헐적으로 우울증을 경험했으며, 일부 의사들은 그가 양극성장애bipolar disorder를 갖고 있다고 생각했었다. 그러나 과거의 우울증은 아무리 심각하더라도 대화요법talk therapy이나 간간이 사용한 리튬요법lithium therapy으로 해결되었다. 그는 이번 우울증은 차원이 다르다고 느꼈다. 깊이와 지속성 면에서 유례없는 수준이어서, 전에는 자발적으로 즐겼던 자전거 타기와 같은 여가활동을 하려고 해도 엄청난 노력이 필요했다. 일부러 다른 사람들(특히 자녀들)과 대화를 시도했지만, 그 또한 어렵다는 것을 깨달았다. 열 살 난 아들과 열여섯 살짜리 의붓딸은 아빠가 "변해버

◆ 위가 여럿 달린 소가 하루 종일 여물을 게워내고 다시 씹어 삼키듯이, 인생의 실패, 창피하고 당황스러웠던 경험, 후회되는 일들과 같은 부정적 생각을 끊임없이 반복하는 행위를 반추rumination라고 한다. 반추사고ruminative thought는 우울증 환자의 대표적인 사고방식으로 알려져 있다.

렸"으며 "더 이상 예전의 아빠가 아니"라고 느끼며 슬퍼했다.

2002년 6월, 스폴딩은 코네티컷 주에 있는 정신병원 실버힐을 찾아가 데파코트Depakote를 처방받았다. 데파코트는 가끔 양극성장애 치료제로 사용되지만, 그의 우울증은 별로 개선되지 않았다. 그리고 일종의 저항할 수 없는 악령이 자신을 꾀어 집을 팔게 만들었다는 그의 확신은 점점 더 깊어졌다.

2002년 9월, 스폴딩은 익사할 요량으로 요트에서 항구로 뛰어내렸지만, 이내 겁을 먹고 요트에 매달렸다. 그리고 며칠 후에는 새 그하버 다리 위에서 두리번거리며 강물을 뚫어지게 바라보는 스폴딩의 모습이 발견되었고, 이를 수상하게 여긴 경찰이 개입하여 캐시가 그를 집으로 데려갔다.

이 일이 일어난 직후, 스폴딩은 어퍼이스트사이드에 있는 정신과 클리닉인 페인휘트니Payne Whitney에 입원했다. 그는 그곳에 네 달 동안 머물며, 스무 번 이상의 충격요법과 온갖 종류의 약물을 처방받았다. 그러나 모든 치료법에 반응하지 않았고, 날이 갈수록 증상이 점점 더 악화되는 것 같았다. 그가 페인휘트니에서 퇴원했을 때, 친구들은 뭔가 끔찍하고 되돌릴 수 없는 일이 일어났음을 감지했다. 캐시는 그가 '망가진 사람broken man'이 되었다고 생각했다.

증상이 악화되어가는 원인을 밝히기 위해, 스폴딩과 캐시는 2003년 6월 UCLA 부설 레스닉 병원Resnick Hospital을 방문하여 신경정신과 테스트를 받았다. 다양한 테스트에서 나쁜 결과가 나왔고 '우측두엽 손상의 전형적 증상인 주의력 및 실행력 결핍attentional and executive deficit'이라는 판정을 받았다. 이곳의 의사들은 자동차 사고 때 부스러진 뼛조각이 전두엽에 그대로 남아 뇌에 상처를 입히는 바람에 앞으로 증상이 더욱 악화될 수 있다고 말했다. 그들은 스폴딩이 창의적인 작품 활동을 더 이상 할 수 없을 거라고도 했다. 캐시에따르면, 의사의 말에 스폴딩은 "정신적으로 큰 충격을 받았다".

◆

스폴딩이 오린과 나를 처음 찾아온 2003년 7월, 나는 그에게 마음을 심난하게 하는 주제 중에 얼떨결에 집을 팔았다는 것 말고 다른 건 없느냐고 물었다. 그는 있다고 대답했다. 그는 종종 어머니와 (태어나서 스물여섯 살이 될 때까지) 자신의 인생에 대해 생각한다고 했다. 그가 열 살 때부터 간헐적으로 정신병 증세를 보이던 그의 어머니는 그가 스물여섯 살이 되었을 때 자기 학대와 가책 상태에 빠져 가족 소유의 집을 파는 데에만 골몰했다. 고통을 이기지 못한 어머니는 결국 자살하고 말았다.

기묘한 방식으로 어머니에게 일어난 일을 반복하고 있다는 느낌이 든다고 그는 말했다. 그는 자살 충동을 느끼며 그 생각이 늘 떠나지 않는다고 했다. UCLA 병원에 입원했을 때 자살하지 않은 게 후회된다고도 했다. 내가 왜 하필 UCLA 병원이냐고 물으니, 그는 이렇게 대답했다. 어느 날 웬 사람이 커다란 비닐봉지를 병실에 놓고 갔는데, 그걸 이용하면 "쉬울" 것 같았다고. 그러나 아내와 자식들 생각이 나서 참았다고 했다. 그럼에도 불구하고 자살 생각은 매일 "검은 태양◆처럼" 떠올랐다고 그는 말했다. 그는 지난 2년이 "소름끼친다"며 이렇게 덧붙였다. "그날 이후 웃어본 적이 단 하루도 없습니다."

부분적으로 마비된 발을 지탱하는 보조기는 오래 사용할 경우 불편함이 이만저만이 아니었으므로, 신체 활동을 통한 스트레스 배출을 가로막는 요인으로 작용했다. "하이킹, 스키, 댄스와 같은 신체 활동은 정신적 안정에 기여하던 일등공신이었습니다." 이렇게 말하며 그는 부상과 얼굴에 받은 수술 때문에 흉측해졌다는 느낌이 든다고도 했다.

◆

오린과 나를 찾아오기 불과 일주일 전, 스폴딩의 반추사고에 짧고 극적인 휴식이 찾아왔다. 자초지종은 이러했다. 그는 두개골을 대체한 티타늄 판 중 하나의 위치를 교정하기 위해 수술을 받아야 했다. 수술은 전신마취 상태에서 네 시간 동안 진행되었다. 마취에서 깨어난 후 약 열두 시간 동안, 스폴딩은 말이 많은 데다 아이디어가 풍부한 예전 자신의 모습으로 돌아갔다. 반추와 절망이 눈 녹듯 사라지고, 지난 2년간의 사건들을 모놀로그의 창의적인 소재로 사용할 궁리도 할 수 있었다. 그러나 다음 날, 그 짧았던 흥분(또는 해방감)은 온데간데없이 사라졌다.

◆ 달이 태양을 가리는 개기일식 현상을 '검은 태양'이라고 부르는 경우가 있다. 태양은 '생명의 근원'을 의미하는 좋은 징조인 반면, 일식은 세상을 밝게 비추는 태양을 가리므로 예로부터 나쁜 징조로 받아들여지는 경우가 많았다. 정신과적으로, 검은 태양은 어둠과 절망, 중년기의 우울한 상태를 상징하기도 한다.

스폴딩의 사연에 대해 이야기를 나누며 그의 특이한 주도성 부족과 부동성immobility을 관찰하는 동안, 오린과 나는 전두엽 손상으로 인한 기질적 요소organic component가 마취 이후의 '정상화normalization'라는 특이 현상에 단초를 제공한 게 아닐까 하는 의문을 품었다. 즉, 망가진 전두엽에는 중간 지대*가 존재하지 않으므로, 그에게 가능한 상태는 신경이 마비되어 완고한 신경학적 억제 상태가 되거나, 신경이 갑자기 일시적으로 해방되어 완전히 반대 상태가 되는 것뿐이다. 그런데 자동차 사고로 인해 일종의 완충장치(전두엽의 방어적·억제적 기능)가 파괴됨으로써, 종전에 억제되거나 억눌렸던 생각과 판타지들이 의식 속으로 걷잡을 수 없이 파고든 것은 아닐까?

전두엽은 인간의 뇌에서 가장 복잡한 부분으로, 가장 최근에 진화했다. 전두엽은 지난 200만 년 동안 엄청나게 확장되었다. 폭넓게 심사숙고하는 능력, 많은 아이디어와 사실을 상기하고 보유하는 능력, 주의를 집중하고 꾸준한 집중력을 유지하는 능력, 계획을 세우고 실행하는 능력—이 모든 것들은 전두엽 덕분에 가능하게 되었다.

그러나 전두엽은 뭔가를 억제하거나 제한하는 역할도 수행하는데, 그 대상은 파블로프가 말한 "피질하의 맹목적인 힘", 즉 억제하지 않고 내버려둘 경우 우리를 압도할 수 있는 충동과 열정이다. (유인원과 원숭이는 어린이들과 마찬가지로 지능을 보유하고 있고, 사전에 생각할 수 있으며, 계획을 수립할 수 있다. 그러나 전두엽이 덜 발달했기 때문에, 잠깐 멈춰 심사숙고를 하기보다는 내키는 대로 행동하는 경향이 있다. 그런 충동성은 전두엽

◆   앞의 글, 〈억제할 수 없는 충동〉 참조.

이 손상된 환자들에서도 두드러진다.) 뇌의 전두엽과 피질하 영역 사이에는 통상적으로 아름다운 균형(즉, 섬세한 상호관계)이 존재하므로, 지각과 감정의 중재를 통해 자유롭고 유쾌하고 창의적인 의식이 가능해진다. 그러나 전두엽 손상으로 인해 이러한 균형이 상실되면, 충동적 행동, 강박적 아이디어, 압도적인 감정, 강박행위가 '풀려날' 수 있다. 스폴딩의 증상은 전두엽 손상, 또는 심각한 우울증, 또는 그 두 가지가 악성적으로 결합한 결과물이 아닐까?

전두엽 손상은 주의력과 문제 해결 능력을 저하시키고, 창의력과 지적 활동의 질을 떨어뜨릴 수 있다. 스폴딩 자신은 사고를 당한 이후 지적 퇴보를 전혀 느끼지 않았다며 손사래를 쳤지만, 캐시는 그의 끊임없는 반추가 부분적으로 그가 인정하고 싶지 않은 지적 상실을 '은폐'하거나 '위장'하기 위한 제스처가 아닐까 하는 의문을 품었다. 어떤 상황이었던 간에, 스폴딩은 더 이상 사고 전의 공연들에서 보여줬던 높은 수준의 창의력, 익살, 숙련도를 발휘할 수 없다고 느꼈고, 다른 사람들의 느낌도 마찬가지였다.

◆

나는 처음 상담하고 두 달 후인 2003년 9월에 스폴딩과 캐시를 다시 만났다. 스폴딩은 집에 머물고 있었는데, 컨디션이 매우 나빠 일을 할 수가 없었다. 차도가 좀 있느냐고 물었더니 그는 "전혀 차이가 없어요"라고 말했다. 내가 훨씬 활력 있어 보이고 덜 불안해 보인다고 하자 그는 "사람들은 그렇게 말하지만, 내 느낌은 전혀 그렇지 않아요"라고 대꾸했다. 그러고는 (마치 증상이 호전된 것 같다는 관념을 바로잡아 주려는 듯) 바로 전 주말에 자살 '리허설'을 무대에 올렸다는 충격적인 말을 했다. 캐시는 사업상 회의에 참석하기 위해 캘리포니아로 떠나며, 시골에 머무를 남편의 안전이 걱정되어 맨해튼의 아파트에서 주말을 보낼 수 있도록 조처했다. 그럼에도 불구하고 그는 토요일에 극적인 자살에 적합한 무대로 점 찍어놓은 브루클린 다리와 스태튼아일랜드페리 선착장으로 소풍을 떠났다. 그러나 아내와 자식들을 생각하니 '겁이 덜컥 나서' 실연實演을 하지는 않았다.

그는 조금이나마 자전거 타기를 다시 시작하여 종종 옛집을 지나쳤지만, 다른 사람의 손에 넘어가 색상까지 바뀐 것을 차마 눈뜨고 볼 수 없었다. '사악한 마법'에서 벗어나기 위해 집을 되팔라고 제안해봤지만, 새 주인은 냉담한 반응을 보였다.

그러나 캐시의 지적에 따르면, 스폴딩은 지난 2년 동안 심각한 우울증과 강박증에도 불구하고 다른 도시로 여행하며 여러 차례의 공연을 강행해왔다. 소재는 자동차 사고였지만, 최고의 공연과는 거리가 멀었다. 한 극장에서 공연을 위해 무대의 문을 두드렸을 때, 그를 잘 알던 감독이 행색이 꾀죄죄하고 옷매무새가 헝클어진 그를 노숙자로 착각한 적도 있었다. 스폴딩은 무대에 올라서도 산만해 보였고 관객들에게 거리를 뒀다.

캐시는 나와 진료 예약을 하면서, 그다음 날 스폴딩이 받기로 되어 있는 수술 이야기를 꺼냈다. 수술의 목적은 흉터조직 속에 파묻혀 있는 궁둥신경을 끄집어내는 것이었다. 외과의사는 이 수술로 신경의 일부가 재생되어 발을 적절히 움직일 수 있기를 기대했다.

스폴딩은 전신마취를 받을 예정이었는데, 나는 두 달 전 일어났던 특이 현상(마취 이후의 정상화)을 기억하고, 수술이 끝난 지 몇 시간 후 병원을 방문하기로 약속했다.

다음 날 병원에 도착했을 때, 스폴딩은 전례 없이 활기차고 사교적인 모습을 보였다. 전날 내 진료실을 방문했을 때만 해도 거의 말이 없고 묵묵부답이었는데 말이다. 그는 스스럼없이 내게 커피를 권하며 요즘 어디를 여행했고 어떤 작품을 썼느냐고 나에게 물었다. 그의 강박적 반추obsessive rumination는 마취에서 깨어난 후 두세 시간 동안 완전히 중단되었고, 그 순간에도 상당히 줄어든 상태였다.

다음 날인 2003년 9월 11일, 나는 그를 다시 방문했다. (그날은 그가 지독한 우울증에 빠진 지 2년이 되는 날이었다.) 그는 여전히 활기차게 대화를 주도했고, 오린도 별도로 방문한 자리에서 스폴딩과 "정상적인 대화"를 나눌 수 있었다. 우리는 거의 즉각적인 역전 현상에 놀라움을 금치 못했다.

오린과 나는 이 일시적인 '정상화'를 가능케 한 요인에 대해 곰곰이 생각했다. 오린은 스폴딩의 (전두엽 손상이 해방시킨) 반추와 부정적인 감정이 전신마취로 거의 48시간 동안이나 줄어들거나 억제됐다며, 사실상 전신마취가 (온전한 전두엽이 통상적으로 제공하는) 방어 장벽을 제공했다고 생각했다.

9월 12일 이른 아침에 세 번째로 병원을 방문했을 때, 스폴딩은 여전히 기분이 좋아 보였다. 그는 수술 후 통증을 거의 느끼지 않는다고 말한 후 병상에서 민첩하게 빠져나와, 방금 한 말을 증명해 보이려는 듯 목발이나 부목 없이 병실 안을 이리저리 걸어다녔다. (그

러나 신경이 아직 회복되지 않아, 발걸음을 내디딜 때마다 손상된 발을 높이 들어올
렸다.) 내가 병실을 떠날 때는 어디로 가느냐고 상냥하게 물었는데,
그 말투와 분위기가 반추에 몰두할 때와 전혀 딴판이었다. 내가 수
영하러 갈 거라고 했더니, 그는 반색하며 이렇게 말했다. "나도 수영
을 매우 좋아해요. 특히 우리 집 근처에 있는 호수는 환상적이에요.
퇴원하면 꼭 거기에서 수영하고 싶어요."

나는 테이블 위에 놓여 있는 노트를 발견하고 흐뭇해하며 이렇
게 말했다. (그는 언젠가 나에게, 아일랜드의 병원에 입원해 있었을 때 일기를 썼
다고 이야기한 적이 있었다.) "2년간의 고통으로 충분해요. 당신은 악마
에게 진 빚을 다 갚았어요." 스폴딩은 옅은 미소를 지으며 말했다.
"나도 그렇게 생각해요."

나는 그 시점에서는 신중한 낙관론을 견지하며, 마침내 그가 우
울증과 전두엽 손상에서 회복하고 있나 보다고 생각했다. 나는 그에
게 이렇게 말해줬다. "더 심각한 두부 외상을 입었지만, 손상을 회복
하려는 뇌의 능력 덕분에 시간이 지남에 따라 지적 능력을 대부분
되찾은 환자들도 여럿 보았어요."

♦

나는 9월 13일에도 스폴딩을 방문할 계획이었지만, 캐시에게서
온 전화를 받고 계획을 취소했다. 전화의 내용인즉, 그가 퇴원수속
을 밟지 않고 돈도 신분증도 지니지 않은 채 병원을 떠났다는 것이
었다.

다음 날 아침, 나는 또 한 건의 메시지를 받았다. 이번에는 스폴딩이 스태튼아일랜드페리 선착장에 도착하여 자살을 고려하고 있다는 내용이었다. 캐시는 경찰에 전화를 걸었고, 경찰은 선착장 주변을 샅샅이 뒤진 끝에 오후 열 시쯤 페리를 타고 왕복을 계속하던 스폴딩을 발견했다. 스폴딩은 스태튼아일랜드 병원에 강제로 입원했다가, 뉴저지주 소재 케슬러 연구소Kessler Institute의 특별한 뇌재활 부서로 보내졌다. 오린과 나는 며칠 후 그곳을 방문하여 그를 만났다.

스폴딩은 내게 먼저 말을 걸어, 자신이 방금 쓴 열다섯 쪽짜리 글을 보여줬다. 그것은 몇 달 만에 처음 쓴 글이었다. 그러나 그는 여전히 약간 이상하고 불길한 강박관념을 느꼈는데, 그 증상은 그가 말하는 "창의적 자살creative suicide"에 관한 것이었다. 그는 자신에 관한 특집 기사를 쓰고 있는 잡지 기자에게 이야기를 하고 있다며, 그녀를 스태튼아일랜드페리에 데리고 가서 즉석에서 창의적 자살을 시연하지 않았던 것을 후회했다. 나는 죽었을 때보다 살아 있을 때 훨씬 창의적일 수 있다고 그에게 말해주며 무척 고통스러워했다.

◆

스폴딩은 케슬러 연구소에서 치료받은 후 귀가했고, 10월 28일에 나와 만났을 때는 지난 2주 동안 두 편의 모놀로그를 공연했다는 반가운 소식을 전했다. 그게 어떻게 가능했느냐고 물으니, 그는 책임감을 강조했다. 뭔가를 하기로 약속했으면 어떤 기분이 들더라도 그걸 하기로 했다면서. 아마도 그는 모놀로그 공연이 에너지를 재충

전해주기를 바란 것 같았다. 캐시의 말에 따르면, 그는 예전에는 공연이 끝나고도 에너지가 남아돌아 무대 뒤에서 친구들과 팬들을 즐겁게 해줄 정도였다. 그러나 그때는 사정이 좀 달랐다. 공연하는 동안에는 어느 정도 활력을 유지했지만, 공연이 끝남과 거의 동시에 다시 우울증에 빠졌다.

한번은 공연이 끝나고 난 뒤, 캐시에게 롱아일랜드의 다리에서 뛰어내리겠다는 메모를 남기고 사라졌다. ―그리고 정말로 뛰어내렸다. 그는 그동안 추구해온 '책임감'을 회복할 수 없다고 느꼈다. 그것은 매우 공개적인 점프였고, 수많은 사람들이 그의 투신 장면을 목격했다. 그리고 그중 한 명이 바다에 빠진 스폴딩을 도와 해변으로 돌아오게 했다.

스폴딩은 종종 자살 메모를 남긴 후 자취를 감췄고, 캐시나 자녀들이 그 메모를 부엌 식탁 위에서 발견했다. 그러면 가족은 그가 다시 나타날 때까지 심각한 불안 상태에 빠지곤 했다.

2003년 11월에, 나와 오린은 스폴딩의 공연을 관람하러 갔다. 우리는 그의 프로 의식과 무대 기교에 감탄했지만, 그가 여전히 기억과 판타지에 매몰돼 있을 뿐, 한때 해냈던 것처럼 한 단계 더 높은 경지로 승화시키지 못한다는 느낌을 받았다.

◆

2003년 12월 초, 스폴딩은 캐시와 함께 나를 다시 찾아왔다. 진료실로 안내하기 위해 현관으로 마중 나갔을 때, 스폴딩은 눈을 감고 잠들어 있는 것 같았다. 그러나 내가 말을 걸자마자 눈을 뜨고, 나를 따라 상담실로 들어왔다. 잠들어 있었던 게 아니라 "생각하고 있었다"고 그는 해명했다.

"나는 아직도 반추 때문에 큰 어려움을 겪고 있어요." 그는 말했다. "내가 일종의 자기최면 상태에서 어머니의 뒤를 따르고 있다는 느낌이 들어요. 그건 궁극적이고 포괄적인 운명인 것 같아요. 차라리 죽는 게 더 낫겠어요. 이제 뭘 어떻게 해야 하죠?"

일주일 전 스폴딩과 캐시가 뱃놀이를 떠났을 때, 그녀는 그가 바닷물에 '의미심장한' 시선을 던지는 것을 보고 소스라치게 놀랐다. 그녀는 그 이후로 스폴딩을 늘 지켜보기로 했다.

"최근 공연한 모놀로그에 대한 관객들의 반응이 괜찮더군요"라고 내가 덕담을 건넸더니, 그는 이렇게 맞받았다. "네. 하지만 그건 그들이 예전의 나, 예전의 내 방식을 보았기 때문이에요. 이미 사라지고 없는데도 말이에요. 그들은 감상주의와 노스텔지어에 빠져 있는 거죠."

인생의 사건들, 특히 매우 부정적인 사건들을 모놀로그로 각색하여 공연하면 어떻겠느냐고, 그러면 그것들을 포용하고 극복할 수 있지 않겠느냐고 내가 물었다. 아니라고, 지금은 안 된다고 그가 대답했다. 요즘 하는 모놀로그는 예전에 도움을 주었던 것과는 정반대로 자신의 우울한 생각을 되레 악화시킬 뿐이라고 했다. 그는 이렇게 덧붙였다. "전에는 내가 소재를 감당할 수 있었어요. 반어법을 쓸줄 알았거든요."

그는 "실패한 자살자"가 되는 것 운운하며 내게 물었다. "만약 정신병원에 입원하는 것과 자살하는 것 중 하나를 선택할 수밖에 없다면, 당신은 어느 쪽을 선택하겠어요?"

그는 자신의 마음이 어머니와 물, 언제나 물에 대한 환상으로 가득 차 있으며, 자살 판타지가 늘 익사와 관련되어 있다고 했다.

"왜 하필 '물'과 '익사'죠?" 내가 물었다.

"바다로, 우리 어머니에게로 돌아가는 거예요." 그가 대답했다.

나는 문득 30년 전에 읽은 입센의 희곡《바다에서 온 여인The Lady from the Sea》을 떠올렸다. 기억이 가물가물하기에, 집에 돌아와 다시 읽어보니 다음과 같은 내용이었다. (스폴딩은 극작가이므로 그 희곡을 읽어본 게 틀림없었다.) 등대에서 성장한 엘리다라는 주인공은, 정신병에 걸린 여성의 딸이다. 그녀는 바다에 대한 집착 때문에 일종의 정신착란을 일으키며, 바다를 상징하는 듯 보이는 한 선원에게 '거부할 수 없는 매력'을 느낀다. ("바다의 모든 힘은 이 남자에게 있다.")

다른 집으로 이사한 사건은 스폴딩의 경우와 마찬가지로 엘리다를 정신병적 상태로 밀어넣는 작용을 한다. 엘리다는 그 상태에서, 자신의 과거와 '운명'에 대한 유사환각적 이미지가 쓰나미처럼 몰려드는 것을 느낀다. 그것은 무의식에서 나오는 것으로, 현실에서 살아갈 수 있는 능력을 집어삼킨다. 남편이자 의사인 방엘은 정신병적 상태의 위력을 잘 알고 있다. "끝도 한계도 없는 것, 곧 도달 불가능한 것에 대한 갈망은 궁극적으로 당신의 영혼을 몸에서 끄집어내 어둠 속에 완전히 처박을 거요." 스폴딩에 대한 나의 걱정은 방엘의 대사臺詞와 똑같았다. 스폴딩은 그와 나를 포함하여 우리 중 어느 누구도 저항할 수 없는 힘에 이끌려 죽음을 향해 다가가고 있었다.

스폴딩의 표현을 빌리면, 그는 30여 년 동안 '미끄러운 경사면'에서 잘도 버텨왔다. 공중 줄타기 곡예사처럼 대담한 공연을 펼쳤지만, 단 한 번도 추락한 적이 없었으니 말이다. 그러나 그는 앞으로도 계속 잘할 수 있을지에 대해 회의적이었다. 나는 겉으로 희망과 낙관론을 표시했지만, 내심으로는 그와 마찬가지로 회의를 품었다.

◆

2004년 1월 10일, 스폴딩은 자녀들을 데리고 영화를 보러 갔다. 영화의 제목은 팀 버튼 감독의 〈빅 피쉬Big Fish〉로, 핵심 줄거리는 다음과 같다. 죽어가는 아버지가 강물로 돌아가기 전에 자신의 기상천외한 스토리를 아들에게 들려준다. 아버지는 강에서 죽지만, 아마도 진정한 자아, 즉 물고기로 환생함으로써 자신의 황당무계한 이야기 중 하나를 현실로 만드는 것 같다.

그날 저녁, 스폴딩은 친구를 만나러 간다며 집을 나섰다. 그러나 으레 하던 것과 달리 자살 메모를 남기지는 않았다. 그가 며칠이 지나도록 귀가하지 않아 수소문을 하던 중, 캐시는 스태튼아일랜드 페리에 승선하는 스폴딩을 봤다는 한 남성의 이야기를 들었다.

스폴딩의 시신은 그로부터 두 달 후 이스트 강가에 밀려올라왔다. 그는 자신의 자살이 고귀한 드라마가 되기를 늘 바랐지만, 결국에는 어느 누구에게 아무런 말도 남기지 않았다. 그저 사람들의 시야에서 사라진 다음, 어머니인 바다로 조용히 돌아갔을 뿐이다.

위험한 행복감

Mr. K.는 지적이고 교양 있는 일흔두 살의 노인으로, 패션 산업에서 잘나가는 데다 전반적인 건강 상태도 양호했다. 그러나 나를 처음 방문하기 2년 전인 2000년 9월 Mr. K.가 관절통을 호소하자, 의사는 류마티스성다발근통polymyalgia rheumatica으로 진단하고 프레드니솔론prednisolone 10밀리그램을 하루에 두 번씩 복용하라고 처방했다. 통증과 경직은 수일 내에 가라앉았고, Mr. K.는 큰 행복감을 느꼈다. (어쩌면 지나치게 행복한 건 아닌가 싶었다.) 그는 나중에 내게 이렇게 말했다. "스테로이드는 내게 엄청난 활력을 느끼게 해줬어요. 이전에는 아흔 살짜리 노인처럼 걸었지만, 그 약을 먹고 나니 마치 훨훨 나는 것처럼 걷게 되었어요. 내 평생에 그때보다 컨디션이 좋았던 적은 없었어요." 그의 "지복감euphoria"(그가 돌이켜 생각하며 쓴 표현)은 몇 달 동안 계속 증가했고, 거래 관계에서의 사교성과 대담성도 함께 증가했다. 본인에게나 주변 사람들에게나, 그는 생동감이 넘치고 의기양양해 보였다.

2001년 3월에 사업차 파리를 방문할 때까지 뚜렷한 이상은 발견되지 않았다. 여행을 준비하는 과정에서 혼란과 흥분의 조짐이 보였지만 대수롭지 않게 여기고 넘어갔다. 그러나 파리에서 그 증상이 본격적으로 나타났다. 중요한 약속을 깜빡 잊었고(이는 가족에게 주목을 받는 문제로 비화했다), 무려 10만 달러에 상당하는 예술 서적을 구입했고, 호텔 직원들과 언쟁을 벌였으며, 루브르에서는 경찰에게 폭행을 가했다.

Mr. K.는 프랑스의 한 정신병원에 강제로 입원하여 "과대망상 grandiose과 탈억제disinhibited♦"라는 지적을 받고, 사실은 아무도 모르게 프로드니솔론 복용량을 다섯 배로 늘렸다고 실토했다. 그는 최소한 3개월 동안 약물남용을 계속했는데, 그 정도면 '스테로이드정신병steroid psychosis'을 초래하기에 충분했다. 의사는 최종적으로 "정신병 소견을 수반하는 조증삽화manic episode"로 진단하고, 조증 치료를 위해 진정제를 처방함과 동시에 프레드니솔론 용량을 종전과 같은 하루 두 번 10밀리그램씩으로 하향 조정했다. 그러나 며칠이 지나도록 소란과 탈억제 증상이 가라앉지 않자, 2001년 4월 30일에 프랑스 의사의 입회 아래 뉴욕으로 송환되었다.

♦ 억제inhibition란 습관적인 행동이나 뭔가를 하고 싶은 욕구를 억누르는 것으로, 자신을 스스로 관찰하면서 습관적인 행동이나 충동성을 조절하는 능력이며, 사회 활동에 필수적인 능력이다. 이것이 저하된 경우를 탈억제disinhibition라고 한다. 환자는 자신의 행동으로 인해 발생할 수 있는 위험성이나 사회적인 규칙을 고려하지 않고 충동적으로 행동하게 된다.

뉴욕으로 돌아온 Mr. K.는 다시 정신병동에 입원했는데, 스테로이드 용량을 극적으로 줄였음에도 불구하고 정신병 증상과 혼란한 생각이 지속되었다. 신경심리 검사 결과, 한때 우수했던 IQ, 기억력, 언어능력, 시공간 기능이 모두 저하된 것으로 나타났다.

지속적인 인지결핍cognitive deficit을 초래할 만한 감염이나 염증이나 독성적·대사적 증거는 발견되지 않았으므로, 의사는 스테로이드정신병 외에, 필시 (스테로이드정신병에 걸리게 하거나 그에 의해 촉발된) 신경퇴행성질환neurodegenerative disease이 신속하게 진행되고 있을 것이라고 생각했다. 용의선상에 떠오른 질병은 알츠하이머병, 레비소체병Lewy body disease, 전두측두엽치매fronto-temporal dementia였는데, 그중에서 가능성이 가장 높아보이는 것은 세 번째 질병이었다.

Mr. K.의 뇌를 MRI와 PET로 촬영한 결과 양쪽 뇌의 대사가 감소한 것으로 나타났지만, 치매의 결정적인 증거라고 하기에는 미흡했다. 그러나 신경심리 검사 결과를 감안할 때, 치매 초기인 것으로 판명되었다.

6주 동안 병원에 입원한 후 6월 초에 퇴원하여 귀가했을 때, Mr. K.는 초조와 혼동 증상이 악화되어 한번은 아내를 공격하기까지 했다. 결국에는 24시간 감시가 필요하다고 판단되어, 알츠하이머병 시설에 수용되었다. 그곳에서 증상은 급속히 더욱 악화되었고, 음식물을 몰래 숨기고 다른 수용자들의 소유물을 훔치며 행색과 몰골이 초라해져갔다. 한때 베스트드레서였다는 사실이 무색할 정도로….

7월 중순, 신속히 무너져가는 남편의 모습에 당황한 아내는 새로운 신경과의사의 의견을 구했다. 그 의사는 더 많은 검사를 실시하고, 프레드니솔론 용량을 더욱 줄이기 시작했다.

2001년 9월, 1년간의 지속적인 용량 감축 결과 Mr. K.의 스테로이드 복용은 완전히 중단되었다. 그와 거의 동시에 혼동 증상이 감소하여, 그달 중순 가족의 결혼식장에 종전의 말쑥한 용모를 회복하고 나타나 대부분의 하객을 알아봤으며 인사와 덕담도 나눴다. 극도의 정신이상 증세를 보이던 한 달 전만 해도 도저히 상상할 수 없었던 모습이었다.

Mr. K.는 이미 사업에 복귀했고, 2주 후 실시한 신경심리 검사에서 거의 모든 인지기능이 크게 향상된 것으로 나타났다. 그러나 충동성, 보속증perseveration♦, 약간의 지적 결핍의 기미가 여전히 남아있었다.

환자와 가족들은 적이 안심했지만, 동시에 당혹스럽기도 했다. 알츠하이머병이나 전두측두엽치매와 같은 질병은 진행성이어서, 하루아침에 사라지지 않기 때문이다. 그러나 그 정도만 해도 감지덕지였다. 한때 알츠하이머병 시설에 수용되어 여생을 보낼 것 같았던 사람이 가족과 사업으로 돌아와, 전과 다름없는 삶을 영위하고 있지 않은가! 마치 몇 달 동안 계속되었던 끔찍한 악몽에서 갑자기 깨어난 것처럼 말이다. (그의 아내는 남편의 경험에 관해 쓴 글의 제목을 〈지옥을 다녀온 여행A Journey to Hell and Back〉이라고 붙였다.)

♦ 검사 과제가 바뀌었음에도 불구하고, 이전에 보였던 반응을 비정상적으로 반복하거나 지속하는 현상.

◆

내가 Mr. K.를 처음 만난 것은 그로부터 6개월 후인 2002년 3월이었다. 그는 키가 크고 성격이 쾌활한 남성으로, 옷차림이 훌륭하고 말씨가 상냥하며 입심이 좋았다. 제 딴에는 자신의 경험담을 합리적이고 체계적으로 이야기했지만, 여담이 매우 많았다. (그의 이야기 중 자신이 직접 경험한 부분과 남에게 들은 부분이 각각 어느 정도인지 분명하지 않았다. 그는 이 이야기를 여러 번 반복했는지 이제는 청산유수로 읊어댔다.) 그의 이야기는 설득력이 있고 매력적이었으며, 병력病歷 외에 삶의 다른 측면들을 많이 포함하고 있었다. 이를테면, 예술에 관심이 많다든지, 잘 알려지지 않은 100여 개의 유럽 박물관에 대해 책을 쓰고 싶다든지, 박물관의 소장품들로 온라인 가상 박물관을 만들겠다든지…. 무슨 이야기를 하든지 내용이 풍부하고 방대한 데다 달변이어서, 문득 초기 전두측두엽치매에 간혹 수반되는 충동적이고 '전두엽적인' 성향을 보이는 게 아닐까 하는 생각이 들었다. 그러나 환자를 오랫동안 심도 있게 관찰하지 않았으므로 확신할 수는 없었다. 어쩌면 그의 아내가 주장하는 것처럼 고에너지 감정격발high-energy ebullience 상태가 그의 평상시 모습일 수도 있었다.

근래에 실시한 신경행동 검사에서, 그는 여전히 보속증, 충동성, 영상촬영 시 부주의, 기억인출결핍memory retrieval deficit 경향을 보였는데, 그것은 (설사 진단되지 않는다 해도) 전두엽과 해마의 경미한 기능장애를 시사하는 패턴이었다.

내가 수행한 신경학적 검사에서는 왼손의 떨림을 제외하면 특기할 만한 사항이 없었다. 그는 수 주 동안 모든 약물투여를 중단했고, 경미한 파킨슨증도 거의 사라진 상태였다. 하지만 Mr. K와 그의 아내는 의사들이 보인 불확실성 때문에 찜찜해했고 그들 자신도 불확실하다고 생각했다. "그동안 내가 보였던 증상의 원인이 스테로이드정신병이었으면 좋겠어요." Mr. K.가 말했다. "그러나 다른 기저질환이 있는지도 몰라요. 어쩌면 알츠하이머병이 시작되고 있을 수도 있어요. 내가 염려하는 것은, 확정적인 진단이 내려지지 않았다는 거예요. 증상의 원인이 스테로이드였을까요, 아니면 더 심각한 질병이었을까요?" 만약 스테로이드가 신경학적 기저질환을 일시적으로 드러냈거나 촉발했다면, 그 질환이 아직도 Mr. K.의 주변에 숨어 돌이킬 수 없는 치매를 초래할 기회를 노리고 있지 않을까? Mr. K.와 아내는 "잠복성lurking"이라는 용어를 사용하며, 환자를 안심시키고 더욱 명확한 진단을 내리기 위해 뭔가 더 해야 하지 않겠느냐고 물었다.

나는 그들이 원하는 확정적인 답변을 제시할 수 없었다. 왜냐하면 사례 자체가 매우 특이했기 때문이다. 신경학 문헌에는 '스테로이드 유도성 치매steroid-induced dementia'가 존재하는지 여부와 만약 그런 질병이 존재한다면, 그 예후prognosis는 어떠한가에 대해 논란이 많았다. (질병이 회복되었다는 사례 보고도 있었고, 그렇지 않다는 사례 보고도 있었다.)

확정적인 진단을 내릴 수는 없지만 뚜렷한 호전 덕분에 다소 안심이 되었으므로, 나는 Mr. K.에게 통상적인 활동을 모두 재개하라고 권유했다. 그는 업무상 많은 여행이 불가피하고 복잡한 의사결정과 협상을 해야 하므로, 그런 과정에서 정체성과 낙관주의를 되찾고 안도감을 얻기를 바랐다. 그로부터 6개월 후 다시 만났을 때, 그는 정말로 열심히 일했노라고 내게 말했다. "그동안 질병 때문에 사업에 지장이 많았어요. 나는 사업 부진을 만회하기 위해 열심히 뛰고 있어요."

그 후 Mr. K.와는 간헐적인 만남을 이어갔다. 그러다가 2006년 5월, 그러니까 특이한 치매 증상을 겪은 지 5년 후, 그는 정신기능 검사에서 전반적으로 매우 우수한 점수를 받았다. 그는 최근 유럽과 터키에서 돌아왔으며, 두바이에 사업장을 열 계획이라고 말했다. 그는 간추린 모피 교역의 역사를 흥미진진하게 들려주며, 온라인 박물관 프로젝트를 진행할 예정이라고 했다.

"과거 일의 잔재는 전혀 남아 있지 않아요." 그는 말했다. "마치 아무 일도 일어나지 않았던 것처럼요."

◆

치매는 종종 비가역적인데, 이는 신경퇴행성질환의 맥락에서 볼 때 충분히 납득할 만하다. 그러나 진행성 알츠하이머병이 의심될 정도로 매우 심각한 치매 중에도 가역적인 사례가 간혹 발견된다. 이런 사례는 노인들 사이에서 종종 볼 수 있는데, 그 이유는 불충분한 식사나 비타민 B_{12} 결핍으로 인해 신경기능이 저하될 수 있기 때문이다. 그런 가역적인 치매를 초래할 가능성이 있는 그 밖의 원인으로는 대사 및 독성장애, 영양불균형, 심리적 스트레스가 있으며,

여기에 스테로이드 남용을 추가할 수 있다. 가역적인 치매의 위험 징후는 극도의 행복감이다. 예컨대 Mr. K.가 매우 빠르게 인지했지만, 너무 강력해서 거부하지 못했던 지복감 같은 것이다.

차와 토스트

테레사는 90대 중반이던 1968년 베스에이브러햄 병원에 입원했다. 그녀는 90세 이후 서서히 치매로 진행되었지만, 조카딸과 방문 간호사의 도움으로 혼자 살며 반半독립적 생활을 근근이 계속했다. 그러나 식사가 워낙 부실했고, 그녀의 조카딸에 의하면 "차茶와 토스트"로 연명했다고 한다. 그러다 결국에는 혼동과 실금 증상이 나타나는 바람에, 요양원 신세를 질 수밖에 없게 되었다.

그녀는 외견상 뇌졸중이나 발작의 징후가 없었으므로, 편의상 '노환'으로 진단받았다. 그 당시 노환의 정식 명칭은 알츠하이머형 노인성치매senile dementia of Alzheimer type(SDAT)라는 진행성·난치성 질환이었다. 하지만 일반적/신경학적 검사에서 아무런 이상이 발견되지 않았고, 통상적인 혈액검사 수치도 정상 범위에 속했다. 그러나 그녀가 차와 토스트로 연명한다는 이야기를 듣고, 나는 뭔가 짚이는 게 있어 당시에는 다소 이례적인 비타민 B_{12}의 혈중농도 검사를 의

뢰했다. 아니나 다를까! 비타민 B₁₂의 정상 범위는 250~1,000단위
인데, 테레사의 혈중농도는 겨우 45단위였다.

　그런 상태를 악성빈혈pernicious anemia이라고 하는데, 간혹 자가
면역질환 때문인 경우도 있지만 채식에서 유래하는 경우가 더 많다.
한때는 간 추출물 주사제가 표준 치료법이었는데, 1920년대 이후
육식, 특히 간이 원인 불명의 결핍증으로 여겨졌던 악성빈혈을 예
방·중단·역전시키는 것으로 관찰되었기 때문이다. 그러나 고기(특
히 간)를 그렇게 효과적인 치료제로 만드는 특별한 요인은 밝혀지지
않았다. (엄격한 채식주의자로 알려진 조지 버나드 쇼는 한 달에 한 번씩 간 추출물
주사를 맞으며 아흔네 살까지 살았고, 마지막 순간까지 활력과 창의력을 유지했다.)

　간 속에 함유된 항抗악성빈혈 성분을 밝히려는 노력은 1948년
에 드디어 결실을 맺었다. 그리고 내가 열다섯 살이던 그해에, 내가
다니던 학교에서는 한 연구소로 단체 견학을 갔다. 그 연구소가 바
로 문제의 성분을 (역청우라늄석pitchblende에서 라듐을 추출하는 것과 거의 같
은 방식으로) 추출하여 농축하는 곳이었다. 한 연구원이 우리에게 그
성분을 보여주며 비타민 B₁₂, 즉 시아노코발라민cyanocobalamine이라
고 말해줬다. 시아노코발라민이란 코발트 원자가 한복판에 버티고
있는 복잡한 유기화합물로, 단순한 무기 코발트염의 특징적 색깔인
붉은 장밋빛과 똑같은 색깔을 띠고 있었다. 그 발견 덕분에, 환자의
혈액에서 비타민 B₁₂의 수준을 검사한 다음, 필요한 경우 '빨간 비
타민'으로 치료할 수 있는 길이 열렸다.◇ 백과사전적 지식을 보유하
고 있는 신경학자 키니어 윌슨은 20세기 초 악성빈혈의 실체를 관
찰했다. 그 내용인즉 악성빈혈이 아무런 빈혈, 신경병증neuropathy,

척수퇴화spinal cord degeneration를 수반하지 않고도 치매 또는 정신병 psychosis만을 초래할 수 있다는 것이었다. 그리고 그런 치매나 정신 병은 자가면역질환으로 인해 척수가 구조적·비가역적으로 변화한 경우와 달리 간 추출물 주사를 통해 대체로 역전될 수 있다는 사실도 관찰했다.$^{\diamond\diamond}$ 윌슨의 관찰 내용이 테레사에게도 적용되었을까? 그녀의 치매가 비타민 B_{12} 주입으로 역전되었을까? 기쁘고도 경이롭게도(내가 이런 표현을 쓰는 이유는, 그녀가 비타민 B_{12} 결핍증 외에 알츠하이머병도 앓고 있을지 모른다고 생각했기 때문이다), 그녀는 일주일에 한 번씩 비타민 B_{12} 주사를 맞으며 증상이 개선되기 시작했다. 그녀는 언어유창성과 기억을 회복하고, 날마다 병원의 도서관으로 가서, 먼저 신문과 잡지를 읽은 다음 소설과 전기 같은 책을 대출받기 시작했다. 그것은 거의 5년 만에 처음으로 경험한 '독서다운 독서'였다. 또한 그렇게도 좋아하던 십자말풀이에도 다시 몰두하기 시작했다. 비타민 B_{12} 주사를 맞기 시작한 지 6개월 후, 그녀는 완전히 회복되어 자신의 인생사를 스스로 챙길 수 있게 되었다. 그쯤 되자, 병원에서 퇴원하여 집에 가서 살고 싶어 하는 눈치였다.

$\diamond$ 비타민 B_{12} 합성은 1970년대에 와서야 겨우 가능하게 되었는데, 그 일등공신은 합성화학의 비약적 발달이었다.

$\diamond\diamond$ 위대한 정신분석가 산도르 페렌치는 1930년대 초 매우 독특한 아이디어를 생각해내기 시작했다. 일례로, 그는 분석가들에게 환자 옆의 분석용 침상analytic couch에 누우라고 했다. 그의 아이디어는 처음에 (약간 이단적이기는 해도) 괄목할 만한 독창성의 표현으로 간주되었지만, 점점 더 도가 지나치게 되자 페렌치 자신이 기질적 정신병organic psychosis을 앓고 있다는 사실이 분명해졌다. 그의 정신병은 결국 악성빈혈과 관련된 것으로 밝혀졌다.

우리는 그녀의 뜻을 받아들이면서도, 식사를 제대로 하고 주기적으로 비타민 B12 수준을 모니터링해야 하며 필요하다면 주사를 꼭 맞아야 한다고 신신당부했다.

베스에이브러햄에서 퇴원한 지 2년 후, 아흔일곱 살이 된 테레사는 건강하게 살고 있었지만 여전히 비타민 B12 주사를 맞아야 했다. 이것은 상당수의 노인들에게서 종종 볼 수 있는 일이다. 그도 그럴 것이, 노인들은 위산이 부족한 경향이 있어서, 식사를 아무리 잘 해도 비타민 B12가 결핍되기 십상이기 때문이다. {이러한 상황은 약물 복용 때문에 더욱 악화될 수 있다. 노인들은 위산역류 때문에 수소펌프억제제 protonpumpinhibitors(PPIs)와 같은 약물을 처방받는 경우가 많은데, 이것이 위산 분비를 완전히 막기 때문이다.}

테레사가 첫 번째 사례였지만, 나는 그 이후로 수많은 노인들에게서 그녀와 유사한 사례(비타민 B12 결핍으로 인한 혼동 및 치매)를 목격했다. 게다가 그런 증상들이 늘 가역적인 것은 아니었다. 그러나 테레사는 운이 좋았다. "빨간 비타민이야말로," 그녀는 말했다. "내 생명의 은인이에요."

가상적 정체성

　나는 의학 교육을 받기 전부터, 내과의사인 부모님으로부터 의사 노릇에 관한 본질적 진리를 배웠다. 그 내용인즉, 의사 노릇을 한다는 것은 진단과 처방보다 훨씬 더 많은 것을 수반하며, 그중에는 환자의 삶에 있어서 가장 내밀한 결정을 내리는 것도 포함된다는 것이었다. 그런 결정을 내리려면 의학적 판단과 지식은 기본이고, 상당한 수준의 인간적 섬세함과 판단력이 필요하다. 만약 심각한, 어쩌면 치명적이거나 환자의 삶을 바꿀 수 있는 질병이 발견되었다면, 환자에게 '뭐라고' '언제' 말해줄 것인가? 환자에게 '어떻게' 말할 것인가? 환자에게 말'해야만' 할까? 모든 상황은 복잡하지만, 대부분의 환자들은 아무리 심각하더라도 진실을 알고 싶어 한다. 그러나 한 가지 조건이 있다. 환자들은 그 말을 (희망까지는 아니더라도) 적어도 여생을 가장 존엄하고 보람되게 살려면 어떻게 해야 하는지에 대한 감 정도는 암시하면서 요령껏 전달해주기를 바란다.

그런데 환자가 치매를 갖고 있다면, 이야기가 달라진다. 환자 또는 보호자에게 치매를 통보해야 하는 의사는 전혀 다른 차원의 복잡성에 직면한다. 왜냐하면 치매란 사실상의 사망선고를 의미할 뿐만 아니라, 정신적 쇠퇴와 혼동, 그리고 궁극적으로 얼마간의 자아상실을 시사하기 때문이다.

◆

Dr. M.도 이처럼 복잡하고 비극적인 경우였다. 그는 내가 근무하던 병원의 의료원장으로, 1972년 일흔 살의 나이에 병원에서 정년퇴임 했다. 그러나 그로부터 10년 후인 1982년, 중등도中等度 알츠하이머병 환자의 신분으로 병원에 돌아왔다. 처음에는 심각한 단기 기억장애가 찾아왔는데, 아내의 말에 따르면 종종 혼동과 지남력장애disorientation 증상을 보였고 때로는 초조와 폭력성을 나타냈다고 한다. 그녀와 의료진은 그가 한때 몸담았던 병원에 입원하기를 바랐는데, 그 이유는 환자가 환경과 의료진에 익숙할 경우, 환자를 진정시키고 가라앉히는 부수적 효과가 나타나기를 기대했기 때문이었다. 나와 Dr. M.을 위해 일했던 간호사들 중 일부는 그 이야기를 듣고 경악했다. 한때 상관으로 모셨던 분이 현재 치매를 앓는다는 것부터 충격적인데, 하고많은 병원 중에서 하필이면 본인이 원장으로 재직했던 곳에 입원한다는 것도 놀라웠기 때문이다. 나는 이것이 끔찍하게 모욕적이고 거의 사디즘을 행사하는 것이라고 생각했다.

그로부터 1년 후 나는 진료기록부를 작성하기 위해, 그의 상태를 요약하여 나의 메모장에 기록했다.

나는 한때 친구이자 동료였던 사람을 진료하라는 우울한 임무를 부여
받아, 현재 악몽 같은 나날을 보내고 있다. 그는 불과 1년 전 이곳에 입
원하여 ··· 알츠하이머병과 다발경색치매multi-infarct dementia로 진단받
았다. ···

처음 몇 주부터 시작하여 몇 달 동안은 정말 끔찍했다. Dr. M.은 시도
때도 없이 '충동'과 초조 증상을 보였고, 나는 페노티아진phenothizine과
할로페리돌haloperidol을 투여하여 진정시켰다. 그런데 그 약물들은 부
작용이 있었으니, 소량만 투여해도 심각한 기면嗜眠과 파킨슨증을 초
래할 수 있다는 것이었다. 그는 체중이 줄었고, 걸핏하면 넘어졌으며,
악액질Cachexia◆에 빠져, 말기에 다다른 것처럼 보였다. 그래서 약물투
여를 중단하면 신체 건강과 에너지가 회복되어 자유로운 보행과 대화
가 가능하게 되지만, 끊임없이 시중을 들어야 한다. (왜냐하면 잠시 한눈
을 팔면 어디론가 사라지고, 변덕이 죽 끓듯 하여 행동거지를 전혀 예측할 수
없기 때문이다.) 그의 기분과 정신 상태는 급격하게 오르락내리락하여,
잠깐(혹은 몇 분간) '명료한 의식'을 보이며 정중하고 상냥한 성격을 회
복하지만, 대부분의 시간은 심각한 지남력상실과 초조 증상을 보인다.
두말할 필요도 없이, 우리가 취할 수 있는 최선의 조치는 헌신적인 시
중이다. 그러나 불행하게도, 그는 [상당한 시간 동안] 충동에 휘말려

◆ 암, 결핵, 혈우병 등의 말기에서 볼 수 있는 고도의 전신쇠약증세로, 급격한 수척, 빈혈,
무기력, 피부 황색화 등의 증상이 수반된다.

제정신이 아니므로 감당하기가 여간 힘든 게 아니다.

그의 인식능력은 거의 매초 출렁이는 데다 진폭이 매우 크므로, 그가 현실을 얼마나 '인지하는지'를 판단하기는 매우 어렵다.

그는 병실에 잠자코 머물기보다는, 임상병동에서 [간호사들과] 어울리며 '옛 시절'을 회상하기를 더 좋아한다. 그는 이곳을 제집처럼 편안하게 여기는 것 같으며, 실제로 그렇게 행동한다. … 그럴 때는 경이로울 정도로 일관된 행동을 보이며, 글을 쓸 수도 있다.(심지어 처방전을 작성할 수도 있다!)

Dr. M.이 병원장으로서 예전 역할로 변신하는 순간들마다 비록 짧은 순간이지만 너무나 완벽하게 탈바꿈하여 보는 이의 경탄을 자아냈다. 게다가 변신이 워낙 신속하게 이루어지다 보니, 어느 누구도 어떻게 반응해야 할지, 그런 유례없는 상황을 어떻게 처리해야 할지 몰라 우왕좌왕하기 십상이었다. 그러나 내가 지적한 바와 같이, 그의 광란적이고 충동적인 생활에서 그런 해프닝은 드문 간주곡일 뿐이었다. 나는 그의 진료기록부에 다음과 같이 적었다.

그는 늘 '어디론가 가는 중'이며, 그러는 가운데 상당한 시간 동안 자신이 여전히 이 병원의 의사라고 상상하는 것 같다. 그는 다른 환자들에게 동료 환자로서가 아니라 의사의 자격으로 이러쿵저러쿵 간섭하며, 심지어 제지하지 않으면 환자들의 진료기록부까지 훑어보곤 한다. 언젠가 한번은 자신의 진료기록부를 보고 "찰스 M.—내 이름이군!"이라고 중얼거리며 들춰보더니, '알츠하이머병'이라는 진단명을 확인하고 "하느님 맙소사!"라고 한탄하며 울음을 터뜨렸다.

어떤 때는 "난 죽고 싶어. … 날 죽게 내버려둬"라고 외친다.

어떤 때는 주치의인 슈워츠 박사를 못 알아보고, 또 어떤 때는 "월터"라고 애정을 담아 부른다. 나는 오늘 아침에 그와 유사한 경험을 했다. 그는 [내 진료실에] 들어왔을 때 심각한 초조감과 충동감에 휩싸여 의자에 앉기를 거부하며, 내가 그에게 말을 걸거나 진찰하지 못하게 했다. 그런데 몇 분 후 나와 우연히 복도에서 마주쳤을 때, 나와 잘 아는 사이임을 강조하기 위해서인 듯(하지만 내가 보기에, 몇 분 전 나와 만났다는 사실을 까맣게 잊은 것 같았다) 나를 이름으로 부르며, "이 사람이 최고예요!"라고 말했다. 그러고는 나에게 도와달라고 했다.

◆

Mr. Q.는 Dr. M.보다 상태가 양호한 치매 환자로, 내가 종종 일했던 경로수녀회Little Sisters of the Poor 부설 요양원에 머물고 있었다. 그는 수년간 기숙학교의 수위로 근무했었는데, 이제는 그 자신이 그 비슷한 시설에 수용된 셈이었다. 수용자용 붙박이가구가 설치된 요양시설 건물에는 수많은 사람들이 들락날락했는데, 특히 낮에는 제복을 입은 관계자들과 그들의 지도를 받는 이들이 드나들었다. 또한 엄격한 커리큘럼 아래, 식사 시간을 비롯해 취침과 기상 시간이 일정하게 유지되었다. 따라서 Mr. Q.가 자신이 아직 학교의 수위로 근무하고 있다고 상상한다는 게 전혀 뜻밖의 일은 아니었다. (비록 학교가 다소 헷갈리는 변화를 겪은 것 같기는 했겠지만 말이다.) 예컨대 학생들이

가상적 정체성

197

간혹 병상에 누워 있거나 나이가 지긋하다는 데 고개를 갸우뚱하기는 했지만 별로 신경 쓰지 않았고, 직원들이 수녀회에서 정한 흰 수녀복을 착용한다는 것은 디테일한 행정적 문제로 간주하고 전혀 개의치 않았다.

Mr. Q.는 임무를 충실히 수행한다는 일념으로, 밤마다 창문과 출입문이 안전하게 닫혔는지 확인하는 한편, 세탁실과 보일러실이 원활하게 작동하는지도 꼼꼼히 점검했다. 요양원을 관리하는 수녀들은 그의 혼동과 망상을 뻔히 알면서도, 그의 정체성을 존중하고 심지어 강화해주려고 노력했다. 만약 정체성이 파괴될 경우, 그의 인생은 끝장날 것이라고 수녀들은 생각했다. 그래서 그녀들은 그의 성실한 임무 수행을 격려하고 몇몇 골방의 열쇠를 건네주며, 잠자리에 들기 전에 밤마다 문단속을 철저히 하라고 당부했다. 그가 허리에 찬 열쇠 꾸러미는 직책과 직무를 상징하는 배지였다. 그는 주방을 둘러보며 가스 가열판과 스토브의 스위치가 꺼졌는지 일일이 확인하고, 혹시 냉장고에 보관되지 않은 부패성 식품들은 없는지 살펴봤다. 그의 증상은 해가 갈수록 서서히 악화되었지만, 하루 종일 규칙적으로 수행하는 임무(다양한 체크, 세척, 유지보수 업무) 덕분에 상당히 체계적이고 정돈된 생활을 지속할 수 있었다. 갑작스러운 심장발작으로 사망하는 날까지, 자신이 평생 동안 학교의 수위로 봉직해왔음을 추호도 의심하지 않았다.

만약 당신이 의사나 요양원 직원이라면, Mr. Q.와 같은 환자에게 "당신은 더 이상 학교의 수위가 아니며, 요양원에서 쇠락해가는 치매환자입니다"라고 말해주겠는가? 그에게 익숙한 가상적 정체성을 제거하고, 당신에게는 실제적이지만 그에게는 전혀 무의미한 '현실'로 대체해버리겠는가? 그것은 부적절할 뿐만 아니라 잔인한 행동으로, 환자의 쇠락을 재촉할 게 불을 보듯 뻔한데도 말이다.

가상적 정체성

나이든 뇌와 노쇠한 뇌

　　나는 양로원과 만성질환 전문병원에서 거의 50년간 신경과의 사로 근무하며, 알츠하이머병이나 그 밖의 치매에 걸린 노인들을 수천 명 넘게 진료했다. 그 과정에서 가장 인상 깊었던 점은, 병리학적으로 유사한 질병을 앓고 있는 환자들의 임상적 소견이 매우 다양하다는 것이었다. 그들이 겪는 증상과 기능장애는 변화무쌍했으므로, 무작위로 두 명을 선정해 볼 때 100퍼센트 동일한 경우는 단 한 번도 없었다. 그럴 수밖에 없는 것이, 신경학적 기능장애는 개인의 특징(기존의 강점과 약점, 지적 능력, 기술, 생애 경험, 성격, 습관적 스타일, 그리고 특정한 생활환경)과 상호작용함으로써 다양한 양상으로 전개될 수 있기 때문이다.

　　알츠하이머병은 처음부터 완전한 증후군으로 나타날 수도 있지만, 그보다는 고립적인 국소증상에서부터 시작되는 경우가 더 많다. 따라서 처음에는 소규모 뇌졸중이나 종양이 의심되다가, 나중에 가서야 알츠하이머병의 전반적인 특징이 뚜렷이 나타나게 된다.(알츠하이머병을 초기에 진단하는 데 종종 실패하는 것은 바로 이 때문이다.) 초기 증상은 단독으로 나타나든 무더기로 나타나든 미세한 것이 보통인데, 구체적으로 미세한 언어 또는 기억 문제(사물을 볼 때 적절한 이름이 잘 떠오르지 않음), 미세한 지각 문제(순간적인 환각이나 오지각misperception), 미세한 지적 문제(농담을 잘 알아듣지 못하거나 주장을 따라가지 못함)가 있다. 그러나 일반적으로 알츠하이머병의 영향을 맨 처음 받는 것은 연합기능association function인데, 이것은 가장 복합한 기능으로 뇌기능 중에서 가장 최근에 등장한 것으로 알려져 있다.

알츠하이머병 초기에 나타나는 기능장애는 일시적이고 순간적인 경향이 있다.(예컨대 뇌파腦波 변화의 경우, 의사들은 간혹 1초간의 이상을 찾아내기 위해 뇌파도EEG 기록을 한 시간 동안 꼼꼼히 살펴봐야 할 때도 있다.) 그러나 이윽고 인지·기억·행동·판단의 장애가 심각해지고 시공간적 지남력이 상실되어, 결국에는 모든 장애들이 통합되어 극심하고 전반적인 치매로 귀결된다. 알츠하이머병이 진행됨에 따라 경직spasticity과 경축rigidity, 간대성근경련을 수반하는 감각장애와 운동장애가 종종 나타나며, 간혹 발작이나 파킨슨증이 수반되기도 한다. 알츠하이머병은 남에게 고통을 주는 성격 변화를 초래할 수 있으며, 심지어 일부 환자들에게는 폭력 행동을 초래할 수도 있다. 마지막으로, 뇌줄기 반사brainstem reflex♦보다 높은 수준의 반응은 거의 일어

♦ 뇌줄기의 반사중추를 통해 일어나는 무의식적인 반응으로, 광반사, 각막반사, 안구두부반사, 전정안구반사, 모양체 척수반사, 구역반사, 기침반사가 있다.

나지 않게 된다. 이러한 상황에 이르면 모든 가능한 피질장애cortical disorder(그리고 상당수의 피질하장애subcortical disorder)가 일어나지만, 그 지경에 이르는 경로는 환자마다 제각기 다르다.

환자들은 조만간 자신의 상태를 분명히 표현하는 능력과 모든 형태의 의사소통 능력을 상실하지만, 그런 상황에서도 음성, 감촉, 또는 음악을 간간이 감지할 수는 있다. 최종적으로 청각과 촉각마저 상실하면 의식과 피질기능을 완전히 상실하는데, 이 상태를 정신적 죽음psychic death이라고 한다.◇

◆

치매 증상의 이 같은 다형성multiformity을 감안하면, 표준검사법이 환자를 검사하고 유전적 연구나 약물 임상시험에 필요한 개체군을 선별하는 데 유용함에도 불구하고, 질병의 실질적 상태와 사면초가에 몰린 환자가 상황에 나름대로 적응하고 대응하는 방법과 환자들이 간혹 누군가의 도움을 받거나 자구책을 마련하는 방법을 파악

◇　치매 환자를 돌보려면(특히, 이미 상당한 수준의 치매를 앓고 있으며, 상태가 비가역적으로 악화되고 있는 환자라면) 기진맥진할 정도의 신체적 중노동도 필요하지만, 지속적이고 거의 텔레파시에 가까운 감수성이 필요하다. 생각을 주고받는 능력이 점점 더 감소하는 데다 명확한 사고를 점점 더 못하게 되므로 환자의 의향을 알아내기 위해 극단적인 감수성이 요구되기 때문이다. 치매 환자들의 혼동과 지남력상실은 끔찍한 수준이므로, 스트레스를 감당하지 못한 간병인들이 몸져누울 수 있다. 나는 의사로서 그런 경우를 자주 본다. 연로한 배우자가 남편이나 아내를 돌보다 건강을 해쳐, 환자보다 먼저 세상을 떠나는 경우도 있다. 외부의 도움이 필수적인 것은 바로 이 때문이다.

하는 데 필요한 정보를 별로 제공하지 못하는 이유를 능히 짐작할 수 있을 것이다.

내 여성 환자 중 한 명은 알츠하이머병 초초기初初期인데, 갑자기 시계 보는 방법을 잊어버렸다. 시곗바늘의 위치를 보아도 그 의미를 해석하지 못했던 것이다. 갑자기 짧은 순간 시곗바늘의 의미가 이해되지 않다가, 역시 갑자기 납득이 되었다. 하지만 순간적인 시각 인식불능visual agnosia은 신속하게 악화되어, 시곗바늘을 이해할 수 없는 기간이 몇 초, 몇 분으로 연장되다가 이윽고 언제나 알아볼 수 없게 되었다. 이 같은 악화 과정을 예민하게 인식하고 또 굴욕감마저 들다 보니, 그녀는 그 배후에 도사리고 있는 알츠하이머병이 얼마나 끔찍한 질병인지를 절실히 느끼게 되었다. 그러나 그녀는 기발한 치료법을 스스로 고안해냈다. 고민을 거듭한 끝에 이런 묘안을 떠올린 것이다. "아날로그시계는 읽을 수 없지만, 디지털시계를 읽을 수는 있다. 그렇다면 디지털시계를 손목에 차고, 집 안 곳곳에 디지털시계를 설치해놓으면 어떨까?" 그녀는 자신의 아이디어를 즉시 실행에 옮겼다. 그리하여 인식불능증을 비롯한 그 밖의 문제들이 계속 악화되고 있음에도 불구하고, 향후 3개월 동안 수시로 디지털시계를 들여다보며 정돈된 일상생활을 영위할 수 있었다.

또 다른 여성 환자의 경우, 요리를 좋아하는 사람으로 전반적인 인지능력은 매우 양호했지만, 상이한 용기에 담긴 액체의 부피를 비교할 수가 없었다. 1온스◆의 우유를 유리잔에서 프라이팬에 옮

◆ 약 28그램.

겨 부으면 양이 달라 보이니, 터무니없는 실수가 속출하기 시작했다. 그녀는 왕년에 심리학자였으므로, 그 현상이 피아제 오류Piagetian error(유년기 초기에 습득하는 부피보존성volumetric constancy에 대한 감각을 상실하는 현상)임을 알고 비탄에 잠겼다. 그러나 눈대중 대신 눈금 달린 용기와 계량컵을 이용하여 문제에 대처함으로써 별 탈 없이 부엌일을 계속할 수 있었다.

이런 환자들은 공식적인 심리검사에서 낮은 점수를 받을지는 몰라도 아티초크나 케이크 굽는 법을 명확하고 생생하고 정확하며 유머러스하게 기술할 수 있다. 또한 놀랄 정도로 장애를 겪지 않고 노래를 부르거나, 이야기를 하거나, 연극에서 배역을 맡거나, 바이올린을 연주하거나, 그림을 그릴 수 있다. 특정한 유형의 사고 능력을 상실했지만, 다른 유형의 사고 능력들은 완벽하게 유지하고 있는 것 같다.

◆

사람들은 간혹 알츠하이머병 환자들을 가리켜, 장애가 있다거나 통찰력을 잃었다는 점을 스스로 깨닫지 못한다고 이야기한다. 그런 말이 어쩌다 맞는 경우도 있지만(이를 테면 전두엽발병형frontal-lobe type of onset의 경우가 그렇다), 내 경험에 따르면 상당수의 환자들이 처음에는 자신의 상태를 인지한다. 심지어 작가 겸 원예사인 토머스 데바조는 예순아홉 살 때 알츠하이머병으로 사망했는데, 살아생전에 자신의 조발성 알츠하이머병early-onset Alzheimer's에 대한 통찰력 있는 회

고록을 두 권이나 출판했다. 그러나 대부분의 환자들은 알츠하이머
병이 찾아왔다는 사실을 알면 겁을 집어먹거나 몹시 당황하게 된다.
그중에서 일부는 지적 능력과 태도를 상실하고 혼돈과 지리멸렬함
이 갈수록 더해가는 세상에 직면하게 됨에 따라, 매우 심각한 공포
감에 휩싸인다.

그러나 내가 생각하기에, 대다수의 사람들은 시간이 경과함에
따라 더욱 차분해진다. 왜냐하면 뭔가를 상실했다는 느낌이 사라지
고, 매우 단순하고 무덤덤한 세상으로 옮겨왔다는 생각이 들기 시작
하기 때문이다. 그런 환자들은 (물론 이런 유의 공식화formulation를 경계해
야겠지만) 거듭된 지적 퇴행을 통해 어린아이의 수준으로 되돌아가,
내러티브적 사고narrative mode of thought♦에 갇히게 된다. 신경학자이자
정신의학자인 쿠르트 골드슈타인은 그런 환자들을 가리켜, 추상적
능력뿐만 아니라 추상적 '태도'까지 잃고, 저급하고 구체적인 형태
의 의식이나 존재에 머물러 있다고 했다.

영국의 위대한 신경학자 휼링스 잭슨은 일찍이 신경학적 손상
이란 단순한 결핍이 아니라, "초생리적hyperphysiological" 또는 "양성적
positive" 증상이라고 했다. 그가 말하는 초생리적(또는 양성적) 증상이
란, 평상시에는 제한되거나 억제되어 있는 신경기능이 "해방release"

♦　미국의 심리학자 J. S. 브루너는 "인간의 마음은 패러다임적 사고paradigmatic mode of
thought와 내러티브적 사고라는 두 가지 형태로 구성된다"고 말했다. 내러티브는 인간
이 자신의 경험이나 지식을 동원하여 만드는 이야기를 의미하며, 내러티브적 사고는 경
험을 조직하여 이야기로 만들어내는 사고라고 할 수 있다. 내러티브적 사고와 대비되는
패러다임적 사고는 과학적·논리적·수학적 사고를 말하며 일반적으로 인과관계를 다루
는데, 논리적 증명이나 가설을 검증하는 과정에서 나타난다.

되거나 과장되는 현상을 말한다. 그는 "해리dissolution"라는 용어를 사용했는데, 그에게 해리란 구체적으로 신경기능이 더욱 원시적인 수준으로 퇴행하거나 복귀reversion하는 현상을 말하며, 진화의 정반 대 개념이라고 할 수 있다.◇

　잭슨이 '신경계에서 일어나는 진화의 정반대 현상'이라는 의미 로 사용한 해리라는 개념은 지나치게 단순화된 측면이 있어, 오늘날 에는 그 타당성을 거의 인정받지 못하고 있다. 그러나 알츠하이머병 과 같은 광범위 피질질환diffuse cortical disease에서 현저한 행동적 퇴행 이나 해방을 관찰하는 것은 어렵지 않다. 나는 수렵·채취·털고르 기와 유사한 행동을 하는 진행성 치매 환자들을 종종 발견한다. 이 런 일련의 행위들은 인간의 통상적인 발달 과정에서 볼 수 없는 원 시적인 제 앞가림 행동grooming behavior의 일종이지만, 인류가 출현하 기 이전에 존재하던 영장류 수준으로의 계통발생적 복귀phylogenetic reversion를 시사한다. 여하한 유형의 정돈된 행동도 남아 있지 않은 최종 단계의 치매 환자에게서, 우리는 유아기들에게서나 볼 수 있 는 반사행동(움켜잡기 반사, 입 내밀기 및 빨기 반사, 모로Moro 반사♦♦)을 보게

◇　잭슨의 생각에 따르면, 이러한 해리 현상은 꿈, 섬망, 정신이상의 과정에서 매우 명확 하게 나타난다. 그가 1894년에 발표한 장문의 논문 〈정신이상의 요인들The Factors of Insanities〉에는 이와 관련된 매혹적인 관찰과 통찰이 가득하다.

♦♦　신생아의 반사운동 중 하나로, 누워 있는 곳 위쪽에서 바람이 불거나, 큰 소리가 나거 나, 머리나 몸의 위치가 갑자기 변하게 될 때 아기가 팔과 다리를 벌리고 손가락을 밖 으로 펼쳤다가 무엇을 껴안듯이 다시 몸 쪽으로 팔과 다리를 움츠리는 행동을 말한다. 모로 반사와 같은 신생아의 반사운동은 출생 후 3개월 정도가 되면서부터 자연히 없 어진다.

된다.

우리는 더욱 인간적인 수준에서도 괄목할 만한(그리고 때로는 매우 가슴을 에는 듯한) 행동적 퇴행을 볼 수 있다. 내가 치료하는 한 여성 환자(100살의 심각한 치매 환자로, 대부분의 시간 동안 일관성이 없고 주의가 산만하고 초조한 상태에 있다)의 경우, 인형을 건네받으면 즉시 집중하고 주의를 기울이며 마치 보살피려는 듯 가슴에 품고, 팔에 안고, 껴안고, 자장가를 불러준다. 그러한 모성적 행동을 보이는 동안 그녀는 완벽하게 차분하다. 그러나 그런 행동을 멈추는 순간, 그녀는 다시 초조해하며 일관성을 잃게 된다.

◆

알츠하이머병으로 진단받으면 모든 것을 잃는다는 생각은 환자와 가족은 물론 신경학자들 사이에도 지나치게 만연해 있다. 그런 생각은 성급한 무기력감과 불운감을 초래하기 십상이지만, 사실 모든 유형의 신경학적 기능들(자아를 보조하는 기능 포함)은 광범위한 신경기능장애neuronal dysfunction에 제법 완강하게 저항할 수 있다.

20세기 초에 신경학자들은 신경질환의 1차 증상primary symptom 뿐만 아니라 그에 대한 보상과 적응에 더 많은 주의를 기울이기 시작했다. 쿠르트 골드슈타인은 제1차 세계대전 기간에 뇌가 손상된 병사들을 연구하던 중, 기존의 결핍 기반 관점에서 탈피하여 전인적·유기적 관점holistic organismal point of view으로 전향했다. 신경질환에는 결핍이나 해방만 있는 게 아니라 늘 재조직reorganization이 수반되며, 재조직이란 (비록 무의식적이고 거의 자동적일지라도) 손상된 뇌를 보유한 유기체가 추구하는 생존 전략이라는 게 그의 지론이었다. 융통성 없고 궁색하기 짝이 없는 생존 전략이긴 하지만 말이다.

뇌염후증후군 환자를 치료하던 스코틀랜드의 내과의사 아이비 매켄지는 '뒤집어엎음subversion', 보상, 적응을 가리켜 1차 발작 후에 찾아오는 원격효과remote effect라고 불렀다. 그는 관련 논문에서 이렇게 말했다. "우리는 뇌라는 유기체가 그 자체를 받아들이고, 다른 수준에서 스스로를 재확립하는 '정돈된 혼돈organized cahos'이라는 현상을 목도한다." 그는 또 이렇게 썼다. "의사는 자연과학자와 달리 인간이 하나의 유기체라는 점을 중시하며, 어떠한 역경 속에서도 인간의 정체성을 보존하기 위해 노력한다."

수많은 알츠하이머병 환자들에 대한 철저한 연구 결과에 기반한 《자아의 상실The Loss of Self》에서, 도너 코헨과 칼 아이스도르퍼는 '정체성 보존'이라는 주제를 잘 부각시켰다. 그러나 옥의 티가 하나 있다면, 책의 제목에 오해의 소지가 있다는 점이다. 왜냐하면 우리가 알츠하이머병 환자에게서 발견하는 것은 (병세가 너무 악화된 경우만 아니라면) 상실이 아니라 놀라운 보존과 변신이기 때문이다. 그리고 실상을 말하자면, 코헨과 아이스도르퍼가 보여주고자 했던 것도 바로 이 점이었다.◇ 알츠하이머병 환자들은 강렬한 인간성을 유지

◇   헨리 제임스는 폐렴과 고열로 죽어갈 때 의식이 혼미해졌다. 그러나 내가 《환각》에서 언급한 것처럼, 거장은 헛소리를 했을지언정 그 스타일만큼은 '순전한 제임스의 것'이었고 실상 '원숙기 제임스의 것'이었다.

하고 자의식이 강하며, 말기에 이를 때까지 통상적인 감정과 관계를 유지할 수 있다. (역설적으로, 이러한 자아 보존은 환자나 가족에게 고통을 안겨주는 원천이 될 수 있다. 왜냐하면 자아가 보존되었다는 점을 제외하고, 환자의 황폐화가 극심한 지경에 이르렀기 때문이다.)

환자의 개성이 비교적 보존된다는 것은 매우 광범위한 지지 및 치료 활동을 가능하게 하는데, 이러한 활동들의 공통점은 개인의 주의를 환기시키거나 개인성을 일깨워주는 것이다. 예배, 연극, 음악과 예술, 원예, 요리, 그 밖의 취미 활동들은 개인성의 붕괴에도 불구하고 중심을 잡아줄 수 있으며, 초점(정체성의 섬島)을 일시적으로 회복시킬 수 있다. 질병이 상당히 진행된 환자들도 익숙한 멜로디, 시, 스토리를 인식하고 반응을 보일 수 있다. 이러한 반응은 연상력이 풍부하여 환자의 기억, 감정, 과거의 권력과 세상사 중 일부를 잠시 동안 되돌리므로, 최소한 일시적으로 '깨어남'과 삶의 충만함을 가져다줄 수 있다. 지지 및 치료 활동을 경험하지 못하는 환자들은 이러한 이점을 누릴 수 없다. 그들은 세상에서 잊히거나 무시되어 당황함과 공허감에 휩싸이며, 언제든 방향감각을 상실하고 상상할 수 없는 혼동과 패닉에 빠질 수 있다. 골드슈타인은 이 같은 망연자실한 상태를 파국반응catastrophic reaction이라고 불렀다.

뉴런에 구현되어 있는 자아는 극도로 강인한 것 같다. 개인의 모든 지각·행동·사고·발화發話에는 개인의 경험과 가치체계를 비롯한 모든 특징이 깃들어 있다. 제럴드 에덜먼은 뉴런 집단선택 이론theory of neuronal group selection에서 (에스더 텔렌이 어린이의 인지 및 행동발달 연구에서 그런 것과 마찬가지로) 개인의 경험·사고·행동이 선천적·생물학적 요인에 못지않게 뉴런의 연결성neuronal connectivity을 문자 그 대로 형성한다는 점을 차근차근 설명했다. 만약 개인의 경험과 경험 적 선택이 발달하는 뇌를 그런 식으로 결정한다면, 뉴런이 광범위하 게 손상된 상황에서도 개인성(자아)이 매우 오랫동안 끄떡없이 보존 되는 것도 결코 놀랍지 않다.

♦

물론 노화가 반드시 신경학적 질환을 수반하는 것은 아니다. 다 양한 문제(심장병, 관절염, 시각장애, 심지어 단순한 외로움과 공동체에서 살고 싶은 욕구)를 가진 사람들이 수용된 양로원에서 근무하다 보니, 나는 지적으로나 신경학적으로 온전하다고 판단되는 노인들을 수도 없 이 보게 된다. 사실 내가 돌보는 환자들 중에는 생기 있고 지적으로 활발한 100세인centenarian들이 수두룩하며, 그들은 110세가 되도록 삶에 대한 열정, 관심, 재능을 유지한다. 한 여성은 109세에 눈이 침 침해서 입원했는데, 백내장을 치료받은 후 퇴원하여 가정에서 독립 적인 생활을 영위하고 있다. (그래도 괜찮겠냐는 의료진의 질문에, 그녀는 이 렇게 반문했다. "내가 왜 저런 늙은이들하고 함께 있어야 해요?") 심지어 만성질 환 환자들을 전문적으로 치료하는 병원의 경우에도, 중대한 지적 쇠 퇴 없이 100세를 거뜬히 넘기는 사람들의 비율이 상당히 높다. 만성 질환 환자들의 경우가 이러할진대, 인구 전체에서 그런 사람들이 차 지하는 비중은 훨씬 더 높을 게 분명하다.

그러므로 우리가 관심을 가져야 할 것은 질병의 부재나 기능

의 보존이 아니라, 평생에 걸쳐 지속적으로 발달할 수 있는 잠재력
이다. 심장이나 신장의 기능은 자동적으로 진행되며, 평생 동안 거
의 기계적이고 매우 획일적이다. 그러나 뇌기능은 다르다. 뇌/마음
이 결코 자동적이지 않은 이유는 (지각적 수준에서부터 철학적 수준에 이르
기까지) 모든 수준에서 세상을 범주화/재범주화하는 한편, 자신의 경
험을 이해하고 의미를 부여하기 위해 늘 노력하기 때문이다. 경험은
획일적이 아니라 늘 변화하고 도전적이며, 시간이 경과할수록 더욱
더 포괄적인 통합을 요구한다는 게 '진짜 삶'을 사는 것의 본질이다.
뇌/마음은 평생 동안 탐구하고 전진해야 하며, (심장처럼) 다람쥐 쳇
바퀴 돌듯 작동하며 획일적인 기능을 유지해서는 어림도 없다. 우리
는 건강이나 웰빙이라는 개념 그 자체를 뇌와 연관 지어 특별히 정
의할 필요가 있다.

　노화하는 환자의 수명과 활력은 명확히 구분되어야 한다. 체질
적 강인함과 행운은 장수하는 건강한 삶에 도움이 된다. 내가 아는
다섯 형제의 경우를 보면, 모두 90대 또는 100대 초반이지만 동년배
들보다 훨씬 젊어 보이며, 훨씬 젊은 사람들에게서 볼 수 있는 체격,
성욕, 행동을 갖고 있다. 그러나 신체적으로나 신경학적으로는 건강
해도, 정신적 에너지가 비교적 이른 나이에 소진된 사람들도 있다.
뇌가 건강하려면, 최후의 순간까지 활발하고 경이로워하고 놀고 탐
구하고 실험해야 한다. 그런 활동이나 성향은 기존의 기능적 뇌영상
촬영functional brain imaging이나 신경심리 검사에서 탐지되지 않겠지만,
뇌의 건강을 규정하는 정수이며 평생 동안 뇌의 발달을 유도한다.
이는 에덜먼의 신경생물학모델neurobiological model에서 명확히 드러난

다. 그 모델에서는 뇌/마음이 지속적으로 활동하고, 평생에 걸쳐 그 활동을 범주화/재범주화하며, 해석과 의미를 더욱더 높은 수준에서 구성한다고 간주한다.

에덜먼의 신경생물학모델은 에릭과 조앤 에릭슨이 일생을 바쳐 연구한 '모든 문화권에서 보편적으로 나타나는 연령별 발달단계'와 거의 일치한다. 그들은 본래 여덟 가지 단계를 기술했지만, 자신들이 90대에 진입하자 마지막 단계를 하나 더 추가했다. 그 마지막 단계는 (서양 문화권에서는 간혹 무시되지만) 많은 문화권에서 큰 인정과 존중을 받고 있다. 그것은 노년에 적절한 단계인데, 에릭슨 부부는 그 단계에서 성취해야 할 전략이나 해법을 지혜wisdom 또는 고결함integrity이라고 불렀다.

마지막 단계에서 성취해야 할 것은 '개인의 관점'과 '일종의 거리두기'(또는 초연함)를 연장·확대하는 것과 결부하여, 방대한 양의 정보를 통합하고 오랜 인생 경험을 종합하는 것과 관련이 있다. 이러한 과정은 전적으로 개인적이다. 그것은 처방되거나 가르칠 수 없으며, 교육이나 지능이나 특이한 재능에 직접적으로 의존하지도 않는다. "우리는 지혜를 배울 수 없다"고 프루스트는 말했다. "우리는 여행하는 동안 지혜를 스스로 발견해야 한다. 어느 누구도 우리의 여행을 대신할 수 없으며, 우리의 수고를 덜어줄 수도 없다."

에릭슨 부부가 제시한 단계들(다양한 연령/단계에 적절한 행동과 관점들)은 순전히 실존적이거나 문화적일까, 아니면 약간의 특이한 신경적 기반neural basis을 갖고 있을까? 우리는 평생학습이 가능하다는 사실을 잘 알고 있다. 뇌의 노화나 질병에 직면하더라도, 다른 과정들이 훨씬 더 심오한 수준에서 여전히 지속되는 것이 분명하다. 그 과정들은 뇌와 마음속에서 평생 동안 진행되는 더욱더 넓고 깊은 일반화와 통합의 극치라고 할 수 있다.

한 명의 걸출한 천재가 자연계의 모든 주제를 섭렵하는 것이 가능했던 19세기에, 위대한 박물학자 알렉산더 폰 훔볼트는 평생 동안 여행과 과학 연구를 계속한 후, 그것도 모자라 70대 중반부터 웅장하고 종합적인 우주관을 정립하는 작업에 착수했다. 그는 자신이 그동안 부고 생각했던 것들을 집대성하여, 최후의 걸작《코스모스 Cosmos》를 썼다. 여든아홉 살에 세상을 떠났을 때, 훔볼트는《코스모스》5권의 집필에 심혈을 기울이고 있었다. 아무리 위대한 천재라도 관심사를 좁혀야 하는 20세기 말에, 아흔세 살의 진화생물학자 에른스트 마이어는 우리에게《이것이 생물학이다This is Biology》(바다출판사, 2016)를 선사했다. 그것은 생물학의 발달 과정과 범위를 다룬 경이로운 책으로, 일생 동안의 생각에서 비롯된 방대함과 80년 전 새를 열정적으로 탐구했던 소년이 품었던 간절함이 결합하여 탄생한 걸작이다. 마이어가 말했듯이, 바로 그런 열정이 노년에도 활력을 유지할 수 있는 비결이다.

[생물학자에게] 가장 중요한 요소는, 생물의 경이로움에 매력을 느끼는 것이다. 그리고 대부분의 생물학자들은 이러한 매력을 평생 동안 소중히 간직한다. 그들은 과학적 발견의 흥미로움과 … 새로운 아이디어, 새로운 통찰, 새로운 생물 탐구에 대한 애정을 절대로 잊지 않는다.

만약 우리가 운 좋게 건강한 노년에 도달한다면, 인생의 마지막 순간까지 우리의 열정과 생산성을 유지해주는 것은 '삶의 경이로움'일 것이다.

쿠루

1997년에 나는 여든일곱 살의 여성 노인 환자를 만났다. 그녀는 그해가 시작될 때까지만 해도 신체적으로 활발하고 지적으로 온전했으며, 외견상 양호한 건강 상태를 유지했다. 그러나 1월 말에 접어들어, 그녀는 원인 모를 흥분감에 이어 초조감을 느꼈다. "내게 뭔가 끔찍한 일이 일어나고 있어요." 그녀는 말했다. 커튼과 방구석마다 유령들의 얼굴이 우글거리는 것 같아 잠을 이루기 어려웠으며, 어쩌다 잠이 들더라도 생생한 꿈 때문에 화들짝 놀라며 깨어나기 일쑤였다. 다섯 번째 날부터는 혼동과 지남력상실이 주기적으로 나타나기 시작했다. (아마도 요도염이나 흉부 감염이나 독성적·대사적 장애로 인한) 의학적 장애가 의심되었지만, 그녀의 주치의는 열도, 혈액과 소변의 이상도 발견하지 못했다. 뇌의 CT 영상도 정상으로 보였다. 노년기의 우울증은 때때로 혼동으로 나타날 수 있다는 정신과적 의견을 참작했지만, 그런 관념은 점점 더 설득력을 잃어갔다. 왜냐하면 초기의 혼동 증상이 수일 내에 악화되었기 때문이다.

2월 중순이 되자, 그녀의 사지·복부·얼굴 근육에 간대성근경련이 일어났다. 그녀의 언어는 날이 갈수록 일관성을 잃어 알아듣기 어려워졌고, 경직의 지배력이 점차 강화되었다. 3주째에는 자신의 자녀들을 더 이상 알아보지 못하는 지경에 이르렀다.

2월 말이 다가오면서 그녀는 혼미에 가까운 수면과 불안하게 씰룩거리는 섬망 사이를 번갈아 왔다 갔다 하며, 살짝 건드리기만 해도 전신에 맹렬한 경련이 일어나기 시작했다. 첫 번째 증상이 시작된 지 6주가 채 안 된 3월 11일, 수척하고 경직된 그녀는 혼수상태에서 숨을 거뒀다. 크로이츠펠트-야콥병Creutzfeldt-Jakob(CJD)의 가능성이 압도적이었으므로, 우리는 그녀의 뇌에서 조직 샘플을 채취하여 병리학자에게 보냈다. 병리학자는 불편한 기색이 역력했는데, 그건 충분히 이해할 만했다. 그런 환자의 조직을 아무렇지도 않게 다룰 만큼 강심장인 병리학자는 없으니까.

신경과의사로서 난치성 질병에 이력이 난 나에게도, 그 사례만큼은 매우 이례적이었다. 하루가 다르게 뇌가 파괴되는 징후가 뚜렷하고, 고통스러운 간대성근경련이 전신을 지배하는 등 임상 경과가 충격적임에도 불구하고, 의사로서 환자에게 아무것도 해줄 수 없다는 무력감에 치를 떨었기 때문이다.

CJD는 매년 100만 명 중 한 명이 걸릴 정도로 희귀질환이며, 나는 신경과 레지던트 시절이던 1964년에 단 한 번의 사례를 목격했을 뿐이었다. 그 불운한 환자는 매우 이례적인 퇴행성뇌질환 사례로 간주되어 우리에게 인계되었다. CJD의 전형적인 증상은 '신속하

게 진행되는 치매' '갑작스럽고 전광석화 같은 간대성근경련' 'EEG
에 나타나는 특이한 패턴'으로, 소위 CJD 진단의 3요소라고 불렸다.
1920년 크로이츠펠트와 야콥이 처음 기술한 후 약 스무 건의 사례
가 보고되었으므로, 우리는 그런 희귀한 신경학적 질환을 만났다는
마음에 다소 흥분했었다. 당시에는 신경학이 아직도 대체로 기술적
記述的이고 조류학에 가깝다고 할 정도였던 터라, CJD는 (책에서나 겨
우 볼 수 있는) 할러포르덴-스파츠병Hallervorden-Spatz disease, 운페어리히
트-룬드보르크증후군Unverricht-Lundborg syndrome, 그 밖의 이국적인 희
귀 질환들과 함께 진기한 물건처럼 여겨졌다.

　　1964년 당시 우리는 CJD의 진정한 특징을 몰랐으며, 인간 및
동물의 다른 질병들과 유사한 질병인지, 아니면 전혀 새로운 질병
군群의 전형epitome인지 여부도 몰랐다. 우리는 한 순간도 그게 감염
병일 거라고 생각해보지 않았다. 사실 우리는 다른 환자들의 경우
와 마찬가지로 환자의 혈액과 척수액을 무심코 채취하면서, 부주의
한 주사침 자상刺傷이나 조직편片의 우발적인 이식으로 인해 환자의
운명을 공유할 수도 있다는 사실을 꿈에도 생각하지 못했다. CJD가
전염성 질병으로 밝혀진 것은, 그로부터 몇 년 후인 1968년이었다.

◆

　　1957년, 미국의 젊고 총명한 의사이자 동물행동학자인 칼턴 가
이듀섹이 뉴기니로 떠났다. 이미 세계 다른 곳에서 질병의 분리주分
離株, isolate◆를 탐구하여 주목할 만한 성과를 거둔 가운데, 포레Fore족

마을 사람들을 떼죽음으로 몰아간 불가사의한 신경학적 질환을 조사하기 위해서였다. 그 질병은 유독 여성과 어린이만 희생시키는 경향이 있었고, 20세기 이전에는 전혀 발생한 적이 없는 게 확실시되었다. 포레족은 그것을 '쿠루kuru'라고 부르며 마법 탓으로 돌렸다. 쿠루의 임상 경과를 간략히 요약하면, 신속하고 무자비한 신경학적 황폐neurological deterioration(낙상, 비틀거림, 마비, 불수의적 웃음)를 거쳐 수개월 내에 환자의 생명을 앗아갔다. 사망한 환자의 뇌에서는 엄청난 변화가 일어나, 일부 영역은 구멍이 숭숭 뚫린 스펀지 모양으로 전락한 것으로 나타났다. 질병의 원인은 도무지 종잡을 수가 없었고, 유전적 요인, 독성적 요인, 통상적인 병원체들이 물망에 올랐지만 아무런 관련성도 발견되지 않았다. 뉴기니 서부의 열악한 환경조건에서 새로운 병원체의 전달 경로 및 발병 과정을 추적하려면, 완전히 독창적인 연구가 필요했다. 만약 그런 병원체가 존재한다면, 감염된 사람의 조직 속에서 수년 동안 아무런 증상도 초래하지 않고 휴식을 취하다가, 어마어마하게 긴 잠복기가 지난 후 갑자기 치명적 과정을 시작해야만 했다. 가이듀섹은 그 독특한 병원체에 '슬로바이러스slow virus'라는 별명을 붙이고, 끈질긴 추적을 계속한 끝에 결정적인 단서를 찾아냈다. 슬로바이러스를 포레족 사이에 퍼뜨린 매개체는 식인풍습cannibalism, 특히 죽은 사람의 감염된 뇌조직을 먹는 풍습이었다. 나아가, 그는 침팬지와 원숭이가 슬로바이러스에 노출될 경우 유사한 질환에 걸릴 수 있다는 사실을 증명했다. 그리고 그 성

◆   병든 조직에서 떼어낸 병원균 균주.

과를 인정받아 1976년 노벨 생리의학상을 받았다.

리처드 로즈는 1997년 출간한 《죽음의 향연Deadly Feasts》(사이언스 북스, 2006)에서 쿠루의 스토리를 심리학적 통찰력과 드라마틱한 필력으로 기술함으로써, 초기 탐사 활동을 사실에 가깝게 재현해냈다. 그것은 공포와 당혹감에도 굴하지 않고 원대한 야망을 추구하여 이뤄낸, 값진 지적 발견에 관한 연대기였다.

뉴기니에서 시작된 서곡序曲에서, 로즈의 연대기는 시야를 서서히 조금씩 넓혀가며 쿠루와 인간의 다른 질병 그리고 다양한 동물의 질병 간의 연결고리가 하나둘씩 어렵사리 드러나는 과정을 차근차근 서술했다. 그의 책이 탁월한 이유는, 너무나 인간적인 과학 탐구 과정에서 우연과 행운과 예기치 않은 발견이라는 요인들이 얼마나 큰 역할을 수행하는지를 적나라하게 묘사했기 때문이다. 뜻밖의 행운의 최고봉은 1959년, 가이듀섹이 런던의 웰컴의학사박물관 Wellcome Historical Medical Museum에서 개최한 '쿠루 사진 전시회'에서 찾아왔다. 전시회장에 들른 영국의 수의학자 윌리엄 해들로는 사진에 나타난 쿠루의 임상적·병리학적 특징을 보고 소스라치게 놀랐다. 양羊들에게 발생하는 치명적 질환인 스크래피scrapie와 너무 흡사했기 때문이다. 스크래피는 18세기 초 이래 영국과 다른 나라에서 고립된 양떼들을 괴롭힌 질환이었는데, 그 이전부터 중부유럽의 풍토병이었으며 1947년에는 대서양을 건너 미국으로 퍼졌다. 그리고 해들로가 〈랜싯The Lancet〉에 기고한 논문에 따르면, 스크래피는 전염성이 있는 것으로 알려져 있었다. 가이듀섹은 한때 쿠루의 감염성 근거infectious basis를 검토해보고 부정적 결론을 내린 바 있었지만, 이쯤 되면 다시 생각할 수밖에 없었다. 마침내 쿠루는 감염병인 것이 틀림없으며, 그와 유사한 인간의 질병들도 감염병이 거의 확실시된다는 잠정적 결론이 도출되었다. 그러나 이러한 가설을 임상과 침팬지 실험을 통해 확인하는 데는 수년의 시간이 필요했다. 특히 침팬지 실험에서는 쿠루와 CJD에 감염된 조직을 침팬지에게 주입했는데, 이 질병들의 잠복기가 워낙 길다 보니 연구하기가 여간 힘든 게 아니었다.

쿠루, CJD, 스크래피, 그리고 다양한 희귀병(치명적 가족성불면증 fatal familial insomnia, 게르스트만-슈트로이슬러-샤잉커증후군Gerstmann-Sträussler-Scheinker Syndrome)은 무자비한 진행과 신속한 치명성으로 악명이 높다. 이 질병들은 하나같이 뇌의 해면양변화spongiform change와 공동화空洞化를 초래하므로, 모두 통틀어 전염성해면양뇌병증transmisible spongiform encephalopathies(TSEs)이라고 불린다. 이 질병들의 병원체를 분리해내는 것은 매우 어려운데, 그 이유는 바이러스보다도 크기가 작은 데다, 불길하게도 포름알데히드를 비롯한 모든 살균제와 극고온·극고압을 포함한 최악의 조건에서도 꿋꿋이 생존할 수 있기 때문이다.

세균은 독자적으로 활동하며 스스로 증식하고, 바이러스는 자신의 유전물질을 이용하여 숙주세포를 장악한 후 복제를 감행한다. 그러나 TSEs의 병원체들이 RNA나 DNA를 포함하고 있다는 증거는 전혀 발견된 적이 없다. 그렇다면 그들은 어떻게 특징지어지며, 도대체 무슨 방법으로 질병을 초래할까? 가이듀섹은 그 병원체들에게 감염성 아밀로이드infectious amyloid라는 이름을 붙였다.(감염성 아밀로이드는 오늘날 '프리온prion'이라고 불리는데, 그 명명자는 그러한 신종 병원체를 확인한 공로로 노벨상을 받은 스탠리 프루시너다.) 그러나 프리온이 바이러스처럼 복제할 수 없다면, 어떻게 증식하고 전파될까? 과학자들은 전혀 새로운 형태의 발병 과정을 상정할 수밖에 없었다. 미세 프리온은 사실상 변이체deviant(정상적인 뇌단백질의 주름 잡힌 형태)이며, 생물학적 복제biological replication가 아니라 물리화학적 결정화physicochemical crystallization를 통해 '패턴 설정 핵형성제pattern-setting nucleant' 또는 재결정화 센터recrystallization center로 활동한다. 그리하여 주변의 결정질 단백질들을 변형시키며 신속하게 확산되어나간다. 핵형성nucleation은 얼음이나 눈송이의 패턴화 과정에서 볼 수 있으며, 그러한 종말론적 형태는 수년 전 커트 보네거트가 발표한《고양이 요람Cat's Cradle》(문학동네, 2017)에서 상상된 적이 있었다. 그 소설에서 지구를 멸망시키는 것은 한 방울의 신물질로, 지구상의 모든 물을 영원히 녹지 않는 '아이스나인ice-nine'으로 변형시킨다.◇

프리온은 세균이나 바이러스와 다른 방법으로 우리를 감염시킨다. 즉, 세균과 바이러스는 침범을 통해 우리를 감염시키지만, 프리온은 우리 자신의 뇌단백질 속에서 혼란을 야기함으로써 우리를 감염시킨다. 프리온에 대한 염증반응이나 면역반응이 전혀 없는 것

◇ 프리온은 맨 처음에 '느린' 바이러스로, 그다음에는 '색다른unconventional' 바이러스로 간주되었다. 그러나 프리온을 '바이러스'나 '생물'로 분류하려면, 바이러스나 생물이라는 개념의 의미를 근본적으로 재정립해야 한다. 왜냐하면 프리온은 여러모로 순수한 결정질 세계crystalline world에 속하는 것처럼 보이기 때문이다. (사실, 가이듀섹은 그의 초기 논문 중 하나의 제목을 〈무기물 세계에서 온 '바이러스'라는 판타지Fantasy of a 'Virus' from the Inorganic Wold〉라고 붙였다.)

쿠루

은 바로 이 때문이다. 다시 말해서, 우리 자신의 단백질은 정상이든 비정상이든 면역계에 의해 외부 물질로 인식되지 않는다. TSEs가 지구상에서 가장 치명적인 질병이 될 수 있는 이유는, 우리가 불멸의 프리온과 손을 잡고 스스로 몰락을 자초하기 때문이다. TSEs는 자연계에 극히 드물며 뇌단백질의 매우 낮은, 확률적 변형stochastic transformation을 통해서만 발생한다.(매년 전 세계에서 발생하는 산발성 CJD의 발병률이 놀랍도록 꾸준하게 100만분의 1을 유지하는 것은 바로 이 때문인 것으로 보인다.) 그러나 문화적 관습(뇌조직 섭취, 가축에게 내장이나 동물의 사체 먹이기)이 상황을 반전시킬 수 있으며, 그로 인해 TSEs가 급속도로 전파될 수 있다.

◆

쿠루에 대한 초창기 통념은 지구 반대쪽에 사는 소수의 석기시대 식인종에 국한되는 질병으로, 로즈가 말했던 "참담한 호기심 tragic curiosity"의 수준을 벗어나지 않았었다. 그러나 가이듀섹은 처음부터 쿠루가 훨씬 더 광범위한 시사점을 제공한다고 강조했다. 아니나 다를까! 1968년 가이듀섹은 미국 국립보건원National Institutes of Health(NIH)의 동료들과 함께, CJD는 쿠루와 마찬가지로 TSEs의 일종이라는 사실을 증명하고, 외과나 치과 수술을 통해 우발적으로 전염될 수 있다고 경고했다. 그리고 1970년대 초, 한 환자의 각막이식수술과 다른 환자의 신경외과 수술이 끝난 후 가이듀섹의 경고가 현실화되었다. 두 사람의 수술에 사용된 도구는 가압증기멸균기로 처리되었지만, 여전히 감염된 상태였다.

CJD의 발병 건수가 엄청나게 증가한 시기는 1990년대였다. 어린 시절 (사망자의 뇌하수체에서 추출된) 사람성장호르몬human growth hormone을 주입받은 1만 1600명의 성인 환자들 중에서, 86명 이상이 CJD에 걸린 것이다. 다행히도 1980년대 중반 합성성장호르몬이 출시되어, 더 이상의 참사를 미연에 방지했다.

그런데 그즈음, 영국의 소떼들 중 일부에서 새로운 질병이 등장하여 이상한 행동, 비틀거림, 신속한 사망을 초래했다. 사람들은 이 가축병을 '광우병mad cow disease'이라는 별명으로 불렀고, 과학자들은 우해면양뇌병증bovine spongiform encephalopathy(BSE)이라고 불렀다. 물론 소牛는 통상적으로 초식동물이지만, 고단백질 고기와 뼛가루가 혼합된 사료를 먹는 빈도가 점점 증가해왔다. 그 사료는 도축장의 부산물로 만든 것으로, 그 속에는 간혹 병든 소와 양의 내장이 들어 있었는데, 양의 내장 가운데는 스크래피에 감염된 양의 뇌조직이 포함되어 있었을 것으로 추측된다. 소뇌牛腦의 동족포식이 포레족의 경우처럼 기존에 희귀하고 산발적이던 질병의 발병률을 상승시켰는지, 아니면 양에서 유래하는 스크래피 프리온scrapie prion이 종간 장벽을 뛰어넘어 소를 감염시켰는지는 불분명하다. 이유가 어찌됐든, 인간이 소에게 먹인 고기와 뼛가루가 혼합된 사료는 이윽고 인간에게 부메랑처럼 돌아왔다.

1990년대 말 영국에서는 10여 명의 젊은이들이 변종 CJD(vCJD)로 사망했는데, 그들은 감염된 식육 제품을 섭취함으로써 이 질병에 걸린 것으로 추정되었다. 환자들의 임상 소견(초기의 행동 변화와 협응장애)은 '고전적' CJD보다는 쿠루를 더 많이 연상시켰으며, 병리학적 변화도 마찬가지인 것으로 드러났다.

그러나 포레족의 경우에서 본 바와 같이 잠복기가 수십 년이 될 수도 있으며, 미국을 비롯한 많은 나라들에는 방대한 TSEs의 저장소가 존재한다. 양과 밍크가 그렇고, 일부 야생 사슴과 엘크가 그러하며, 지속적으로 고기와 뼛가루가 혼합된 사료를 먹는 돼지·닭·소가 그러하다. 그리고 가이듀섹이 이론화한 바와 같이, 프리온 같은 물질의 감염으로부터 안전하다고 간주될 수 있는 식품 원료는 단 하나도 없다. 고기와 뼛가루가 혼합된 폐기물과 동물 부산물은 간혹 유기농 작물의 비료로도 사용되며, 동물의 지방과 젤라틴은 식품, 화장품, 의약품에 널리 사용된다.

이러한 관행은 오늘날 많은 나라에서 법으로 금지되고 있다.

광란의 여름

"1996년 7월 5일, 내 딸은 제 정신이 아니었다." 마이클 그린버그의 회고록《햇빛이여, 서둘러 비추라Hurry Down Sunshine》는 이렇게 시작된다. 서두序頭 따위에 시간을 낭비할 겨를도 없이, 그린버그는 첫 문장에서부터 사건의 전개 과정을 거의 폭포수처럼 빠르게 기술한다. 조증mania의 발작은 으레 갑작스럽고 폭발적이기 마련이다. 그린버그의 열다섯 살 난 딸 샐리는 몇 주 동안 고양된 상태를 유지해왔다. 그녀는 워크맨을 통해 글렌 굴드의〈골드베르크 변주곡〉을 듣는 한편, 밤늦도록 셰익스피어의《소네트집》을 탐독하다 날밤을 새기 일쑤였다. 그린버그는 이렇게 썼다.

딸이 읽다 내팽개친 책을 아무 페이지나 펼치니, 화살표, 주석, 동그라미 친 단어들이 난삽하게 뒤엉켜 있다. 소네트 13편은 탈무드의 한 페이지를 연상시킨다. 여백에 주석이 너무 많이 달려 있어, 원문은 한복판에 박힌 점에 불과해 보인다.

샐리는 독특한, 어찌 보면 실비아 플라스의 것과 유사한 시도 여러 편 쓰고 있었다. 그린버그는 딸 몰래 그 시들을 읽어보고 이상하다고 느꼈지만, 그녀의 기분이나 활동에서 병적病的인 기색이 보인다는 생각은 들지 않았다. 샐리는 어릴 때부터 학습장애 증상을 보였지만, 이제는 장애를 스스로 극복하고 자신의 지적 능력을 난생처음 발산하고 있는 중이었다. 재능이 뛰어난 열다섯 살짜리에게 그런 고양감은 정상적이다. (또는 그렇게 보였다.)

그러나 그 뜨거웠던 7월의 낮, 샐리는 제정신이 아니었다. 거리에서 만난 낯선 사람들에게 장광설을 늘어놓다가, 자기를 똑똑히 보라고 요구하며 그들을 동요시켰다. 그러더니 갑자기, 순전히 의지력으로 교통을 차단할 수 있다고 확신하며, 차량 행렬 속으로 맹렬히 돌진하는 게 아닌가! (한 친구가 반사적으로 그녀를 홱 낚아채지 않았더라면 대형사고가 날 뻔했다.)

로버트 로웰은《인생연구Life Studies》초고에서, '병적 열광pathological enthusiasm'의 발작을 설명하며 매우 유사한 일에 대해 기술했다.

나는 유치장에 갇히기 전날 밤, 인디애나 주 블루밍턴 시의 거리를 이리저리 뛰어다녔다. … 나는 양팔을 활짝 펼친 채 도로의 한복판에 버티고 서 있기만 하면 지나가는 차량들을 세워 교통을 마비시킬 수 있다고 확신했다.

그렇게 갑작스럽고 위험한 고양감과 행동은 조증 발작 초기에 드물지 않게 나타나는 증상이다.

로웰은 환상 속에서 악으로 가득 찬 세상과 '열광적인' 자신을 바라보며, 자신을 성령聖靈으로 간주했다. 샐리도 어느 면에서 로웰과 비슷한 도덕적 붕괴moral collapse의 환상에 빠졌다고 볼 수 있었다. 즉, 주변의 모든 사람들을 신에게 부여받은 '천재성'이 상실되거나 억압된 자들로 간주하고, 그들의 상실된 생득권生得權을 되찾도록 도와주는 것이 자신의 사명이라고 여긴 것이다. 그린버그와 아내는 다음 날 샐리에게 자초지종을 물어보고, 그녀로 하여금 낯선 사람들과 열정적으로 대면하고 특별한 능력감에 휩싸여 기행을 저지르게 한 주범이 바로 환상이었음을 깨닫게 되었다. 그린버그는 이렇게 썼다.

샐리는 환상에 사로잡혀 있었다. 환상이 처음 찾아온 것은 며칠 전 뉴욕 블리커 스트리트의 놀이터에서였다. 그녀는 두 명의 어린 소녀들이 미끄럼틀 근처의 나무 징검다리 위에서 노는 장면을 구경하고 있었는데, 갑자기 통찰력이 샘솟으며 소녀들의 천재성(태어날 때부터 보유하고 있는 무한한 천재성)을 발견했고, 그와 동시에 우리는 모두 천재들이며, 천재라는 말이 상징하는 개념 자체가 이제껏 왜곡되었다는 깨달음을 얻었다. 천재성이란 세상이 우리로 하여금 믿게 하고 싶은 대로 요행수가 아니며, 진정한 천재성이란 사랑이나 신神에 대한 감정만큼이나 인간에게 기본적인 품성이다. 천재성은 어린 시절과도 같다. 창조주는 우리에게 생명을 불어넣음과 동시에 천재성을 선사했는데, 우리가 타고난 창조적 영혼의 충동을 따를 기회도 갖기 전에 세상 사람들이 달려들어 그것을 밖으로 쫓아낸다. …

샐리는 놀이터에서 노는 소녀들에게 다가가 이러한 환상을 말해줬고, 소녀들은 그녀의 말을 완벽히 이해하는 것 같았다. 그 후 그녀는 블리커 스트리트로 걸어나가, 자신의 삶이 바뀌었다는 것을 알았다. 한국인이 운영하는 델리 앞에 놓인 녹색 플라스틱 화분의 꽃들, 신문가게의 진열창으로 보이는 잡지 표지들, 건물들, 승용차들—모든 것들이 상상을 초월할 정도로 선명하게 보였다. "지금 이 시간의" 선명함이라고, 그녀는 말했다. 작은 파형을 그리는 에너지가 그녀의 몸속 한가운데에서 부풀어오르며, 그녀는 사물 속에 숨은 생명력, 그 세세한 휘황찬란함, 좁은 통로를 통과해 그것들의 현재 모습을 만들어놓은 천재성을 볼 수 있었다.

무엇보다도 가장 선명한 것은 행인들의 얼굴에 드러난 정신적·신체적 고통이었다. 그녀는 사람들에게 자신의 환상을 설명해주려고 노력했지만, 그들은 그저 급히 스쳐지나갈 뿐이었다. 그녀는 그 황당한 상황을 이렇게 해석했다. "모든 사람들이 타고난 천재라는 사실은 비밀이 아니다. 그들은 이미 자신의 천재성을 알고 있지만, 천재성이 그들의 몸속에 억압되어 있다는 게 문제다. 내가 지금껏 그래왔던 것처럼 말이다. 억압된 천재성을 몸 밖으로 끌어내어 그들의 삶을 당당하게 영위하려면 엄청난 노력이 필요하다. 모든 인간이 고통스러워하는 것은 바로 그 때문이다. 내가 이와 같은 현현epiphany을 통해 모든 사람들 가운데서 선택된 것은, 그들의 고통을 치유해주기 위해서다."

샐리의 특이한 믿음 이상으로 그녀의 아버지와 새어머니를 놀라게 한 것은, 말하는 방식과 태도였다.

팻과 나를 정말로 놀라게 한 것은, 샐리가 말하는 내용이 아니라 말하는 방식이었다. 하나의 단어가 입에서 튀어나오자마자 또 하나의 단어가 튀어나오다 보니, 여러 개의 단어들이 순서 없이 뒤엉켜 다중 충돌을 일으켰다. 하나의 문장이 형성되기도 전에 뒤쫓아온 문장에 추월당해 흐지부지되기 일쑤였다. 우리의 맥박이 빠르게 뛰었고, 그녀의 작은 체구에서 뿜어져나오는 엄청난 에너지를 감당하느라 기진맥진해졌다. 그녀는 말하는 동안 공중에 연신 삿대질을 하며 턱을 내밀었다. … 자기 의견을 전하려는 욕구가 너무 강해서, 자기 자신을 학대하는 것 같았다. 개별적인 단어들은 독소toxin와 같아, 그것을 몸 밖으로 신속히 배출하지 않으면 안 되는 것 같았다.
말이 오래 계속될수록 일관성은 점점 더 결여되었고, 일관성이 결여될수록 우리를 이해시키려는 조급함은 더욱 심해졌다! 나는 샐리를 바라보며 무력감을 느꼈지만, 다른 한편으로 그녀의 엄청난 생동감에 크나큰 충격을 받았다.

혹자는 샐리의 상태를 뇌의 화학적 불균형으로 인한 조증, 광기, 또는 정신병이라고 부르겠지만, 그것은 태곳적 에너지의 한 형태로 나타난다. 그린버그는 그것을 "드문 자연력, 이를테면 거대한 눈보라나 홍수(파괴적이지만 어떤 면에서 경이롭기도 한 것)와 맞닥뜨린 것"에 비유한다. 억제되지 않은 에너지는 창의력, 영감, 천재성과 닮은 데가 있으며, 샐리가 자신에게 온통 밀려든다고 느끼는 기운도 그런 관점에서 재해석할 수 있다. 다시 말해서, 그것은 질병이 아니라 건강의 극치, 즉 지금껏 억압되어왔던 깊은 자아의 해방이라고 할 수도 있다.

19세기의 신경학자 휼링스 잭슨이 말했던 '초긍정적 상태super-positive state'에는 역설적 측면이 존재한다. 그것은 신경계 장애 및 불균형의 징조이지만, 그에 수반되는 에너지와 지복감은 환자로 하여금 최고의 건강함을 느끼게 한다. 이러한 자각증상을 근거로, 어떤 환자들은 초긍정적 상태에 대해 깜짝 놀랄 만한 통찰을 얻기도 한다. 내가 돌본 신경매독neurosyphilis에 걸린 고령의 여성 환자의 경우, 90대 초에 점점 더 명랑한 기분이 들자 대뜸 이렇게 중얼거렸다. "컨디션이 너무 좋은 걸로 봐서, 어디가 아픈 게 틀림없어." 조지 엘리엇의 경우도 마찬가지여서, 편두통 발작이 시작되기 전에 "위험천만하게 건강한" 느낌이라고 말하곤 했다.

조증은 본질적으로 생물학적 상태이지만, 심리학적 상태, 즉 마음의 상태인 것처럼 느껴진다. 그런 점에서 볼 때, 그것은 다양한 중독intoxication과 비슷한 효과를 보인다. 나는 《깨어남》에 등장하는 환자들 중 일부가 엘도파(뇌 안에 들어가 도파민dopamine이라는 신경전달물질로 전환되는 약물)를 복용하기 시작했을 때 극적인 사례를 목격했다. 특히 레너드 L.의 경우, 그때 심한 조증을 경험했다. 그는 그 당시 내게 쓴 편지에서 이렇게 말했다. "엘도파가 내 혈액 속에 들어가자, 이 세상에서 내가 원하기만 하면 할 수 없는 게 하나도 없어졌어요." 그는 도파민을 '부활아민resurrectamine'이라고 부르고, 자신을 메시아로 간주하기 시작했다. 그는 세상이 범죄로 오염되어 있으며, 자신이 세상을 구원하기 위해 부름받았다고 느꼈다. 그리고 19일 동안 하루도 빠짐없이 거의 불철주야로 자판을 두드려 5만 자로 된 자서전을 집필했다. 또 다른 환자는 내게 이렇게 물었다. "이게 단지 약 기운 때문인가요, 아니면 새로운 마음의 상태인가요?"

환자의 마음속에 '물리적인 것'과 '정신적인 것'에 대한 불확실성이 존재한다면, 자아와 비非자아에 대한 불확실성은 그보다 훨씬 더 심각할 수 있다. 내 환자 프랜시스 D.의 경우, 엘도파에 대한 의존성이 더욱 강화됨에 따라 이상한 열정과 자아상self-image에 사로잡히게 되었다. 그 결과 그녀는 새로운 자아상을 '현실자아real self'와 질적으로 다른 것으로 치부해버릴 수가 없었다. 그녀는 그것들이 본래 자아의 일부이지만 마음 깊은 곳에 파묻혀 지금껏 억압되었던 것이 아닌지 궁금해졌다. 그러나 이런 환자들은 샐리와 달리 자신이 약물을 복용하고 있음을 알았으며, 주변의 다른 사람들에게서도 비슷한 효과가 나타나는 것을 두 눈으로 똑똑히 볼 수 있었다.

그러나 샐리에게는 아무런 전례도, 안내자도 없었다. 그녀의 부모는 딸만큼이나, 아니 그 이상으로 혼란스러웠다. 샐리의 광기 어린 자신감이 그들에겐 없었기 때문이다. 그들은 별의별 생각을 다 해봤다. 혹시 딸애가 마약(이를 테면 LSD, 아니면 그보다 더 나쁜 마약)을 복용한 건 아닐까? 그게 아니라면, 자신들이 그녀에게 몹쓸 유전자를 물려줬거나, 성장기 중 결정적인 단계에 끔찍한 짓을 '저지른' 건 아닐까? 너무나 갑작스럽게 촉발되긴 했지만, 딸애가 내면에 늘 갖고 있던 '무엇'이 드러난 건 아닐까?

그린버그와 팻의 의문은 1943년 내 부모님이 품었던 의문과 똑같았다. 형 마이클은 열다섯 살 때 급성 정신병에 걸려, 도처에서 '메시지'를 보며 자기 생각이 읽히거나 방송되고 있다고 느꼈다. 또한 형은 발작적으로 킥킥거리며, 자신이 다른 '차원'에 존재한다고 믿었다. 1940년대에는 환각제가 드물었으므로, 내 부모님(두 분 다 의사였다)은 마이클이 정신병을 초래하는 질병, 이를테면 갑상샘 질환이나 뇌종양에 걸렸을지도 모른다고 생각했다. 그러나 결국 마이클은 조현병schizophrenic psychosis에 걸린 것으로 밝혀졌다. 샐리의 경우에는 현액검사와 신체검사를 통해 갑상선질환, 약물중독, 종양의 가능성이 배제되었다. 그녀의 정신병은 급성인 데다 위험했지만(모든 정신병은, 최소한 환자에게, 잠재적으로 위험하다) '그저' 조증일 뿐이었다.

사람들은 정신병(즉, 망상이나 환각 증상을 보이고, 현실을 망각함)에 걸리지 않더라도 조증을 경험할 수 있다. 그러나 샐리는 선線을 분명히 넘어, 그 뜨거웠던 7월의 낮에 뭔가가 일어났고 뭔가가 한 순간에 무너졌다. 그녀는 갑자기 딴사람으로 돌변했고, 용모와 음성이 달라졌다. "우리 사이의 모든 접점이 순식간에 사라졌다." 그린버그는 이렇게 썼다. "그 애는 나를 '아버지'라고 불렀고(전에는 '아빠'였다), 마치 대사를 읊는 연극배우처럼 격앙되고 꾸며낸 어조로 말했다. 평소에 따스한 밤색을 띠었던 눈은 마치 래커 칠을 한 새까만 조개껍질처럼 변해버렸다."

그린버그는 샐리와 일상사에 관해 이야기하고 싶어, 배가 고프거나 누워서 쉬고 싶은지 등을 물어봤다.

그러나 내가 말을 걸 때마다 그 애의 타자성otherness이 재확인될 뿐이다. 진짜 샐리는 납치되었고, 지금 이 자리에 서 있는 소녀는 솔로몬의 악마♦처럼, 샐리의 탈을 쓴 악마인 것 같다. 악마가 사람을 홀린다는 고대의 미신이 정말이란 말인가! 그렇지 않고서야 이런 괴상망측한 변신을 어떻게 이해해야 할까? … 가장 근본적인 의미에서, 샐리와 나는 남남이다. 우리에겐 공통의 언어가 없다.

고대의 위대한 의사들이 최초로 기술한 이후, 조증은 특유의 특징을 가진 것으로 인정되어 다른 종류의 광기와 구별되어왔다. 서기 2세기의 그리스 의사 아레테오스는 한 명의 개인에게서 흥분한 상태와 우울한 상태가 교대로 반복되는 과정을 명확히 기술했다. 그러나 조증과 다양한 형태의 광기 사이의 구별은 19세기에 들어와 프랑스에서 정신의학psychiatry이 등장할 때까지 공식화되지 않았다. '순환정신이상circular insanity'—에밀 크레펠린은 나중에 조울정신이상manic-depressive insanity이라고 불렀고, 오늘날 우리는 양극성장애라고 부른다—이 그보다 훨씬 더 심각한 조발성치매dementia praecox 또는 조현병과 구별된 것은 그즈음이었다. 그러나 '의학적 설명'과 '외부에서의 설명'은 조증의 진행 과정에서 환자들이 실제로 경험하는 것을 절대로 제대로 다룰 수 없다. 여기서 환자가 제 입으로 직접 하는 이야기를 대체할 수 있는 것은 없다.

그런 개인적 체험담은 여럿이 있지만, 내가 생각하는 최고의 체

♦ 솔로몬 왕이 썼다고 하는 마법서 《레메게톤Lemegeton》에 나오는 72명의 악마 이야기를 뜻한다.

험담은 존 커스턴스가 1952년에 출간한《지혜, 광기, 어리석음—정신병자의 철학Wisdom, Madness and Folly: The Philosophy of a Lunatic》이다. 그는 다음과 같이 썼다.

> 내가 앓고 있는 정신병은 … 조울증manic depression, 좀 더 정확히 말하면 조울정신병manic-depressive psychosis으로 알려져 있다. … 조증상태 manic state란 고양되고 흥분된 상태를 말하며, 간혹 극단적인 황홀경에 도달한다. 우울상태depressive state란 조증상태와 정반대로 고통스럽고 낙담한 상태를 말하며, 간혹 극단적인 끔찍한 공포에 도달한다.

커스턴스는 서른다섯 살에 처음 조증 발작을 경험했으며, 그 후 20년 동안 주기적으로 조증 또는 우울삽화에 시달렸다.

> 신경계가 완전히 흐트러지면, 두 개의 대조적인 정신 상태가 거의 무한대로 치닫는다. 나는 때때로 신神이 천국과 지옥이라는 개념을 설명하기 위해 이런 질병을 특별히 고안해냈나 보다라고 생각한다. 내 영혼 속에는 '상상할 수 없는 공포와 절망'과 '형언할 수 없는 내적 평화와 행복'이 공존하는 게 분명하다.
> 나의 일상적 삶과 '현실' 의식은 마치 북미대륙분수계Great Divide 정상의 좁은 능선을 따라 걷는 것처럼 두 개의 뚜렷하게 구별되는 세상 사이에서 외줄타기를 한다. 한쪽 세상은 숲이 무성하고 비옥하며, 계곡에 펼쳐진 멋진 풍경과 연결되어 있다. 그곳에서는 사랑과 기쁨과 아름다움의 극치를 보여주는 자연과 꿈이 여행자를 기다린다. 다른 쪽

세상은 황량하고 돌투성이며, 바닥없는 구덩이로 이어진다. 온갖 비뚤어진 상상이 구덩이 속에 숨어 무한한 공포감을 자아낸다.

조울증 상태에서는 능선의 너비가 너무 좁아, 균형을 유지하기가 어려울 뿐만 아니라 한 발을 내딛기도 극도로 힘들다. 발이 미끄러지기 시작하면, 현실 세계에 대한 감각이 감지할 수 없을 정도로 미세하게 변한다. 당분간은 현실을 어느 정도 파악할 수 있지만, 발바닥이 능선의 날 끝에서 벗어나면 현실감이 상실되어 무의식이 고개를 든다. 그리하여 그때그때 상황에 따라 지복至福의 세상 또는 공포의 세상을 향한 끝없는 여행이 시작된다. 무의식이 주도권을 장악함에 따라, 여행을 통제할 능력은 내 손을 벗어난다.

우리 시대에는 케이 레드필드 재미슨이 등장하여, 이 문제에 대해 확정적이고 의학적인 모노그래프◆(프레더릭 K. 굿윈과 공저한《조울증 Manic-Depressive Illness》)를 발표함과 동시에 개인적인 회고록《조울병, 나는 이렇게 극복했다An Unquiet Mind》(하나의학사, 2005)를 집필했다. 총명하고 용감한 정신과의사인 데다, 자신이 조울증을 직접 경험했던 그녀는 회고록에서 이렇게 말했다.

나는 고등학교 3학년 때 처음 조울증을 경험했다. 일단 발작이 시작되자, 나는 순식간에 정신줄을 놓았다. 처음에는 모든 게 그렇게 쉬워 보일 수 없었다. 나는 미친 족제비처럼 이리저리 달렸고, 온갖 계획과 열

◆ 단일 주제에 관해, 보통 단행본 형태로 쓴 논문.

정으로 마음이 들끓었고, 스포츠에 몰입했고, 매일 밤늦도록 깨어 있었고, 친구들과 외출을 했고, 무슨 책이든 닥치는 대로 읽었고, 시詩와 조각조각 쓴 희곡으로 원고용 공책을 가득 메웠으며, 나의 미래에 대해 원대하고 완전히 비현실적인 계획을 세웠다. 나는 온 세상이 쾌락과 약속으로 가득 차 있다고 느끼며 우쭐했다. 그냥 우쭐한 게 아니라 진정으로 위대하다고 느꼈다. 나는 뭐든 다 할 수 있다고 느꼈으며, 어떤 과제도 그다지 어려워 보이지 않았다. 나는 정신이 말똥말똥했고, 집중력이 엄청나게 높았으며, 내가 전혀 이해할 수 없는 지점까지 수학적 도약을 이뤄내 아무리 어려운 문제라도 척척 풀어냈다. 지금도 여전히 이해되지 않는, 실로 엄청난 도약이었다.

나는 삼라만상이 완벽하게 타당하며, 그뿐 아니라 경이로운 우주적 연관성cosmic relatedness의 원리에 꼭 들어맞는다고 생각하기 시작했다. 나는 자연법칙에 대한 황홀감에 휩싸여 친구들에게 자연의 아름다움을 설파하기 시작했다. 친구들은 우주의 복잡다단한 망網과 아름다움에 대한 내 통찰에 나만큼 사로잡히지 않았고, 그 대신 내 열정적인 장광설을 듣는 것이 엄청나게 진을 빼는 일이라고 느꼈다. 나는 위기의식을 느끼며 자기암시를 걸었다. … 속도를 늦춰, 케이. … 제발 속도를 늦춰, 케이.

나는 결국에는 속도를 늦췄다. 실은, 끊임없는 고통 속에 아예 멈춰버리고 말았다.

재미슨은 최초의 조울증 경험을 나중의 발작적 조울증과 비교했다.

몇 년 후 경험한 심각한 조증삽화가 막무가내로 악화되었고 정신병적으로 통제 불능이었던 데 반해, 이 최초의 조증은 '진정한 조증'을 천천히 우려낸 팅크제tincture♦인 것처럼, 가볍고 온화하고 사랑스럽게 진행되었다. … 그것은 단기적으로 활활 타올라 내 친구들을 성가시게 하고 나 자신을 질리도록 신명나게 만들었지만, 불안감을 조성할 정도로 과격하지는 않았다.

재미슨과 커스턴스는 둘 다, 조증이 생각과 감정뿐만 아니라 감각적 지각까지도 변화시킨다고 기술한다. 커스턴스는 자신의 회고록에서 이러한 변화를 신중히 조목조목 기술했다. "어떤 때는 병동의 전등들이 별 모양의 밝은 빛을 내뿜다 … 궁극적으로 종잡을 수 없는 무지갯빛 패턴을 형성한다." 사람들의 얼굴은 "내적인 빛으로 반짝이며, 특징적인 안면 윤곽을 극도로 선명하게 드러낸다." 그는 평소에는 "형편없는 제도사製圖士"였지만, 조증상태일 때는 남다른 실력을 뽐냈다고 한다. (문득, 나의 경험이 떠오른다. 나는 몇 년 전 암페타민으로 인한 경조증hypomania을 경험할 때, 그림을 꽤 잘 그렸었다.) 조증이 그의 모든 감각을 강렬하게 만드는 것 같았다.

내 손가락은 훨씬 더 예민하고 깔끔하다. 평소에는 필적이 형편없는 서투른 사람이지만, 지금은 훨씬 더 깔끔하게 글씨를 쓸 수 있다. 나는 인쇄, 그림, 꾸미기를 비롯하여 모든 수작업을 능수능란하게 할 수 있

♦ 생약에 알코올 또는 묽은 알코올을 가하여 유효 성분을 침출한 액체.

다. 예컨대 평소에 내 정신을 쏙 빼놓았던 스크랩북 만들기도 지금은 잘할 수 있다. 또한 손가락 끝이 특별하게 따끔거리는 것을 느낀다. 나는 청각이 예민해져서 그런지 … 아주 많은 상이한 음향 효과들이 동시에 다 들린다. … 밖에서 우는 갈매기에서부터 동료 환자들의 웃음소리와 잡담에 이르기까지, 나는 주변에서 일어나는 일에 매우 민감하지만, 그러면서도 내 일에 집중하는 데 전혀 어려움이 없다. … 만약 정원에서 자유롭게 거닌다면, 식물의 향기를 평소보다 훨씬 더 잘 감상할 수 있을 것이다. … 심지어 흔한 풀 냄새도 멋지게 느껴질 것이며, 섬세한 향기를 지닌 딸기나 산딸기 냄새를 맡으면 진정한 신들의 음식이라도 발견한 것처럼 황홀해질 것이다.

샐리의 부모는 처음에 (샐리 자신이 믿었던 것처럼) 샐리의 흥분 상태는 긍정적이며 질병과는 차원이 다르다고 믿으려고 몸부림쳤다. 그녀의 어머니는 뉴에이지적♦ 의미를 부여했다.

마이클, 샐리는 어떤 경험을 하고 있는 게 분명해요. 장담컨대, 이건 질병이 아니에요. 그 아이는 고도로 영적인 소녀예요. … 현재 일어나고 있는 일은, 그 아이의 진화evolution와 더 높은 영역을 향한 여행에서 필연적인 국면이에요.

♦ 뉴에이지는 현대의 서구적 가치를 거부하고 영적 사상, 점성술 등에 기반을 둔 생활방식을 말한다.

팻의 해석은 좀 더 고전적인 그린버그의 해석과 일맥상통한다.

나도 그것을 믿고 싶었다. … 그녀의 약진, 그녀의 승리, 정신적 만개를 믿고 싶었다. 그러나 플라톤의 신적 광기와 횡설수설, 열광과 미친 짓, 선지자와 의학적 미치광이를 어떻게 구별한단 말인가?

(그린버그도 지적한 바와 같이, 제임스 조이스와 조현병 환자인 딸 루시아의 상황도 이와 비슷했다. "그 애의 직관은 경이롭다." 조이스는 이렇게 언급했다. "내가 무슨 재능을 가졌든, 그녀에게 대물림되어 그녀의 뇌에 촛불을 밝혔다." 그는 나중에 베케트에게 이렇게 말했다. "그 애는 발광한 미치광이가 아니라 불쌍한 아이일 뿐이에요. 너무나 많은 일을 하고, 너무나 많은 것을 이해하려고 애쓰는.")

그러나 샐리가 정말로 정신병에 걸렸고 통제 불능이라는 사실이 몇 시간 만에 밝혀지자, 부모는 딸을 정신병원에 데려갔다. 그녀는 처음에 이 사실을 반겼고, 간호사, 조무사, 정신과의사들을 (자신의 통찰과 메시지를 이해하도록) 특별히 조율된 사람들로 간주했다. 그러나 현실은 잔인할 정도로 달랐다. 그녀는 신경안정제를 투여받고 몽롱한 상태에서 폐쇄병동에 수용된 것이다.

정신병동에 대한 그린버그의 기술記述은 소설적인 풍부함과 밀도를 지니고 있다. 그는 체호프의 소설에 나오는 전형적인 캐릭터(의료진과 다른 환자들)를 등장시키며, 한 하시디즘Hasidism파♦♦ 청년에 주

♦♦ 18세기 초 폴란드와 우크라이나 유대인 사이에 널리 전파된, 성속일여聖俗一如의 신앙을 주장하는 종교적 혁신 운동.

목한다. 그는 심각한 장애를 지닌 명백한 정신병자지만, 그의 가족은 그 사실을 인정하지 않는다. 그의 형은 이렇게 말한다. "그는 데바이카흐devaykah♦ 상태에 도달하여, 신과 지속적인 교감을 나누고 있다."

병원에서는 샐리를 이해하려는 시도를 거의 찾아볼 수 없다. 그녀의 조증은 무엇보다도 의학적 상태(뇌화학적 장애)로 취급받으며, 신경화학적 기반에 의거하여 처리된다. 급성 조증의 경우에는 약물 투여가 필수적이며 심지어 생명을 살릴 수도 있다. 만약 치료하지 않고 방치할 경우, 기진맥진한 나머지 사망에 이를 수 있기 때문이다. 그러나 안타깝게도 샐리는 리튬에 반응하지 않는다. 리튬은 수많은 조울증 환자들에게 매우 유용한 약물로 여겨져 왔으므로, 속수무책인 의사들은 고용량 신경안정제에 의존하는 수밖에 없다. 신경안정제는 그녀의 원기왕성함과 무모함을 잠재울 수 있지만, 그녀를 당분간 멍청하고 냉담하고 파킨슨증적인 상태에 머물게 한다. 부모의 입장에서 볼 때, 10대의 딸이 좀비 같은 상태에 머문다는 것은 조증만큼이나 충격적인 일이다.

◆

24일 동안 이런 식으로 치료받은 후, 샐리는 아직도 약간의 망상에 시달리며, 강력한 신경안정제를 복용하고 있음에도 불구하고 퇴원하여 집으로 돌아간다. 집에서는 신중한 감시가 요망되며, 특히

♦ 신과 지속적으로 교감하는 상태.

모든 것은 그 자리에

242

처음 며칠 동안 지속적인 감시가 필요하다. 그녀는 병원 밖에서 한 예외적인 치료사와 결정적인 관계를 확립하는데, 그 치료사의 이름은 렌싱 박사다. 렌싱은 샐리를 인격적 존재로 간주하고 접근함으로써 그녀의 생각과 느낌을 이해하려 노력한다. 렌싱은 상대방을 무장해제시키는 단순명쾌함을 보여준다. 그녀는 샐리를 처음 만났을 때 이렇게 말을 건다. "장담컨대, 너는 네 몸속에 사자 한 마리가 들어 있는 것 같은 느낌이 들 거야."

"어떻게 알았어요?" 샐리는 깜짝 놀라 이렇게 말하며, 그와 동시에 치료사에 대한 그녀의 의구심은 눈 녹듯 사라진다.

렌싱은 한 걸음 더 나아가 조증, 샐리의 조증에 대해 이야기한다. 그녀의 말을 듣다 보면, 샐리의 조증은 그녀의 몸속에 존재하는 또 하나의 존재, 일종의 피조물인 것처럼 느껴진다. 렌싱은 민첩하게 자신을 낮춰 대기실의 샐리 바로 옆 의자에 앉더니, 조증에 대해 여자들끼리 이야기하는 말투로 툭 터놓고 이야기한다. 그녀는 조증을 독립적인 실체로 간주하고, 마치 서로 아는 지인인 것처럼 이야기한다. 그녀는 단도직입적으로, 조증을 '관심받고 싶어 안달하는 사람'으로 규정한다. 조증은 스릴과 행동을 갈망하고, 지속적으로 번창하기를 바라며, 계속 존재하기 위해 뭐든 하려고 한다는 것이다. "너무 흥미로워서 늘 그 곁에 머물고 싶었지만 너를 재앙에 빠뜨리는 바람에, 결국에는 애초에 만나지 말았더라면 하고 생각하게 된 친구를 사귄 적이 있니? 내가 말하고자 하는 사람이 어떤 종류의 사람인지 너도 잘 알 거야. 더 빨리 가기를 원하고, 늘 더 많은 것을 원하는 여자아이 말이야. 자기 자신을 먼

저 챙긴 다음, 다른 사람들은 헌신짝처럼 팽개치는 여자아이. … 나는
쉬운 예를 들어 조증이 뭔지를 너에게 설명해주고 있는 거야. 요컨대,
조증이란 네 친구인 척하는 탐욕스럽고, 카리스마 넘치는 인물이야."

렌싱은 샐리로 하여금 정신병을 자신의 진정한 정체성과 구별
하게 해주려고 노력한다. 즉, 정신병에서 빠져나와, 정신병과 자신
간의 복잡하고 애매모호한 관계를 직시하게 해주려는 것이다. ("정신
병은 징체성이 아니야"라고 그녀는 신랄하게 말한다.) 그녀는 이 사실을 샐리
의 아버지에게도 이야기한다. 왜냐하면 샐리가 정신병에서 회복되
려면, 그녀 자신은 물론 아버지의 이해도 필요하기 때문이다. 그녀
는 정신병의 유혹력을 강조한다.

"샐리는 … 고립되는 것을 원치 않아요. 당신에게 기쁜 소식을 하나 전
해드린다면, 그녀의 충동이 외향적이라는 거예요. 그녀의 욕망은 '이
해받는 것'인데, 우리들에게뿐만이 아니라 자기 자신에게도 이해받기
를 원해요. 물론 그녀는 지금 조증에 애착을 느끼고 있어요. 경험의 강
렬함을 기억하고 있으며, 그 강렬함을 유지하기 위해 안간힘을 쓰고
있어요. 그것을 포기하면, 자신이 획득했다고 믿는 위대한 능력을 잃
을 거라고 생각하고 있어요. 그러나 그건 사실 끔찍한 역설이에요. 마
음이 정신병과 사랑에 빠지다니! 나는 그것을 사악한 유혹이라고 불
러요."

렌싱의 말의 키워드는 '유혹'이다. (유혹은 정신병의 본질과 치료법을

서술한 에드워드 포드볼의 경이로운 책《광기의 유혹The Seduction of Madness》의 키워드이기도 하다.) 그런데 하고많은 질병 중에서, 정신병 특히 조증을 가리켜 유혹적이라고 하는 이유가 뭘까? 프로이트는 모든 정신병들을 나르키소스적 장애라고 불렀다. 왜냐하면, 정신병자들은 자신을 세상에서 가장 중요한 사람으로 여기고—메시아 내지 '심령의 대속자代贖者'가 되든, (우울성정신병이나 편집성정신병의 경우에 그러하듯) 보편적인 박해와 비난의 초점이 되든, 조롱이나 비하의 대상이 되든—독특한 역할을 수행하기 위해 선발되었다고 믿기 때문이다.

그러나 설사 메시아적 느낌이 아닐지라도, 조증은 환자에게 엄청난 쾌락이나 황홀감을 안겨줄 수 있으므로 그 강렬함을 '포기'하기는 어렵다. 커스턴스가 위험천만함을 잘 알면서도 약물 복용이나 입원 치료를 회피하고, 제임스 본드가 동베를린에서 벌인 모험을 방불케 하는 위험을 감수하며 조증을 포용한 것도 바로 강렬함 때문이다. 아마도, 특히 코카인이나 암페타민 중독자들 같은 약물중독자들도 이와 비슷한 강렬한 감정을 추구할 것이다. 그리고 조증 다음으로 보통 울증이 찾아오는 것처럼, 약물중독도 도취감 이후에 추락이 찾아오기 마련이다. 이 두 가지는 아마도 과도하게 자극된 뇌의 보상 시스템에서 분비된 도파민과 같은 신경전달물질이 초래한 탈진 때문인 것으로 보인다.

그러나 그린버그가 반복적으로 관찰하는 바와 같이, 조증이 반드시 쾌락을 수반하는 것은 아니다. 그는 샐리의 조증을 일컬어 "무자비할 정도로 계속 타오르는 불덩어리" "끔찍한 과대망상" "속 빈 강정 속의 불안함과 취약함"이라고 했다. 조증이 극단적인 최고점에 도달할 때, 환자는 설사 방어적인 오만함이나 떠벌림으로 고립을 은폐한다 할지라도 통상적인 인간관계와 인간적 척도human scale에서 고립된다. 이 때문에 레싱은 샐리가 진실로 타인과 접촉하고, 이해하고 이해받고 싶어 하는 회복 욕망을 가진 것을 "그녀가 건강을 되찾고 제정신을 차릴 길조"라고 보았다.

렌싱에 따르면, 정신병은 하나의 정체성이 아니라 정체성으로부터 일시적으로 일탈하거나 벗어난 상태다. 그러나 조울증처럼 만성적이거나 재발성인 정신변화질환mind-alteration condition은 환자의 정체성에 영향을 미쳐, 태도와 사고방식의 일부가 될 수 있다. 이에 대해 재미슨은 다음과 같이 썼다.

요컨대, 그것은 단순한 질병이 아니라, 내 삶의 모든 측면(기분, 기질, 작업, 내 눈 앞에 존재하는 거의 모든 사물에 대한 반응)에 영향을 미치는 중대 사태다.

또한 정신병은 단순한 생물학적 불운이 아니다. 재미슨은 자신의 우울증에 대해 좋게 봐줄 게 아무것도 없다고 인정했지만, 조증과 경조증에 대해서는 너무 막무가내만 아니라면 자기 삶에서 중요하며 간혹 긍정적인 역할을 수행했다고 말했다. 실제로 재미슨은 자신의 저서《천재들의 광기—예술적 영감과 조울증Touched with Fire: Manic-Depressive Illness and the Artistic Temperament》에서 슈만, 콜리지, 바이런, 반 고흐와 같은 위대한 예술가들의 사례를 언급하며(이 사람들은 조울증 환자였던 것으로 보인다), 조증과 창의성 간의 관계를 시사하는 증거를 많이 제시했다.

샐리가 병원에 입원했을 때, 그녀의 아버지는 정신과 레지던트에게 딸의 진단명을 물었다. 레지던트는 이렇게 말했다. "샐리의 질병은 아마도 조금씩 성장하며 힘이 강해져서는, 결국 그녀를 압도한 것 같아요." 그린버그는 그 '질병'이라는 게 도대체 뭐냐고 따져 물었다. 레지던트는 이렇게 대답했다. "[그걸] 뭐라고 부를 것인지는 현재로서 중요하지 않아요. 양극성장애 1형◆으로 판단할 만한 여러 기준이 존재하는 것만은 분명해요. 그러나 열다섯 살은, 전격성 조증fulminating mania이 나타나기에는 비교적 이른 나이예요."

재미슨에 따르면, 지난 20년 동안 양극성장애라는 용어가 사용된 이유는, '조울증'에 비해 낙인찍는 듯한 느낌이 덜하기 때문이다. 그러나 그녀는 다음과 같이 경고한다.

기분장애mood disorder를 양극성과 단극성unipolar이라는 범주로 나누는 것은 우울증과 조울증 간의 뚜렷한 차이를 전제로 한다. … 그러나 양자 간의 차이가 늘 명확한 것은 아니며, 과학적으로 뒷받침되는 것도 아니다. 그와 마찬가지로, 양극성과 단극성의 구분은, 우울증의 증상들이 하나의 극pole 위에 깔끔하게 격리되어 존재하는 반면, 조증의 증상들 역시 또 하나의 극 위에 격리되어 단정하게 놓여 있다는 관념을

◆　양극성장애는 네 가지 기본형이 있는데 그중 1형과 2형이 좀 더 흔하게 나타난다. 1형과 2형을 나누는 기준은 조증이 심하게 나타나느냐의 여부로, 조증이 심한 경우 1형으로 진단한다.

광란의 여름

247

영속화한다. 이러한 분극화polarization는 … 우리가 익히 알듯이, 모든 것이 뒤죽박죽되고 들쑥날쑥한 조울증의 성질에 정면으로 배치된다.

더욱이 '양극성'은 긴장증, 파킨슨증 같은 많은 제어장애disorder of control의 전형적 특징인데, 이런 환자들은 통상성normality이라는 중간지대를 상실하고 운동과다상태hyperkinetic state와 무운동상태akinetic state 사이를 교대로 왕복한다. 당뇨병과 같은 대사질환의 경우에도, 항상성homeostasis이라는 복잡한 메커니즘이 실종될 경우 초고혈당과 초저혈당 사이를 극적으로 오갈 수 있다.

조울증을 한쪽 극과 다른 쪽 극 사이에서 진동하는 양극성장애로 간주하는 관념이 오해를 불러일으킬 수 있는 이유가 또 한 가지 있다. 그것은 한 세기도 훨씬 전에 크레펠린이 지적한 것인데, 그는 혼합상태mixed state라는 개념을 사용하며 '조증과 울증의 요소가 모두 존재하며, 불가분하게 뒤얽혀 있는 상태'라고 설명했다. 그는 이런 관계를 가리켜 "명백히 모순되는 상태들 간의 심오한 내부적 관계"라고 썼다.

우리는 '양극단poles apart'이라는 말을 흔히 쓴다. 그러나 조증과 울증의 극이 너무 가깝다 보니, 혹시 울증이 조증의 한 형태이거나, 혹은 조증이 울증의 한 형태가 아닌지 의구심을 품는 사람들도 있다. (크레펠린은 조증과 울증에 관한 이 같은 역동적 관념을 "임상적 합일clinical unity"이라고 불렀다. 리튬에 잘 반응하는 환자들의 경우, 조증과 울증 상태 양쪽에서 모두 효과를 본다는 임상 사례가 이를 뒷받침한다.) 그린버그는 이러한 역설적 상황을 종종 놀랄 만한 모순어법으로 기술했다. 예컨대, 그는 샐리가 간혹 "이소성 조증dystopic mania의 고통 속에서" 경험하는 느낌을 "심연 속의 의기양양함abysmal elation"이라고 불렀다.

◆

샐리가 마지막으로 조증의 광기 어린 절정에서 내려온 것은, 그 7주 전 최고조에 이르렀을 때만큼이나 갑작스러웠다. 그린버그는 그 과정을 다음과 같이 설명한다.

샐리와 나는 부엌에 서 있다. 나는 하루 종일 그녀와 함께 집에 머물며, 영화 제작자 장폴을 위해 대본을 작성하고 있다.

"차 한 잔 할래?" 내가 묻는다. "네, 좋을 것 같네요. 고마워요."

"우유는?" "네. 그리고 꿀도요."

"두 스푼?" "맞아요. 난 꿀을 넣을 거예요. 스푼에서 꿀이 떨어지는 걸 보면 기분이 좋거든요."

그 애의 어조가 문득 내 관심을 끈다. 음성의 억양이 변했고, 수다스럽지 않고 단순 명쾌하며, 몇 달 동안 경험해보지 못한 따뜻함이 느껴진다. 눈빛도 부드러워졌다. 나는 착각하지 말자고 속으로 다짐한다. 그러나 그 애의 변화는 틀림없어 보인다. … 마치 기적이 일어난 것 같다. 정상 상태와 평범한 존재라는 기적. …

우리는 여름 내내 우화 속에서 살아온 것 같다. 아름다웠던 소녀가 때로는 활기 없는 돌덩이, 때로는 악마로 돌변했다. 그 애는 사랑하는 사람들, 언어, 자기 것으로 숙달했던 모든 것과 단절되었다. 그런데 마법이 풀리며 다시 깨어난 것이다.

광란의 여름을 보낸 후, 샐리는 불안해하는 기색이 역력했지만, 삶을 되찾겠다는 결연한 마음으로 학교로 돌아갈 수 있게 되었다. 처음에는 내색하지 않고, 반에서 가장 친한 친구 세 명하고만 어울린다. "그 애가 친구들과 전화로 친근하고, 허물없고, 수다스럽게 이야기하는 소리를 종종 듣는다." 그린버그는 이렇게 말한다. "목소리가 활발하고 씩씩한 걸로 보아, 건강을 완전히 회복한 듯하다." 학교로 돌아간 지 몇 주 후, 샐리는 부모와 많은 이야기를 나눈 끝에 친구들에게 자신의 정신병력을 알리기로 결정한다.

샐리의 친구들은 그 소식을 기꺼이 받아들인다. 정신병동에 수용된 경력은 샐리에게 어떤 '사회적 지위'를 부여한다. 그것은 일종의 자격증인 셈이다. 왜냐하면 그녀는 친구들이 지금껏 경험하지 못한 것을 경험했기 때문이다. 그것은 샐리와 그 친구들만의 비밀이 된다.

샐리의 광기는 해소되었고, 독자들은 이것이 스토리의 마지막이 되기를 바랄 것이다. 그러나 조울증의 전형적인 특징은 주기적이라는 것이며, 그린버그는 그 책의 후기에서 샐리가 두 번의 발작을 더 경험했음을 밝혔다. 한번은 4년 후인 대학생 때였고, 또 한 번은 그로부터 6년 후 약물치료를 중단했을 때였다. 조울증은 완치되지 않지만, 약물치료, 통찰과 이해(특히 수면 부족과 같은 스트레스를 최소화하고, 조증이나 울증의 초기 징후에 경계를 게을리하지 않는 것), 그리고 무엇보다도 상담과 심리요법을 병행한다면 조울증을 데리고 사는 데 큰 도움이 된다.

케이 래드필드 재미슨, 존 커스턴스의 회고록과 함께, 《햇빛이여, 서둘러 비추라》는 조울증에 대해 상세하고 심도 있고 풍부하고 진지한 정보를 제공하는, 해당 분야의 고전이 될 것이다. 그러나 이 책의 독특한 점은 유난히 개방적이고 민감한 부모의 눈을 통해 조울증 환자를 들여다본다는 데 있다. 아버지인 그린버그는 딸의 생각과 느낌을 단 한 번도 감상주의에 빠지지 않고 훌륭하게 통찰하며, 거의 상상할 수 없는 정신 상태를 이미지와 메타포로 표현하는 보기 드문 능력을 발휘한다.

환자의 삶, 취약성, 질병에 대한 상세한 설명을 책으로 출판함으로써 '이야기한다'는 것은 엄청난 도덕적 섬세함을 요구하는 문제로, 각양각색의 함정과 위험을 감안해야 한다. 혹자는 이렇게 말할 것이다. 샐리의 정신병과의 투쟁은 사적이고 개인적인 문제가 아니냐고, 그 누구도 참견할 일이 아닌 그녀 자신(그리고 가족과 의사)의 관심사가 아니냐고 말이다. 그녀의 아버지가 딸의 고역苦役과 가족의 고통을 세상에 알리는 이유가 뭘까? 자신이 10대 시절에 겪은 고뇌와 고양감을 대중에게 드러내는 샐리의 심정은 어떨까?

샐리와 그녀의 부모 모두에게, 이것은 결코 성급하거나 쉬운 결정이 아니었다. 그린버그는 딸이 정신병을 앓고 있던 1996년에 펜을 들어 집필을 시작하지 않았다. 그는 모든 경험이 마음속 깊이 가라앉을 때까지 기다리며 심사숙고를 거듭했다. 샐리와 수도 없이 많은 대화를 나눠온 결과, 10년이 조금 지나서야 《햇빛이여, 서둘러 비추라》에 요구되는 균형감, 시야, 어조가 뭔지 감을 잡을 수 있었다. 샐리도 그즈음 마음을 정하고, 아버지에게 자신의 스토리를 책으로 펴내되 실명을 당당히 밝혀달라고 요구했다. 여전히 정신병을 둘러싸고 있는 온갖 편견과 오해를 감안할 때, 그것은 실로 용기 있는 결정이었다.

샐리가 직면한 편견과 오해는 많은 사람들에게 해당된다. 왜냐하면 조울증은 모든 문화권에서 발견되는 질병으로, 최소한 100명당 한 명에게 영향을 미치고 있기 때문이다. 늘 100만 명 이상이 이병을 겪고 있으며, 샐리보다 어린 나이임에도 불구하고 샐리와 똑같은 고통을 감내해야 하는 환자들도 있을 것이다. 《햇빛이여, 서둘러 비추라》처럼 투명하고 사실적이고 공감적이고 조리에 맞는 책은, 영혼의 어두운 밤*을 통과해야 하는 사람들에게 길잡이가 될 것이다. 또한 가족과 친구, 그리고 사랑하는 사람이 겪어야 하는 일을 이해하고 싶어 하는 모든 사람들에게 도움이 될 것이다.

이 책은 우리가 평소에 걷고 있는 통상성의 능선이 얼마나 좁은지 생각하게 해준다. 능선 한쪽에는 조증의 심연이, 반대쪽에는 울증의 만灣이 입을 크게 벌리고 있다.

---

* '영혼의 어두운 밤'이란 용어는 1542~1591년에 활동한 16세기 수도사, 십자가의 성 요한St. John of the Cross이 쓴 책 제목에서 유래한다. 1577년 10월, 그는 개혁을 반대하는 수도사들에게 납치돼 톨레도 수도원에 11개월간 감금됐다. 독방에 있던 그는 벽 틈으로 들어오는 가느다란 빛줄기를 제외하고는 온통 어둠에 둘러싸여 지냈다. 그는 이때의 영적 체험을 글로 남겼다.

모든 것은 그 자리에

치유 공동체

우리는 정신병원을 '뱀 구덩이' '혼돈과 고통이 가득한 지옥' '불결하고 야만적인 곳'으로 간주하는 경향이 있다. 오늘날 대부분의 정신병원들이 문을 닫은 채 버려져 있다 보니, 한때 그곳에 수용되었던 사람들을 생각할 때마다 전율과 공포에 사로잡히게 된다. 그런 의미에서, 1878년 정신병자라는 판결을 받아(그 당시에는 정신병 여부를 의사가 아니라 재판관이 판단했다) 인디애나 정신병원에 '처넣어진' 애너 애그뉴의 음성에 귀를 기울이는 것도 과히 나쁘지 않을 듯싶다. 애너는 제정신이 아닌 상태에서 자살 시도 횟수가 늘어나던 중, 자녀 중 한 명을 아편팅크로 살해하려 했다는 사실이 밝혀져 정신병원에 보내졌다. 병원 측에서 그녀를 보호하려는 차원에서 겹겹이 에워싸고, 특히 광기를 인정해주자 그녀는 큰 안도감을 느꼈다. 그녀는 나중에 일기장에 이렇게 썼다.

일주일 전 정신병원에 도착했을 때, 나는 과거 1년 동안 느꼈던 것보다 훨씬 더 많은 만족감을 느꼈다. 그건 내가 삶을 포기해서가 아니라, 불행한 정신 상태를 이해받고 그에 상응하는 치료를 받았기 때문이다. 그에 더하여, 나는 (나와 마찬가지로) 당황스럽고 불만족스러운 정신 상태에 있는 사람들에게 둘러싸였다. … 나는 그들의 고통에 관심을 갖고 공감을 느끼게 되었다. … 그와 동시에 나 또한 정신장애자로 정중히 대우받았는데, 나는 지금껏 그런 친절을 경험해본 적이 없었다.

헤스터 박사는 "내가 제정신이 아닌가요?"라는 질문에 친절하게 대답해준 첫 번째 사람이었다. "네, 부인. 당신은 제정신을 많이 이탈했습니다!" … "그러나," 그는 말을 이었다. "우리는 당신에게 가능한 한 많은 혜택을 제공하려고 노력하고 있으며, 이곳의 제한이 당신에게 안전벨트 역할을 수행하기를 바라고 있습니다." … 한번은 그가 부주의한 간병인을 책망하는 소리를 들었다. "나는 인디애나 주정부에 이 불행한 사람들을 보호해주겠노라고 맹세했습니다. 나는 300명이 넘는 여성들의 아버지 겸 아들 겸 오빠 겸 남편입니다. … 그리고 나는 그들이 제대로 돌봄받는 것을 보고 싶습니다!"

루시 킹이 자신의 저서 《구름 아래의 일곱 개 첨탑으로부터Under the Cloud at Seven Steeples》에서 설명한 바와 같이, 애너는 정신병원의 질서와 예측 가능성이 정신장애자들에게 얼마나 중요한지에 대해서도 이야기했다.

이곳의 업무는 완벽하게 규칙적이고 원활해서, 커다란 시계를 떠올리게 된다. 운영 시스템은 완벽하고, 메뉴는 여느 안정된 가정처럼 탁월하고 다양하다. … 밤 여덟 시가 되어 전화벨이 울리면 모두 방으로 들어가고, 그로부터 한 시간이 지나면 어두움과 고요함이 찾아온다. … 거대한 건물에서 모든 움직임이 멈춘다.

정신병원mental hospital의 옛 이름은 '정신병자의 보호수용소lunatic asylum' 또는 '보호수용소asylum'로, 본래의 의미는 피난처refuge, 보호소protection, 안식처sanctuary였다. 《옥스퍼드 영어사전》에서 '보호수용소'를 찾아보면, "괴롭고 불행하고 궁핍한 계층의 일부에게 피난처와 후원을 제공하던 자선기관"이라고 정의되어 있다. 수도원과 수녀원과 교회는 최소한 기원후 4세기부터 보호수용소로 사용되어왔다. 미셸 푸코에 따르면, 여기에 속세의 보호수용소가 추가된 것은 14세기에 흑사병으로 인해 한센병 환자들이 전멸하자 텅텅 비게 된 한센병 환자 수용소leprosaria가 가난한 자, 병든 자, 미친 자, 범죄자들을 수용하는 곳으로 사용되면서부터였다. 어빙 고프먼은 유명한 저서 《수용소Asylums》(문학과지성사, 2018)에서 이런 시설들을 통틀어 "총체적 기관total institution"이라고 평가하며, 운영진과 수용자 사이에 메울 수 없는 심연이 존재하고, 엄격한 규칙과 역할이 여하한 유대감이나 공감을 배제하며, 수용자들이 자율성·자유·존엄성·자아를 박탈당해 '하찮은 무명씨'로 전락하는 곳이라고 설명했다.

고프먼이 워싱턴 D.C.의 성聖엘리자베스 병원에서 연구를 수행하던 1950년대에, 적어도 수많은 정신병원들의 상황은 사실상 이와 같았다. 그러나 19세기 초반과 중반에 뜻한 바 있어 미국의 정신병원 중 상당수를 설립한 고매한 시민과 독지가들에게 그런 시스템을 형성할 의도가 있었을 리 만무하다. 그 당시만 해도 특별한 정신병 치료제가 없었으므로, 뇌의 오작동하는 부분에 국한하지 않고 전인 격적 개인과 신체적·정신적 건강을 위한 잠재력을 지향하는 '도덕적 치료moral treatment'만이 유일한 인간적 대안으로 간주되었다.

그런 최초의 주립병원들은 종종 높은 천장과 창문, 널따란 부지를 갖춘 대궐 같은 건물로, 훌륭한 운동 시설 및 다양한 식사와 함께 풍부한 빛과 공간, 신선한 공기를 제공했다. 대부분의 정신병원들은 대체로 자립이 가능했으며, 대부분의 식량원을 자체적으로 재배하거나 사육했다. 환자들은 들판이나 목장에서 일했고, 그들의 노동은 병원의 수입원인 동시에 치료의 중심 형태로 간주되었다. 공동체와 동료애 역시, 강박사고나 환각에 의해 추동되는 정신세계에 고립된 그들에게 치료의 중심이자 실로 필수적인 요소로 간주되었다. 또한 의료진과 주변의 수용자들이 환자들의 정신병을 인식하고 받아들이는 것도 필수적이었다. (애너에게, 이것은 커다란 '친절'이었다.)

마지막으로, 정신병원의 본래적 의미('보호수용소')에서 다시 생각해보면, 정신병원들은 두 가지 차원에서 환자들을 통제하고 보호했다. 하나는 그들 자신의 자살 또는 살인 충동에 대한 것이고, 다른 하나는 외부 세계의 방문자들이 종종 가하는 조롱, 따돌림, 공격, 또는 학대에 대한 것이었다. 정신병원들은 특별한 보호와 제한, 단순하고 편협한 삶을 제공했지만, 환자들은 그러한 보호구조 안에서 원하는 대로 미칠 자유가 있었고, 최소한 일부 환자들의 경우 정신병을 극복하고 마음의 늪에서 벗어나 좀 더 온전하고 안정적인 자아를 찾을 수 있었다.

그러나 대다수의 환자들은 정신병원에 오랫동안 머물러 있었다. 그런 곳에서는 외부의 삶으로 복귀할 준비를 할 수 없었으므로, 수년간 정신병원에 칩거하다 보면 보호수용 생활에 어느 정도 익숙해질 수밖에 없었다. 그리하여 그들은 외부 세계를 더 이상 열망하거나 직면할 수 없게 되었다. 환자들은 종종 수십 년 동안 주립병원에서 기거하다 사망했고, 모든 정신병원에는 자체적인 묘지가 마련되어 있었다. (다비 페니와 피터 스태츠니는 자신들의 저서 《그들이 남긴 삶The Lives They Left Behind》에서, 이런 삶들을 깊은 감수성으로 재구성했다.)

♦

그런 상황에서는 정신병원의 수용 인원이 늘어날 수밖에 없어, 규모가 거대해지는 것은 차치하고 작은 마을을 닮게 되었다. 예컨대 롱아일랜드에 있는 필그림 주립병원Pilgrim State Hospital은 한때 거의 1만 4000명의 환자들을 수용했었다. 그러다 보니 어마어마한 수의 수용자에 부족한 자금 사정이 겹쳐 주립병원 본래의 이상을 구현하지 못하게 되는 것도 필연적이었다. 주립병원들은 19세기 후반부터 이미 불결함과 부주의함의 대명사였으며, 서투르고 부패하고 가학적인 관료 집단에 의해 운영되는 경우도 많았다. 이러한 상황은 20세기 초반 내내 지속되었다.

뉴욕주 퀸스에 자리 잡은 크리드무어 주립병원Creedmoor State Hospital에서도 그와 유사한 진화, 또는 퇴화가 일어났다. 이 병원은

1912년 브루클린의 팜콜로니Farm Colony of Brooklyn라는 이름으로 설립된 아담한 병원으로, 환자를 위해 공간과 신선한 공기와 농장을 제공한다는 19세기의 이상을 고수해왔다. 그러나 수용자의 수가 급증하여 1959년에 7000명에 육박하자, 수전 시한이 1982년 펴낸《지구상에 나를 위한 곳이 있을까?Is There No Place on Earth for Me?》에서 지적한 바와 같이, 다른 주립병원들과 마찬가지로 시설이 낙후하고 초만원인 데다 인력이 턱없이 부족하게 되었다. 그나마 다행히도 최초의 정원과 축사가 그대로 유지된 덕분에, (너무 혼란스럽고 상반되는 감정을 갖고 있어서 다른 사람들과 관계를 맺을 수는 없지만, 동물과 식물을 돌볼 수 있는) 일부 환자들에게 중요한 자원을 제공할 수 있었다.

크리드무어에는 체육관, 수영장, (탁구대와 당구대를 갖춘) 오락실이 있었다. 그리고 극장과 TV 스튜디오가 있어서, 환자들이 자신들만의 연극을 제작하고, 감독하고 또 연기할 수도 있었다. 예컨대 18세기 사드의 연극과 같은 작품들은 환자들의 애환을 창의적으로 표현하는 것을 가능케 했다. 음악과 시각예술도 중요한 요소로 취급되어, 그곳에는 환자들로 구성된 소규모 오케스트라도 있었다. (오늘날 병원의 상당 부분이 폐쇄되고 쇠퇴했지만, 크리드무어의 자랑인 리빙 뮤지엄Living Museum에서는 환자들에게 회화와 조소 작업을 할 수 있는 재료와 공간을 제공하고 있다. 리빙 뮤지엄의 설립자 중 한 명인 야노스 마턴은 그것을 가리켜 예술가들을 위한 '보호 공간'이라고 부른다.)

크리드무어에는 거대한 주방과 세탁실도 있어서, 많은 환자들에게 정원 및 축사와 마찬가지로 일거리와 작업요법work therapy을 제공했다. 환자가 일을 하면 정신병의 틀에 갇힌 환자들이 좀처럼 익힐 수 없었던 일상생활의 기술을 배울 기회도 제공된다는 장점이 있었다. 그곳에는 거대한 공동 식당도 있어서, 최상의 경우 환자들의 공동체 의식과 동료애를 강화해줄 수 있었다.

주립병원들이 음울한 상태에 빠진 1950년대에도, 그런 곳들은 정신병원의 긍정적인 면 중 일부를 여전히 간직하고 있었다. 심지어 최악의 병원들일지라도, 그곳에는 인간의 존엄성, 실생활, 친절함의 여지가 남아 있었다.

1950년대에는 특정한 항정신성약물antipsychotic drug들이 등장하여, 정신병 증상을 '치료'하지는 못하더라도 최소한 완화하거나 억제한다고 약속하는 것처럼 보였다. 그런 약물들의 사용이 가능해지자, 정신병원 입원은 구금이 아니어야 하며, 평생 동안 계속될 필요도 없다는 관념이 강화되었다. 환자는 단기간의 입원으로 정신병에 제동을 건 후, 공동체에 복귀하여 외래진료를 통해 투약과 모니터링을 계속 받을 수 있었다. 이는 정신병의 예후와 자연사natural history에 대변혁을 일으켜, 정신병원에 수용된 절망적인 환자 집단의 규모를 크게 감소시켰다.

◆

이상과 같은 전제 조건에 입각하여, 1960년대에는 단기간의 입원 치료에 주력하는 새로운 주립병원들이 많이 지어졌다. 그중에는 브롱크스 주립병원(현^現 브롱크스 정신의학센터Bronx Psychiatric Center)이 포함되어 있었다. 1963년 문을 연 브롱크스 주립병원은 재능 있고 비전 있는 원장을 영입하고 우수한 의료진을 선발했지만, 미래지향적인 방향 설정에도 불구하고 그즈음 문을 닫기 시작한 오래된 병원들에서 유입되는 엄청난 환자들을 수용해야 했다. 나는 1966년에 그 병원에서 신경과의사로 근무하기 시작했는데, 그 후 수년간 상대한 수백 명의 전원轉院 환자들 중 상당수가 성인기의 대부분을 정신병원에서 보낸 사람들이었다.

다른 병원들과 마찬가지로, 브롱크스 주립병원을 찾은 환자들은 매우 다양한 품질의 보살핌을 받았다. 훌륭하고 때로는 모범적인 병동에는 품위 있고 사려 깊은 의사와 간병인도 있었지만, 태만함과 잔학 행위를 특징으로 하는 악랄하고 심지어 음흉한 의료진도 있었다. 나는 브롱크스 주립병원에 25년간 근무하는 동안 두 가지 부류의 의료진을 모두 목격했다. 그러나 나는 마당을 편안하게 배회하거나, 야구를 하거나, 음악 또는 영화를 감상하는 환자들도 봤다. 그들은 더 이상 맹렬한 증상을 보이지 않았으며, 병동에 갇혀 있지도 않았다. 크리드무어의 환자들과 마찬가지로, 그들은 자신들만의 연극을 만들 수 있었고 언제라도 병원의 도서관에서 조용히 책을 읽거나, 휴게실에서 신문이나 잡지를 읽을 수 있었다.

그러나 유감스럽고 아이러니하게도, 내가 1960년대에 브롱크스 주립병원에 도착한 직후에 환자들의 일거리가 그들의 권리를 보호한다는 명목하에 사실상 사라졌다. 왜냐하면, 환자를 주방이나 세탁실이나 정원이나 (보호 시스템을 갖춘) 작업장에서 일하게 하는 것은 '착취'로 간주되었기 때문이다. 환자의 진정한 수요가 아닌, 환자의 권리라는 법적 개념에 근거한 이 같은 불법화로 인해, 많은 환자들은 중요한 치료법을 박탈당한 셈이었다. 작업이란 환자에게 인센티브와 경제적·사회적 정체성을 부여할 수 있는 좋은 기회로, 공동체를 창조하고 정상화함으로써 환자를 유아론적唯我論的인 내적 세계에서 끄집어낼 수 있다. 따라서 정신병원에서 노동을 없앤다는 것은 환자의 사기를 극도로 저하시키는 일이었다. 종전에 작업과 활동을 즐겼던 환자들이 할 수 있는 일이라고는, 늘 켜져 있는 TV 앞에 좀비처럼 우두커니 앉아 있는 것밖에 없었다.

♦

1960년대에 가느다란 물줄기처럼 시작된 탈시설화deinstituti-onalization 운동은 1980년대에 홍수처럼 범람했지만, 그때쯤에는 해결된 문제만큼이나 많은 문제들을 새롭게 야기한다는 것이 분명해졌다. 갈 곳 없이 헤매는 거리의 정신병자들이 모든 대도시에 들끓었는데, 이는 남아 있는 주립병원에서 돌려보낸 수십만 명의 환자들을 상대할 정신병원, 중간거주시설halfway house♦, 사회기반시설 망이 부족하다는 명백한 증거였다.

탈시설화의 물결을 선도한 항정신병약물들 중에는 당초 기대에 훨씬 못 미치는 것들이 많았다. 그것들은 정신병의 '양성' 증상(조현병 환자의 환각과 망상)을 완화할 수 있었지만, 양성 증상보다 장애

♦ 정신병, 약물중독, 알코올중독 환자들이 입원 치료 후 일상생활로 복귀하기 전, 중등도의 간호와 적응훈련을 받는 시설.

를 유발하는 경우가 더 많은 '음성' 증상(무관심, 수동성, 동기부여 및 대인

관계 능력 결핍)을 완화하는 데는 별로 도움이 되지 않는 경우가 비일

비재했다. 사실, 항정신병약물은 설사 정해진 방법대로 사용되더라

도 에너지와 활력을 낮추고 무관심을 초래하는 경향이 있었는데, 이

는 때로 견디기 힘든 부작용과 운동장애(파킨슨증, 지연성 운동이상tardive

dyskinesia 등)를 초래하여 약물 투여를 중단한 후에도 수년간 지속될

수 있었다. 어떤 때는 환자들이 의사가 처방해준 항정신병약물의 투

약을 중단했는데, 그 이유는 정신병을 단념할 의향이 없기 때문이었

다. 다시 말해서, 정신병은 그들만의 세계에 의미를 부여하고 그들

로 하여금 그 중심에 서게 하는데, 약물을 복용한다는 것은 그 세계

를 포기해야 한다는 것을 의미했기 때문이다.

따라서 항정신병약물을 처방받고 퇴원한 환자들 중 상당수가

수 주 내지 수개월 만에 다시 입원해야 하는 불상사가 벌어졌다. 나

는 그런 환자들을 수십 명 만나, 다음과 같은 결과론적인 이야기를

듣곤 했다. "브롱크스 주립병원에 입원하는 게 소풍 오는 건 아니에

요. 그러나 거리에서 굶다가 얼어죽거나 바워리가街 *에서 칼에 찔리

는 것보다는 백 번 나아요." 정신병원이란 다른 건 몰라도 보호와 안

전의 감각을 제공하는 곳으로, 한마디로 '보호수용소'였던 것이다.

1990년이 되자, 충분한 대안도 마련하지 않은 상태에서 주립

병원을 일제히 폐쇄한 것은 성급한 과잉반응이었다는 점이 더욱 명

백해졌다. 주립병원에 필요한 것은 '전격 폐쇄'가 아니라 '개선'으

◆　뉴욕시의 큰 거리로, 싸구려 술집과 여관이 모여 있다.

로, 과잉 수용, 인력 부족, 근무 태만, 잔학 행위 등을 근절하는 것이었다. 약물을 이용한 화학적 접근 방법도 필요하지만, 그것만으로는 불충분했다. 우리는 보호수용소의 긍정적 측면을 망각했거나, 그 부분에 더 이상 돈을 들일 여유가 없다고 느꼈던 것이다. 널찍한 공간 감, 공동체 의식, 작업과 놀이를 위한 장소, 사회적·직업적 기술을 서서히 배워나가는 장소—주립병원은 이 모든 것들을 제공할 준비를 갖춘 안식처safe haven였다.

◆

광기나 (정신이상자를 가두는) 정신병원을 너무 낭만화하는 우를 범해서는 안 된다. 조증, 과대망상, 판타지, 환각은 정신병에 대한 무한한 슬픔을 자아내며, 그런 슬픔은 옛 주립병원의 웅장하지만 멜랑콜리한 건축양식에 종종 반영된다. 크리스토퍼 페인의 책《수용소Asylum》에 수록된 사진들이 증명하듯, 폐허가 된 건물들은 (오늘날에는 다른 방식으로 더욱 황량해졌지만) 심각한 정신병 환자들의 고통과 그 고통을 덜어주기 위해 건설된, 한때 영웅적이었던 구조물을 가슴을 후벼 파듯 묵묵히 증언한다.

페인은 건축학 전공자일 뿐만 아니라 시적인 이미지를 만들어내는 사람으로, 그런 건물들을 찾아내 촬영하는 작업을 다년간 수행해왔다. 그 건물들은 종종 지역사회의 긍지인 동시에 불행한 사람들에 대한 인도적 보살핌의 강한 상징물이었다. 그의 사진들은 그 자체로도 아름답지만, 더 이상 존재하지 않는 공공 건축에 경의를 표하기도 한다. 그 사진들은 기념비적이고 일상적인 것, 웅장한 외관, 벗겨진 페인트칠에 초점을 맞춘다.

페인의 사진들은 엘레지적 느낌이 강한데, 특히 그런 장소에서 작업하며 생활한 경험이 있거나, 한때 사람과 생명력이 가득한 장면을 봤던 사람들에게 더욱 그러할 것이다. 황량해진 공간은 한때 그곳을 가득 메웠던 삶을 떠오르게 하므로, 텅 빈 식당은 한때 더욱 많은 사람들로 붐볐을 것이라는 상상을 자아낼 것이다. 또한 높은 창문이 달린 널따란 휴게실은 조용히 신문·잡지를 읽거나, 소파 위에서 잠을 청하거나, (완벽하게 허용되었으므로) 공간을 그저 물끄러미 응시하는 환자들을 떠올리게 할 것이다. 나는 그런 사진들을 볼 때, 떠들썩한 생활뿐만 아니라 보호를 받는 특별한 환경도 떠올린다. 애너 애그뉴가 자신의 일기장에서 언급했듯, 그곳은 미쳐도 안전한 장소, 광기가—설사 치료받지는 못할지라도—인정받고 존중받는 장소, 공동체 의식과 동료애라는 중요한 감정이 존재하는 장소였다.

◆

그렇다면 오늘날의 상황은 어떠한가? 아직 영업하는 주립병원들은 거의 텅 비었으며, 한때 수용했던 인원의 극히 일부만을 수용하고 있다. 입원한 환자들은 대부분 약물에 반응하지 않는 만성 환자나 (마음 놓고 바깥출입을 허용할 수 없는) 상습 폭력 환자들이다. 따라서 대부분의 정신병 환자들은 정신병원 외부에서 생활하고 있다. 일부는 독거 생활을 하거나 가족과 함께 살며 외래병동을 방문하고,

일부는 중간거주시설에 머물며 숙식과 약물치료를 제공받는다.

중간거주시설의 질적 수준은 매우 다양하지만 (조현병 환자인 친동생의 삶에 관해 제이 노이게보렌이 쓴 책 《로버트를 상상함Imagining Robert》에 대한 팀 파크스의 서평과, 자신이 앓은 조현병에 대해 엘린 삭스가 쓴 자전적 에세이 《통제하지 못하는 센터The Center Cannot Hold》에 대한 노이게보렌의 서평에 따르면) 최고 수준의 시설에 머무는 환자들조차 고립감을 느낄 수 있으며 최악의 경우 제대로 된 정신의학적 충고와 조언은 거의 기대할 수 없다.◇ 최근 몇십 년 동안 출시된 신세대 항정신병약물들은 효능이 향상되고 부작용이 감소했지만, 조현병의 화학적 모델과 약물학적 치료를 지나치게 강조한 나머지 정신질환의 인간적·사회적 측면을 도외시해왔는지도 모른다.

특히 탈시설화 이후 뉴욕시에서 가장 주목할 만한 곳은, 1948년 웨스트 47번가에 문을 연 파운틴하우스Fountain House다. 그곳은 뉴욕의 모든 정신병 환자들을 위한 일종의 '클럽하우스'이며, 환자들은 이곳을 자유로이 드나들며 서로 어울리거나 공동 식사를 할 수 있다. 그러나 무엇보다 중요한 것은, 물적 자원과 네트워크를 이용하여 일자리와 아파트를 구하고 견문을 넓히며 의료보험제도에 관한 정보를 얻을 수 있다는 것이다. 지금은 이와 비슷한 클럽하우스들이 많은 도시들에 설립되어 있다. 이런 클럽하우스들에는 상근 직원과

◇　어린 시절부터 줄곧 조현병을 앓아온 엘린 삭스는 맥아더 재단 펠로십MacArthur Foundation Fellowship을 수상했고, 현재 서던캘리포니아 대학교(USC)의 굴드 로스쿨 교수로 재직하며 정신건강과 법률을 전문적으로 연구하고 있다.

자원봉사자들이 활동하고 있지만, 공공기금이 매우 불충분하므로 기본적으로 민간기금에 의존한다.

◆

벨기에의 안트베르펀에서 그리 멀리 떨어지지 않은, 헤일이라는 작은 플랑드르 마을에 또 하나의 모델이 존재한다. 7세기 동안 계속되는 가운데 자연스럽고 자발적으로 생겨난 것을 '실험'이라고 부를 수 있다면, 헤일은 하나의 독특한 사회적 실험이라고 할 수 있다. 전하는 이야기에 따르면, 7세기경 아일랜드의 공주 딤프나가 아버지의 근친상간적 추행을 피해 헤일로 피신하자, 격분한 아버지가 딸의 목을 베었다고 한다. 헤일의 주민들은 그녀를 정신병자의 수호성인으로 숭배했고, 이윽고 유럽 전역의 정신병 환자들이 그녀의 유골함을 찾아 그리로 모여들었다. 13세기경 이 작은 플랑드르 도시의 가문들이 정신병자들을 위해 자신들의 가정과 마음을 개방하기 시작했고, 그 풍습이 오늘날까지 계속되고 있다. 지난 수세기 동안 하숙인을 들이거나 입양하는 것은 헤일에 사는 가문의 규범으로 확립되었다. 그리고 농번기에는 이 '손님들'이 노동력으로 환영받았다.

정신병 환자들을 받아들이는 가족들은 정부에서 약간의 보조금을 받고 있지만, 이러한 전통은 오늘날 쇠퇴하고 있다. 그러나 하숙인을 받아들이겠다는 의향을 표시하는 가족(어린 자녀들을 슬하에 둔 젊은 부부인 경우가 많다)은, 하숙인의 정신 상태나 진단명에 단서를 달지 않는다. 하숙인은 처음에 개인 자격으로 입주하지만, (대부분의 경우 그렇듯이) 원만한 인간관계가 형성되면 좋아하는 삼촌/외삼촌이나 고모/이모처럼 친근한 가족 구성원으로 자리 잡는다. 한 걸음 더 나아가, 자녀와 손주를 양육하거나 노인들을 보살피는 역할을 담당하게 될 수도 있다.

인류학자 외헤인 로선스는 3년 동안 헤일 마을을 심층적으로 연구해왔다. 그는 첫 번째 관찰 결과를 1979년《정신병 환자들이 사는 마을 헤일— 유럽 최초의 치유 공동체Mental Patients in Town Life: Geel— Europe's First Therapeutic Community》라는 책으로 발표했다. 그와 동료 연구자 리버 판 더 발러에 따르면, 헤일의 해법은 "행복하지만 고립되었던 중세 보호수용소의 단순한 잔재는 아니었다". 헤일의 시스템이 실현 가능했던 것은, 최소한 두 가지 근본적 개혁이 있었기 때문이었다. 첫 번째 개혁은, 1861년 벨기에 정부가 마을에 병원을 설립함으로써 의학적 관리감독을 도입한 것이었다. 가족이 감당할 수 없을 정도로 상태가 악화되면, 하숙인은 의학적 치료를 받을 수 있었다. 병원과 전문 의료진(정신과의사, 간호사, 사회복지사, 치료사)의 개입은 가족에게, 또 (필요할 경우) 의학적 치료에 큰 도움이 되었다. 이에 따라 헤일은 계속 번창하여 제2차 세계대전이 일어나기 전 수천 명의 정신병 환자들이 헤일에 모여든 적도 있었다.

두 번째 변화는, 지난 50년간 헤일에서 보건의료 전문가들의 영향력이 두드러지게 증가하는 가운데 일어났다. 환자의 절반 이상은 낮 동안 가족과 헤어져, 치료사와 사회복지사들의 감독 아래 직업 활동이나 주간 프로그램에 참가했다. (의도적이든 아니든, 이러한 주간 돌봄 활동day-care situation의 증가는 가족 기반 노동home-based work의 감소와 동시

에 발생했다. 왜냐하면 많은 가족들이 비농업 분야로 진출함에 따라 가족 기반 노동
이 점점 더 감소하고 있었기 때문이다.)

따라서 헤일은 2단계 시스템으로 진화했지만, 전통적 시스템
의 핵심 요소 중 상당수는 그대로 유지되었다. 로선스와 판 더 발러
에 따르면, 그중에서 중요한 것은 "혈연과 다름없는 포용과 통합, 헤
일 특유의 친절함과 광범위한 사회적 맥락, 환자의 내재적 한계 인
정, 하숙인과 가족 간의 강력한 유대 관계, 흔들리지 않는 상호충실
성, 세대가 지나도 변하지 않는 하숙인에 대한 굳은 책임감"이었다.◇
나는 몇 년 전 헤일을 방문했을 때, 손님들이 거리에서 산보하거나
자전거를 타고, 잡담을 나누고, 상점에서 일하는 광경을 목격했다.
나는 그들이 (간혹 이상한 매너리즘이나 행동을 보인다는 점을 제외하면) 하숙

◇　루선스와 판 더 발러는 그 자신들이 이 마을의 주민으로, 헤일에 펼쳐진 삶의 패브릭
　　fabric의 일부였다. 그들은 그 덕분에 저서에서 가족과 하숙인의 디테일한 초상 열아홉
　　가지를 제공할 수 있었는데, 그중 일부는 로선스가 수십 년 동안 관찰해온 터였다. 책에
　　나오는 가족과 손님들은 주인과 손님이 서로 깊이 사랑하며 돌보는 행복한 상황에서부
　　터, "어려운" 손님 때문에 유대 관계가 깨진 상황에 이르기까지 광범위한 상황을 보여준
　　다. (헤일 사람들은 "좋은" 하숙인이라는 말을 많이 쓰고 극히 예외적으로 "어려운" 하
　　숙인이라는 말을 쓰지만, "나쁜" 하숙인이나 "미친" 하숙인이라는 말은 절대 사용하지
　　않는다.) 로선스가 지적한 바와 같이, 헤일에서는 가족과 하숙인 상호 간에 (으레 그렇
　　듯) 따뜻한 인간관계가 진화하므로, "설사 매우 심각한 정신병 문제가 존재하더라도, 수
　　양부모는 손님을 포용하려고 애쓸 준비가 되어 있다".
　　그들이 소개한 열아홉 가지 사례연구는 풍부함과 상세함의 모범으로, 엄청난 가치를
　　지닌 1차 자료로 간주된다. 책의 나머지 부분에서, 그들은 정신병은 인정사정없이 진행
　　되고 악화되는 질병이라는 관념에 대한 명백한 반증을 제시한다. 그리고 가족 및 공동
　　체 생활에 효과적으로 통합될 수 있다면(나아가 병원 치료, 전문가, 그리고 필요에 따라
　　약물치료와 같은 안전망이 존재한다면), 난치병 환자처럼 보이는 사람일지라도 완전하
　　고 존엄하고 사랑스럽고 안전한 삶을 영위할 잠재력이 있다고 주장한다.

인일 거라고는 미처 생각하지 못했다. 나를 초청한 병원 관계자들은 그들을 모두 개인적으로 알고 있었으므로, 어리둥절해하는 나를 위해 한 명 한 명 지목해가며 일일이 설명해줬다. 전 세계의 정신병 환자들은 종종 고립되고, 오명을 쓰고, 따돌림을 받고, 공포의 대상이 되고, 덜 떨어진 인간으로 간주된다. 그러나 이 작은 마을에서는 어느 누구도 예외 없이 같은 인간으로 존중받으며 애정과 보살핌의 대상이 되었다.(최소한 차별 대우를 받는 사람은 없었다.)

몇몇 가족에게 그런 손님을 환영해준 이유를 묻자, 그들은 어리둥절한 표정으로 이렇게 반문했다. "그러지 못할 이유가 뭐죠?" 그도 그럴 것이, 그건 그들의 할아버지와 할머니가 영위했고, 아버지와 어머니도 따랐던 그 동네의 고유한 생활방식이었기 때문이다. 헤일 사람들은 이웃에 이런저런 정신적 문제가 있는 하숙인이 산다는 사실을 알고 있었지만, 그건 어떠한 오명을 씌울 근거가 되지 않았다. 굳이 문제 삼을 필요가 없는 '삶의 단면' 중 하나일 뿐이었다. 마치 어떤 사람이 남성 또는 여성인 것처럼 말이다.

로선스와 판 더 발러는 다음과 같이 썼다.

여러 가지 면에서 볼 때, 헤일의 거주자들 사이에는 '환자'와 보통 사람 사이의 경계선이 존재하지 않는다. 전 세계에는 정신병에 관한 편견이 널리 퍼져 있지만, 헤일 사람들 사이에서는 그 비슷한 것을 찾아볼 수 없다. 왜냐하면 그들은 대대손손 정신병 '환자'가 존재하는 상황에서 성장해왔기 때문이다. 헤일을 주목하게 만드는 것은 정상과 비정상 간의 경계가 흐릿하다는 점이 아니라, 모든 환자의 인간적 존엄성이 인정받는다는 점이다. 그러므로 환자들은 하루도 빠짐없이 가족 및 공동체 생활의 공정한 기회를 부여받는다.

19세기가 시작될 무렵, 프랑스의 정신의학 창시자 중 한 명인 필립 피넬은 새로운 혁명정부를 향해 수 세기 동안 미친 사람들을 (종종 문자 그대로) 옭아매는 데 사용된 사슬을 끊으라고 호소했고, 그와 동시에 인도주의의 물결이 전 유럽을 휩쓸었다. 그 당시 헤일은 다음과 같은 질문으로써 완벽한 본보기로 등장했다. "헤일과 같은 장소야말로 진정한 대안이 아닐까?"

◆

헤일이 독특한 예이긴 하지만, 중세의 보호수용소와 19세기의 치유적 농장 공동체에서 유래한다고 볼 수 있는 거주자 공동체들이 여럿 존재한다. 그런 공동체들은 운이 좋아 그런 곳에 갈 수 있는 극소수 환자들에게 정신병 치료를 위한 포괄적 프로그램을 제공한다. 나는 그런 곳들을 몇 군데 방문했는데, 그중에는 버크셔산맥에 있는 굴드 농장Gould Farm, 노스캐롤라이나주 애슈빌 근처에 있는 쿠퍼리스CooperRiis가 포함되어 있다. 나는 그런 곳에서 옛 주립병원 시절의 경탄할 만한 생활상을 많이 목격했다. 그런 곳에는 고프먼이 말하는 운영진과 수용자 사이의 메울 수 없는 심연이 거의 존재하지 않는다. 그곳에는 우정이 있고, 모든 사람들이 소일거리로 삼을 수 있는 일거리도 있다. 너 나 할 것 없이 소의 젖을 짜고, 옥수수를 수확해야 한다. 굴드 농장의 공동 식당에서, 나는 종종 누가 운영진이고 누가 거주자인지 구별할 수 없었다. 거주자들이 운영진이 되는 일도 잦았다. 그곳에는 공동체, 동료애, 일과 창의력을 발휘할 기회, 개성에 대한 존중이 있었을 뿐만 아니라, 적절한 심리요법과 각종 약물요법도 있었다.

그러한 이상적 환경에서, 약물요법은 차라리 부차적이다. 많은 환자들은, 비록 평생 동안 조현병과 조울증을 앓을지라도 몇 개월이나 1~2년 후 퇴원하여 더욱 독립적인 삶을 영위하거나, 직장이나 학교로 돌아가 지속적으로 낮은 수준의 지지요법과 상담요법을 받는다. 그들 중 상당수는 완전하고 만족스러운 삶을 영위하며, 가까운 시일 내에 재발을 경험하는 경우는 거의 또는 전혀 없다.

그런 거주 시설의 비용은 상당한 수준(1년에 10만 달러 이상인데, 그 중 일부는 가족이 부담하고 나머지는 개인 기부자가 부담한다)이지만, 인적 비용을 따지지 않더라도 1년간 병원에 입원하는 데 소요되는 비용에 비하면 아무것도 아니다. 그러나 미국에 '괜찮은 시설'은 한 줌에 불과하며, 그곳에 수용될 수 있는 환자는 다 합해봐야 수백 명 정도다.

나머지 환자들(본인 부담금을 지불할 형편이 안 되는 정신병 환자의 99퍼센트)은 불충분한 치료와 잠재력이 실현되지 않는 삶에 직면해야 한다. 수백만 명의 정신병 환자들은 오늘날 우리 사회에서 가장 적은 지원을 받고 가장 많은 권리를 박탈당하고 가장 많이 배제된 채 살아가고 있다. 그러나 내가 지금껏 언급한 다양한 사례들(쿠퍼리스나 굴드 농장 등의 시설에 수용된 환자들의 사례나, 엘린 삭스 등의 개인적 사례)을 감안할 때, 두 가지 분명한 사실이 있다. 첫째, 조현병을 비롯한 정신병은 끊임없이 악화되는 비가역적 질병이 아니다. (하지만 그렇게 될 수도 있다.) 둘째, 이상적인 환경에서 자원이 충분할 경우, 가장 심각한 정신병 환자(예후가 '절망적인' 환자)일지라도 만족스럽고 생산적인 삶을 영위할 수 있다.

3

◆

삶은 계속된다
Life Continues

———

거기 누구 없소?

내가 어린 시절 제일 처음 읽은 책 중 하나는 허버트 조지 웰스가 1901년에 발표한 우화 《달에 처음 간 사나이The First Men in the Moon》였다. 주인공인 케이버와 베드포드는 날이 밝기 직전, 외견상 아무것도 살지 않는 황량한 분화구에 착륙한다. 그 후 해가 떠오르자 대기가 존재한다는 사실을 깨닫고, 작은 웅덩이와 물의 소용돌이에 이어 땅 위에 흩어져 있는 작고 동그란 물체들을 발견한다. 그 물체들 중 하나가 햇빛을 쬐어 따뜻해지더니, 잠시 후 파열되며 녹색 조각을 내민다. "씨앗이다." 케이버가 말하더니 다시 부드럽게 속삭인다. "생명이로군!" 그들은 종이 한 장에 불을 붙여 달의 표면에 던진다. 종이는 타오르며 한 줄기 연기를 피워올리는데, 이는 대기에 비록 옅지만 나름대로 산소가 풍부하여 생명을 지탱할 수 있음을 시사한다.

이처럼, 웰스가 생명의 전제 조건으로 생각한 것은 물, 햇빛(에너지원), 산소였다. 나는 책의 여덟 번째 장章인 "달의 아침"을 통해 우주생물학에 첫발을 들여놓았다.◇ 태양계의 행성 중 대부분에는 생명이 살 수 없다는 것은 웰스가 활동하던 시대에도 기정사실로 받아들여졌다. 지구의 합당한 대체물은 화성밖에 없다고 간주되었는데, 그 이유인즉, 적당한 크기의 고체 행성이고, 궤도가 안정적이고, 태양에서 너무 많이 떨어져 있지 않아 표면 온도가 액체수liquid water와 양립할 가능성이 높다는 것이었다.

물과 햇빛은 그렇다 치고, 산소에 대해 생각해보자. 유리遊離 산소 가스free oxygen gas는 행성의 대기에서 어떻게 생겨날 수 있을까? 만약 엄청난 양의 산소가 지속적으로 방출되어 표면의 광물질들을 산화시키고 대기를 차지하지 않는다면, 표면에 존재하는 2가철 이온을 비롯한 '산소에 굶주린 화합물'들이 산소를 싹쓸이할 텐데 말이다.

지구에서는 그게 가능했다. 단도집입적으로 말해서, 지구의 대기에 10억 년 이상 걸린 과정을 통해 산소를 불어넣은 주인공은 남세균cyanobacteria이었다. 남세균은 광합성을 발명했다. 그리하여 태양 에너지를 이용하여 (지구의 초기 대기에 엄청나게 많이 존재했던) 이산화탄소와 물을 결합하여 복잡한 분자(포도당과 탄수화물)를 만든 다음, 저장해뒀다가 필요할 때마다 인출하여 에너지원으로 사용했다. 광합

◇   웰스가 '생명의 시작'을 생각한 책이 《달에 처음 간 사나이》였다면, '생명의 종말'을 생각한 책은 《우주 전쟁The War of the Worlds》(황금가지, 2005)이었다. 《우주 전쟁》에서, 화성인들은 화성의 수분 및 대기가 점점 더 감소함에 따라 지구를 점령하려고 필사적으로 노력한다. (그러나 결국 지구의 세균에 감염되어 멸망한다.) 생물학을 전공했던 웰스는 생명의 강인함과 취약성을 매우 잘 알고 있었다.

성 과정은 부산물로 유리 산소를 배출했는데, 아이러니하게도 이 폐기물이 장차 진화의 경로를 결정하게 됐다.

행성의 대기 속에 들어 있는 유리 산소는 생명의 확고부동한 표지marker이고, 외계 행성의 스펙트럼에서도 만약 산소가 존재한다면 당연히 검출되어야 하지만, 생명의 전제 조건은 아니다. 왜냐하면, 행성은 유리 산소 없이도 시작되며, 산소가 없어도 모든 생명체들을 머무르게 할 수 있기 때문이다. 예컨대 혐기성생물anaerobic organism은 산소가 생기기 전에 지구상에 우글거렸고, 초기 지구의 대기 속에서 안락하게 생활하며 질소를 암모니아로, 황을 이산화황으로, 이산화탄소를 포름알데히드로 전환시켰다.(미생물들은 포름알데히드와 암모니아를 이용하여 필요한 유기화합물을 뭐든 만들어낼 수 있다.)

태양계와 다른 외계에도 대기 중 산소가 없는 행성들이 존재할 수 있으며, 그런 행성에는 혐기성세균들이 우글거릴 수 있다. 그리고 혐기성세균들은 행성의 표면에 살 필요가 없으며, 지하바다와 지하호수는 말할 것도 없고 (현재 지구에서 그러하듯이) 지하 깊숙한 곳, 끓는 물이 쏟아져나오는 열수구hydrothermal vent, 황이 풍부한 온천에서도 발견될 수 있다. (목성의 위성인 유로파에는 수 킬로미터 두께의 얼음 껍질 속에 갇혀 있는 지표 밑 바다subsurface ocean가 존재하는 것으로 여겨지며, 그곳을 탐사하는 것은 금세기 우주생물학의 우선 과제 중 하나다. 그런 점에서 볼 때, 웰스가《달에 처음 간 사나이》에서 펼친 생명 탄생론은 호기심을 자아낸다. 그는 달의 한복판에 있는 바다에서 생명이 탄생한 다음, 생명이 살기 힘든 주변부로 확산된다고 상상했다.)

만족스러운 현상유지status quo가 존재한다면, 생명이 꼭 '진보'
해야 하는지, 진화가 반드시 일어나야 하는지는 명확하지 않다. 예
컨대 완족류brachiopod의 일종인 꼬리조개는 캄브리아기에 처음 나
타난 후 5억여 년 동안 사실상 변화하지 않았다. 그러나 캄브리아기
이전에 그랬던 것처럼, 최소한 환경조건이 급속히 변화할 때만큼은,
생물로 하여금 '조직성'과 '에너지 보존의 효율성'이 향상되는 방향
으로 나아가게 하는 추동력은 존재하는 것 같다. 수많은 증거들에
따르면, 지구 최초의 원시 혐기성세균은 원핵생물prokaryote이라는
작고 단순한 세포였다. 세포질cytoplasm이라는 내용물이 세포벽cell wall
에 둘러싸여 있을 뿐이었고, 설사 내부 구조가 있더라도 극히 미미
했다.

비록 원시적일망정, 원핵생물은 가공할 만한 유전 및 대사 기구
를 보유한 고도로 정교한 생물체임에 틀림없다. 가장 단순한 원핵생
물도 500개 이상의 단백질을 만들며, 그들의 DNA에는 최소한 50만
개의 염기쌍이 들어 있으니 말이다. 그러므로 원핵생물보다 훨씬 더
원시적인 생명 형태가 반드시 존재했을 것이다.

물리학자 프리먼 다이슨이 제안했던 것처럼, 원핵생물 이전에
아마도 프로게노트progenote라는 것이 있어서 대사·성장·분열을 할
수 있었지만, 정확한 복제에 필요한 유전적 메커니즘을 보유하지는
않았을 것이다. 그리고 프로게노트 이전에는 수백만 년 동안 순전히
화학적이고 전생물적prebiotic인 진화, 즉 누대eon에 걸친 포름알데히

드와 시안화물cyanide, 아미노산과 펩타이드, 단백질과 자가복제분자 self-replicating molecule의 합성이 존재했음에 틀림없다. 그런 화학반응들은 미세한 소포vesicle(또는 방울globule) 속에서 일어났을 것이며, 그 소포는 시생누대Archean 바다 해저산맥의 펄펄 끓는 열수구 근처에서 매우 상이한 온도의 액체들이 만나 형성되었을 것이다.

그러나 원핵생물은 서서히 더욱 복잡해지며(그 과정은 소름이 끼치도록 느리게 진행되었다), 내부 구조, 핵, 미토콘드리아 등을 하나둘씩 확립해나갔다. 미생물학자 린 마굴리스의 제안에 따르면, 소위 진핵생물eukaryote이라는 복잡한 생물은, 원핵생물이 다른 원핵생물을 세포의 일부로 통합하기 시작하면서 생겨났다고 한다. 통합된 생물은 처음에는 공생자symbiont였지만, 나중에 숙주의 필수적인 소기관 organelle으로 기능하게 되었다. 그 결과, 합체된 생물(숙주)은 미토콘드리아를 이용하여 본래 유해한 독소였던 산소를 활용할 수 있게 되었다.

◆

지구상의 초기 생명사에서 일어난 두 개의 현저한 진화적 변화 (원핵생물에서 진핵생물로, 혐기성생물에서 호기성생물로)가 일어나는 데는 20억 년이 족히 걸렸다. 그 이후 생명이 현미경의 수준을 넘어 최초의 다세포생물multicellular organism로 변신하는 데는 또다시 수십억 년이 걸렸다. 그러므로 만약 지구의 역사를 기준으로 판단한다면, 지구보다 젊은 행성에서 고등생물을 발견할 수 있으리라는 기대는 접어야 할 것이다. 설사 생명이 탄생한 후 모든 일이 순탄하게 진행된다 치더라도, 다세포생물이 번성하는 단계에 이르기 위해서는 수십억 년의 진화 과정이 필요하다.

더욱이 그 모든 진화 단계들(최초의 다세포생물에서 '지적이고 의식적인 존재'가 진화한 단계 포함)은 '매우 희박한 가능성'을 깨고 일어났을 것이다. 굴드는 생명의 탄생을 "눈부시게 아름다운 우연"이라고 불렀고, 도킨스는 진화를 "불가능한 산Mount Improbable 오르기"에 비유했다. 일단 탄생한 생명은 유성 충돌과 화산 폭발에서부터 전 지구적 과열과 냉각에 이르기까지, 또 진화의 막다른 골목에서부터 불가사의한 대멸종에 이르기까지 온갖 우여곡절을 겪는다. 그리하여 (일이 그 정도까지 진행될 수 있다면) 맨 마지막으로 우리 인간 같은 치명적 성향fateful proclivity의 종이 탄생한다.

지구에서 가장 오래된, 그러니까 35억 년 이상 된 암석들 중 일부에는 미화석microfossil이 포함되어 있다. 그러므로 생명은 물이 액체가 될 정도로 지구가 충분히 냉각된 지 1~2억 년 후에 지구상에 처음 나타난 게 틀림없다. 그렇게 놀랍도록 빠른 변화는, 우리로 하여금 생명은 적절한 물리화학적 조건만 주어지면 손쉽게, 어쩌면 필연적으로 발달할 것이라는 생각을 품게 한다.

그러나 '지구와 닮은' 행성이 있다고 자신 있게 말할 수 있는 사람이 과연 몇 명이나 될까? 또는 지구는 물리적·화학적·지질학적으로 독특하다고 자신 있게 말할 수 있는 사람이 있을까? 설사 다른 '거주 가능한' 행성이 존재한다고 해도, 수천 가지 물리화학적 우연과 돌발사태를 통해 생물이 등장할 확률은 과연 얼마나 될까?

이 점에 대한 의견은 극단적으로 다양하다. 생화학자 자크 모노는 생명의 등장을 "기막힐 정도로 불가능한 사건"으로 간주하며, 우주의 다른 곳에서도 일어났을 가능성이 없다고 생각했다. 그는 자신의 저서 《우연과 필연Chance and Necessity》에 이렇게 썼다. "우주는 생명을 잉태하지 않았다." 또 다른 생화학자 크리스티앙 드 뒤브는 모노의 견해에 이의를 제기했다. 그는 생명의 기원은 수많은 단계들에 의해 결정되며, 그중 대부분은 "일반적인 조건하에서 발생할 가능성이 매우 높다"고 본다. 드 뒤브는 한 걸음 더 나아가 우주 전체에는 단세포생물들만 있는 게 아니라, 복잡한 지적 생명체들이 수조 개의 행성에 널려 있다고 믿는다. 이처럼 완전히 상반되면서도 이론적으로 방어 가능한 입장 중에서, 우리는 어느 편에 서야 할까?

어쩌면 지구의 생명은 다른 곳에서 유래했을 수도 있다. 우리는 아폴로계획에서 회수된 샘플들로부터, 달의 표면에는 초기 지구 및 화성에서 날아온 유성들이 상당히 많다는 사실을 알고 있다. 그렇다면 지구의 초기에도 화성으로부터 수천 개의 화석이 날아왔음에 틀림없다. 1871년 켈빈 경이 "씨를 품은 운석"이라는 관념을 제시했고, 그로부터 몇 년 후에는 스웨덴의 화학자 스반테 아르헤니우스가 우주 공간을 자유로이 떠다니는 포자들이 다른 행성에 생명의 씨를 뿌린다는 개념을 상정했다. 아레니우스의 아이디어는 한 세기 이상 타당하지 않다고 간주되었지만, 20세기에 들어와 프레드 호일과 프랜시스 크릭 그리고 레슬리 오겔이 범종설panspermia(외계 생명체 유입설)을 주장하면서 다시 한번 논의 주제로 부상했다. 범종설의 이론적 근거는, 상당히 큰 유성의 경우 내부 온도가 살균온도까지 상승하지 않으므로, 세균의 포자나 기타 저항성 있는 형태가 열熱은 물론 방사선으로부터 보호받아 생존할 수 있다는 것이다. 지금으로부터 40억 년 전의 운석대충돌기Heavy Bombardment 동안, 유성들은 사방팔 방에서 융단폭격을 가해왔다. 그 와중에서 화성과 금성은 물론 지구의 파편이 우주 공간으로 튀어나갔을 텐데, 그 기간에는 화성과 금성이 지구보다 생명에 더 호의적이었다.

우리는 다른 행성이나 천체에 생명이 존재한다는 확고한 증거가 필요한데, 화성은 가능성이 상당히 높은 후보에 속한다. 그곳은 한때 온난 습윤했고, 호수와 열수구가 있었으며, 아마 점토와 철광석도 매장되어 있었을 것이다. 만약 화성 탐사에서 한때 생명이 존재했었다는 증거가 발견된다면, 그게 화성에서 탄생한 것인지, 아니면 젊고, 생명이 우글거리고, 화산이 많은 지구에서 (곧바로 생명이 될 가능성을 품고서) 날아온 것인지를 밝혀내야 한다. 만약 화성의 생명체가 독립적으로 탄생한 (예컨대 우리와 다른 DNA 핵산을 갖고 있었던) 것으로 밝혀진다면, 그건 믿을 수 없을 만큼 놀라운 발견이 될 것이다. 왜냐하면 우리는 우주관을 바꿔, 우주를 (물리학자 폴 데이비스의 표현을 빌리면) "생물친화적인" 것으로 인식하게 될 테니 말이다. 또한 우리는 필연성과 유일무이함이라는 극단론에 사로잡혀 탁상공론을 하는 대신, 어딘가 다른 곳에서 생명체가 발견될 확률을 계산하게 될 것이다.

◆

지난 몇십 년 동안, 지구에서는 지금껏 미처 생각하지 않았던 곳에서 생명이 발견되어왔다. 그중 대표적인 것은 심해에 존재하는 블랙스모커black smoker♦라는 곳인데, 그곳은 한때 생물학자들이 완전히 치명적인 환경으로 치부하던 장소였다. 생명은 우리가 한때 생각했던 것보다 훨씬 더 강인하고 회복력이 뛰어나다. 미생물이나 그 유해가 화성에서, 그리고 어쩌면 목성과 토성의 위성 중 일부에서도 발견될 가능성은 상당히 높아 보인다.

최소한 태양계에서는 지능을 가진 고등생명체의 증거가 발견될 가능성이 극히 희박해 보인다. 그러나 누가 알겠는가? 무한히 넓고 오래된 우주, 그 속에 포함되어 있는 무수한 항성과 행성, 생명의 기원과 진화에 대한 불확실한 지식을 감안할 때, 그럴 가능성을 결코 배제할 수는 없다. 그리고 진화 과정과 지구화학적 과정의 속도는 믿을 수 없을 만큼 느리지만, 과학기술의 발달 속도는 믿을 수 없을 만큼 빠르다. 향후 수천 년 동안, 만약 그때까지 인간이 살아남아 있다면, 인간이 할 수 없는 일과 발견하지 못할 것은 아무것도 없을 것이다.

나로 말하자면, 성격이 급해서 간혹 과학소설을 들여다본다. 그러고는 특히 내가 제일 좋아하는 웰스의 소설책을 들춰보게 된다. 비록 100년도 더 전에 쓰였지만, "달의 아침"에는 신새벽의 신선한 느낌이 오롯이 담겨 있어, 나는 그 부분을 읽을 때마다 맨 처음 읽었

♦   해저의 지각 속에서 마그마가 식어서 굳어질 때 분출되는 고온(300℃ 이상)의 수용액
    이 바닷물과 반응하여 검은 연기처럼 솟아오르는 것을 말한다. 이때 고온의 수용액에
    녹아 있는 광물의 종류에 따라서 그 색깔이 흰색으로 되는 것도 있는데, 이것은 화이트
    스모커white smoker라고 부른다.

거기 누구 없소?

을 때 품었던 무척 시적인 생각을 떠올리곤 한다. '마침내 외계 생명
체를 만난다면 어떤 기분일까?'

청어 사랑

근년近年 6월의 어느 날 오후 5시 45분, 뉴욕의 도심과 외곽 사이의 중간 지대에 위치한 로저 스미스 호텔 16층에 있었던 사람이라면 누구나 복도에서 서성이는 '아리송한 집단'을 목격했을 것이다. 그 집단은 브루클린 출신의 건축 노동자 한 명, 프린스턴의 수학 교수 한 명, 아루바*에서 온 커플, 아기띠로 가슴에 아기를 안은 아빠 한 명, 로어이스트사이드에서 온 예술가 한 명으로 구성되어 있었다. 그런 외견상 무작위적인 집단이 형성된 이유를 대번에 납득하기는 힘들었다. 그러나 업무용 승강기의 문이 열리는 순간, 오해의 여지가 없는 향香이 결정적인 단서를 제공했을 것이다. 5시 59분에는 거의 예순 명의 사람들이 복도에 모였다.

마침내 6시가 되어 이벤트룸으로 들어가는 문이 열리자, 군중

---

* 카리브해 남부에 위치한 국가로, 네덜란드 왕국 내 자치 국가의 지위를 갖고 있다.

이 우르르 행사장으로 몰려들어갔다. 방 한복판에는 제단이 하나 놓여 있고, 조명을 밝히고 천을 씌워놓은 제단 위에는 거대하고 눈부신 얼음 덩어리가 올려져 있었다. 제단 위에는 네덜란드에서 방금 공수된, 그해에 처음으로 잡은 신선한 청어 수백 마리가 빼곡히 놓여 있었다. 이것은 청어의 신 클루페우스Clupeus에게 바쳐진 제단으로, 전 세계의 청어 애호가들이 매년 늦은 봄에 그를 위해 축제를 연다.

대구, 뱀장어, 참치만 개별적으로 다룬 책들은 많이 나와 있지만, 청어에 대한 책은 거의 찾아보기 힘들다. {단, 마이크 스마일리가 쓴 《청어—은빛 사랑의 역사Herring: A History of the Silver Darlings》와 W. G. 제발트가 쓴 《토성의 고리The Rings of Saturn》(창비, 2011)의 3장 "청어의 자연사自然史에 대하여"는 예외다.} 그러나 청어는 인류의 역사에서 큰 역할을 수행했다. 중세 시대에는 한자동맹*에서 신중한 등급 평가를 통해 가격이 산정되었고, 발트해와 북해의 어업을 부양하다가 나중에는 뉴펀들랜드와 태평양 연안까지 그 범위가 확장되었다. 청어는 지구상에서 가장 흔하고 저렴하고 맛있는 물고기 중 하나로, 무궁무진한 방법으로 가공·조리할 수 있다. 양념을 하거나, 식초나 소금에 절이거나, 발효하거나, 훈제하거나, 또는 더없이 훌륭한 홀란서 뉴어 Hollandse Nieuwe**처럼 바다에서 직접 가공한다. 청어는 최고의 건강 식품 중 하나로 오메가-3 지방산이 풍부하고, 참치나 황새치와 같은 대형 포식자에게 축적되는 수은이 없다. 몇 년 전 세계 최고령자

◆　13~15세기에 독일 북부 연안과 발트해 연안의 여러 도시 사이에 이루어진 도시 연맹. 해상 교통의 안전 보장, 공동 방호, 상권 확장 따위를 목적으로 했다.

중 한 명인 114세의 네덜란드 여성은 장수 비결로 '매일 식초에 절인 청어 먹기'를 꼽았다. (참고로, 텍사스에 사는 114세의 여성은 '남의 일에 참견하지 않기'를 장수의 비결로 꼽았다.)

청어과Clupeidae는 대서양청어인 클루페아 하렝구스_Clupea haren gus_에서부터 정어리(영국에서 인기가 좋고, 종종 토마토소스를 곁들여 먹는다), 스프랫sprat(청어과의 작은 물고기로, 훈제하여 뼈째 통째로 먹는 게 최고다)에 이르기까지, 크기와 맛이 다른 수많은 종種으로 구성되어 있다. 내가 영국에서 성장하던 1930년대에, 우리 가족은 청어를 매일 먹다시피 했다. 아침에는 훈제 청어(키퍼kipper 또는 블로터bloater♦♦♦)를 먹었고, 점심에는 어머니가 제일 좋아하는 청어 파이를 먹었고, 티타임에는 토스트에 튀긴 청어알을 얹어 먹었고, 저녁에는 잘게 썬 청어를 먹었다. 그러나 언제부턴가 시대가 변해, 청어는 더 이상 아침상과 저녁상에 매일 오르지 않는다. 특별하고 즐거운 행사가 열리지 않으면, 나를 비롯한 청어 애호가들이 함께 모여 청어의 진미를 맛볼 기회가 없다.

청어와 관련된 위대한 전통의 맥을 잇는 곳은 휴스턴 스트리트에 있는 러스앤드도터스Russ & Daughters라는 식료품점이다. 지금으로부터 1세기도 더 전에 로어이스트사이드에서 행상으로 출발하여,

---

♦♦ '네덜란드에서 새로 잡은 청어'라는 뜻의 네덜란드어로, 네덜란드에서 청어잡이 시즌이 시작되는 초반에 잡힌 청어를 말한다. 청어는 북해에서 1년 내내 잡히는 생선이지만, 늦봄에 잡은 청어가 특히 지방질이 많고 맛도 우수해 '홀란서 뉴어'라고 따로 불리게 되었다.

♦♦♦ 키퍼와 블로터는 둘 다 소금에 절인 훈제 청어이지만, 전자는 머리부터 꼬리까지 길게 갈라 내장을 제거하고 후자는 통째로 훈제한다는 차이가 있다.

지금까지도 뉴욕에서 가장 다양한 청어를 판매하는 곳이다. 최근 열린 청어 축제를 주관한 것도 러스앤드도터스였다.

사람들이 순진무구하고 천진난만한 열정이라고 부르고 싶어하는 종류의 열정이 있다. 그런 열정은 위대한 민주화를 이루어내는 것들이다. 문득 야구, 음악, 탐조 활동bird-watching이 떠오른다. 청어 축제에서는 그 흔한 주식시장 이야기도 없고 유명 인사에 대한 가십도 없다. 사람들은 청어를 먹고, 그 풍미를 즐기며, 품평회를 하기 위해 그 자리에 왔을 뿐이다. 가장 순수한 형식에서, 청어 축제란 햇청어의 꼬리를 잡은 다음 입속으로 부드럽게 집어넣는 것을 말한다. 그런 행동은 관능적인 느낌을 주며, 특히 청어가 목구멍으로 스르르 미끄러져 내려갈 때는 더욱 그러하다.

참석자들은 맨 처음에 이벤트룸 한복판에 놓인 커다란 테이블, 햇청어로 뒤덮인 제단 주위를 에워쌌다. 이 청어들을 아쿠아비트aquavit◆를 곁들여 먹어치우고는, 여러 개의 작은 테이블들로 자리를 옮겼다. 테이블 위에는 마트예스 청어matjes herring◆◆, 와인소스를 곁들인 청어, 크림소스를 곁들인 청어, 비스마르크 청어◆◆◆, 머스터드소스를 곁들인 청어, 카레소스를 곁들인 청어, 아이슬란드에서 갓 공수된 통통한 슈몰츠 청어schmaltz herring◆◆◆◆가 수북이 놓여 있었다.

◆   스칸디나비아산 투명한 증류주로 식전 반주용.
◆◆   홀란서 뉴어 중에서도 어린 청어를 뜻하며, '처녀'를 뜻하는 네덜란드어 마흐트maagd에서 유래했다.
◆◆◆ 얇게 포를 뜬 신선한 발트해 청어를 식초에 절인 것.
◆◆◆◆   산란 직전의, 기름이 오른 청어.

모든 것은 그 자리에

기름지고 짭짤한 슈몰츠 청어는 발트해를 떠난 후 20년간 보존될 수 있어, 흑빵♦♦♦♦♦, 감자, 양배추와 함께 동유럽 전체에 흩어져 살던 가난한 유대인들의 주식이었다. 리투아니아에서 태어난 내 아버지에게는 슈몰츠 청어와 비교할 만한 게 아무것도 없었고, 아버지는 이 음식을 평생 동안 하루도 빠짐없이 먹었다.

두 시간 동안 먹고 마시며 즐거운 시간을 보낸 후, 8시쯤 되자 축제의 분위기가 어수선해졌다. 천천히, 청어 애호가들은 하나둘씩 호텔을 떠났고, 그러면서도 여전히 함께 온 친구들과 어떤 청어가 제일 맛있었는지 의견을 나눴다. 그들은 렉싱턴 애비뉴를 한가로이 거닐었다. 사람들은 그런 성찬을 즐기고 나면 서두르지 않는다. 실로, 세계관이 바뀌어버리고 만다. 그중 일부는 뉴요커이므로 조만간 러스앤드도터스에서 다시 만날 수도 있겠지만, 원근 각지에서 온 다른 사람들은 그러지 못할 것이다. 그들은 다 이루었다는 만족감으로 숙면을 취한 후에, 이듬해에 열릴 청어 축제를 손꼽아 기다리기 시작할 것이다.

♦♦♦♦♦ 호밀로 만든 빵.

다시 찾은 콜로라도스프링스

콜로라도스프링스 공항에서 나를 태운 리무진 기사는 최종 목적지인 브로드무어 호텔로 향하고 있다. 나는 그곳에 대해 아는 게 전혀 없지만, 그는 다분히 존경 또는 경외의 마음을 담아 그 이름을 발음한다. "전에 거기 묵어본 적 있으세요?"

"아뇨." 내가 콜로라도스프링스를 처음 방문한 것은 1960년대로, 나는 그 당시 등에 침낭을 맨 채 모터사이클을 타고 전국을 지그재그로 누비고 있었다고 말한다. 그는 내 말을 곱씹더니 이렇게 말한다. "브로드무어! 정말 화려한 곳이죠."

사실이 그렇다. 3000에이커의 땅에 자리 잡은 브로드무어는 실로 허스트캐슬Hearst Castle♦에 견줄만한 곳이다. 부지 내에 하나의 호

♦ 건축가 줄리아 모건의 설계로 1919년 착공하여 1947년 완공된, 언론 재벌 윌리엄 랜돌프 허스트의 개인 주택.

수와 세 개의 골프 코스가 있고, 침실마다 (모조품이긴 하지만) 사주식四柱式 침대가 놓여 있으며, 제복을 입은 종업원들과 매력 넘치는 남녀 도우미들이 고객의 생각과 행동을 읽어 의자를 대령하거나 문을 열거나 식사 메뉴를 제안한다. 나는 문득 "이런 과잉 서비스의 끝은 어디일까?"라는 의문을 품는다. 만약 내가 재채기를 할라치면, 상냥하고 예의 바른 도우미들 중 한 명이 내 코밑에 티슈를 들이댈까? 나는 그런 극진한 시중이 부담스러우며, 조용히 내 볼일을 보고, 내가 직접 문을 열고, 내 손으로 의자를 끄집어내고, 내 코는 내가 푸는 편이 좋다.

나는 객실에서 나와 한 레스토랑의 테라스에 앉아 있다. 이곳은 격식을 따지지 않는 레스토랑으로, 듣기로는 '간단한' 스낵만 내놓는다고 한다. 잠시 후, 나는 맑고 아름다운 하늘을 배경으로 우뚝 솟은 눈 덮인 샤이엔산을 바라보며, 자그마치 내 머리통만 한 치킨 샌드위치를 먹고 있다. 내 머리 위로는 한 대의 비행기가 거의 수직으로 날아올라, 두 개의 비행운을 꼬리에 매달고 있다. 나는 그 비행기가 인근의 공군사관학교에서 날아왔을 거라고 생각한다. 그도 그럴 것이 민간항공기가 그렇게 급상승할 수 있을 리 만무하기 때문이다. 나는 문득 1960~1961년의 기억을 더듬는다. 나는 그때 모터사이클로 미국 전역을 헤집고 다니다, 콜로라도스프링스에 자리 잡은 공군사관학교의 부속 예배당을 특별히 방문한 적이 있었다. 그곳은 인상적인 삼각형 모양의 건물로, 뾰족한 지붕 끝이 마치 하늘을 찌르는 것 같았다.

나는 그때 스물일곱 살로, 몇 달 전 북아메리카에 도착하여 히

치하이킹으로 캐나다를 가로지른 후 캘리포니아로 내려와 있었다. 나는 전후戰後 런던에서 학교를 다니던 열다섯 살 시절부터 줄곧 캘리포니아와 사랑에 빠져 있었다. 캘리포니아는 존 뮤어♦, 뮤어 숲, 데스밸리, 요세미티, 앤설 애덤스의 빼어난 풍경 사진, 앨버트 비어슈타트의 서정적 그림으로 대표되었다. 또한 캘리포니아는 해양생물학, 몬터레이, 그리고 스타인백의 《통조림공장 골목Cannery Row》(문학동네, 2008)에 나오는 낭만적인 해양생물학자인 '닥Doc'을 떠오르게 했다.

그 당시 미국이 나에게 의미했던 것은 단순한 물리적 광대함이 아니라, 도덕적 관대함과 개방성이었다. 영국에서는 사람이 입을 열자마자 노동자·중산층·상류층으로 분류되어, 다른 계층에 속하는 사람들과 섞이거나 편안히 동거할 수 없었다. 그러한 시스템은 암묵적임에도 불구하고 인도의 카스트제도만큼이나 엄격하고 서로 넘나들 수 없었다. 그에 반해 미국은 계급이 없는 사회로, 모든 사람들

♦ 존 뮤어(1838~1914)는 1838년 스코틀랜드 던바에서 태어나 1849년 미국으로 이주한 뒤 성인이 될 때까지 위스콘신주의 킹스턴에서 살았다. 위스콘신 대학에서 몇 년간 공부하다가 '인간이 만든 대학'을 마치지 않고 29세에 접어든 1867년, "뒷마당의 울타리를 뛰어넘어 자연이라는 대학"에 들어갔다. 1868년 네바다·유타·오리건·워싱턴·알래스카 등을 탐사 여행하면서 빙하와 숲을 관찰한 뒤, 요세미티 계곡의 장관이 빙하의 침식에 의해 만들어진 것임을 입증했다. 1892년 현재 60만 회원을 가진 환경보호단체 '시에라 클럽'을 만들어 죽을 때까지 회장으로서 임무를 다했다. 시에라 클럽 회원들과 함께 국립공원 지정을 위해 시어도어 루스벨트 대통령을 요세미티로 초청하는 등 많은 노력을 기울였으며, 그 결과 요세미티, 그랜드캐니언 등 많은 곳이 국립공원으로 지정되어 지금까지 잘 보전되고 있다. 자세한 내용은 안드레아 울프의 《자연의 발명》(생각의힘, 2016)을 참고하라.

이 출생·피부색·종교·교육·직업과 무관하게 동등한 인류와 동포의 자격으로 만날 수 있고, 대학교수와 트럭 운전사가 격의 없이 대화할 수 있는 곳이라는 생각이 들었다.

　나는 1950년대에 모터사이클을 타고 영국을 방랑할 때 그런 민주주의와 평등을 힐끗 맛보았다. 심지어 경직된 영국 사회에서도, 모터사이클은 장벽을 무너뜨리고 모든 사람들의 사교성과 선량한 본성을 열어주는 듯했다. 누군가가 다가와 "멋진 바이크네요!"라고 말 거는 것을 시작으로, 꼬리에 꼬리를 무는 대화가 진행되기 십상이었다. 어린 시절 아버지가 모터바이크를 소유하고 있을 때도 그런 장면을 목격하곤 했는데(그때 아버지는 모터바이크 옆에 달린 사이드카에 나를 태웠다), 내가 모터사이클을 장만했을 때도 동일한 경험을 했다. 바이커들은 우호적이었고, 길에서 지나칠 때는 서로 손을 흔들었으며, 카페에서 만나면 편안한 대화를 나눴다. 우리는 거대하고 경직된 사회 안에서 낭만적이고 계급 없는 소규모 사회를 형성했다.

◆

　나는 1960년에 임시 비자를 소지하고 샌프란시스코에 도착했는데, 걸치고 있던 옷 말고는 거의 아무것도 소유하고 있지 않았다. 나는 8개월을 기다려 영주권을 발급받은 후, 샌프란시스코에서 인턴 생활을 시작했다. 나는 그때 미국 전체를 되도록이면 생생하고, 직접적이고, 간섭받지 않는 방법으로 둘러보고 싶었는데, 내 생각에 그게 가능한 유일한 여행 수단은 모터바이크였다. 나는 약간의 돈을 빌려 구식 BMW를 구입하고, 침낭 하나와 노트 여섯 권만 챙겨 '광대한 미국'을 만나는 여행길에 올랐다. 나는 루트 66$^\blacklozenge$을 타고 캘리포니아, 애리조나, 콜로라도 등을 누볐는데, 내가 1961년 초 콜로라도스프링스를 지나다 공군사관학교를 구경한 것도 바로 그때였다.

감수성이 예민한 나의 눈에, 공군사관학교는 젊고 이상주의적인 간부 후보생과 영웅 들로 가득 찬 전당처럼 보였다. 나는 몇 개월 전 캐나다 공군Royal Canadian Air Force(RCAF)에 지원한 적이 있었는데, RCAF는 내가 생리학 연구원으로 근무하기를 바랐고, 나는 조종사가 되기를 원했다. 비행은 나에게 여전히 동경의 대상이었다. 내가 생각하는 비행사는 고글과 가죽 헬멧과 두꺼운 가죽 항공 재킷을 착용하고, 마치 생텍쥐페리처럼 황홀감을 만끽하며 위험에 직면하는 (그리고 어쩌면 그와 마찬가지로 젊어서 죽을 운명의) '공중의 바이커'였다.

그래서 나는 젊은 사관생도들—그들의 젊음, 열망, 낙관론, 이상주의와 나를 동일시했다. 그것은 미국에 대한 내 오염되지 않은 비전의 일부였고, 나는 그동안 품어왔던 미국에 대한 환상이 깨지지 않은 상태에서 미국을 처음 만난다는 기대감에 한껏 부풀어 있었다. 내가 꿈꾸었던 미국은 드넓은 공간과 산맥과 협곡이 널려 있고, 유럽에서는 이미 찾아볼 수 없는 젊음·순진무구함·천진난만함·강력함·개방성이 가득하며, 억세게 운 좋게도 위대하고 젊은 대통령이 방향키를 잡고 있었다.

$\blacklozenge$　미국 최초의 대륙 횡단 도로로, 동부의 시카고에서 서부의 LA까지 이어지는 3943킬로미터의 도로.

내가 많은 방면에서 마법과 환상에서 깨어나는 데는 오랜 시간이 필요하지 않았다. 케네디의 죽음은 거의 실제적인 통증을 초래할 정도였다. 그러나 내가 열정과 희망과 낙관으로 가득 찬 스물일곱 살 청년이던 1961년 봄, 콜로라도스프링스에서 바라본 공군사관학교의 비전은 내 심장을 자극하여 기쁨과 자긍심으로 쿵쾅거리게 만들었다.

그로부터 43년이 지난 지금, 안락하고 고급스런 '거짓 에덴'에 앉아 그때의 느낌을 떠올린다고 생각하니 생뚱맞기 짝이 없다. (그러나 모든 것을 내팽개치고 젊은 날의 자아로 되돌아갈 수도 없는 노릇이다.) 내가 의자에서 살짝 움직였을 뿐인데, 텔레파시 능력자인 웨이터가 내게 맥주 한 잔을 더 가져온다.

공원의 식물학자들

뉴요커들이 토요일 아침에 벌이는 이상한 짓들에는 끝이 없다. 최근 10여 명의 사람들이 파크 애비뉴의 거대한 철도 구조물에 바짝 달라붙어, 확대경과 단망경monocular으로 석재石材의 미세한 틈새를 관찰하는 진풍경이 벌어졌을 때, 그들과 충돌을 피하기 위해 속도를 늦춰야 했던 운전자들은 적어도 그렇게 생각했음이 틀림없다. 지나가던 행인들은 물끄러미 바라보다 질문을 던지거나 심지어 사진을 찍기도 했다. 경찰들은 순찰차를 멈추고 의심스럽거나 당혹감이 어린 눈초리로 주시하다, 나를 포함한 상당수의 사람들이 착용한 티셔츠에 시선을 집중했다. 티셔츠에는 "미국양치식물협회 American Fern Society(AFS)"또는 "양치식물fern은 펀타스틱ferntastic하다"는 구호가 아로새겨져 있었다. 우리는 미국양치식물협회American Fern Society(AFS) 모임을 갖기 위해 모여 있었고, 그날 아침에는 토리식물학회Torrey Botanical Society와 연합하여 '토요일 아침의 양치식물 탐사 여행'을 하던 중이었다. 그 탐사 여행은 한 세기 이상의 유구한 전통을 지녔고, 좀 더 전원적인 곳에서 진행되는 것이 상례지만, 이번에는 파크 애비뉴의 구름다리를 넘어갈 계획이 없었다. 왜냐하면 그곳에는 균열과 부스러진 모르타르가 많아, 틈새에서 자라나는 건생 양치식물xerophytic fern을 관찰하기에 안성맞춤이었기 때문이다. 건생 양치식물은 대부분의 양치식물과 달리, 오랜 건기를 견디다 비가 한바탕 퍼부은 후에 회생할 수 있다.

AFS는 아마추어 협회로, '아마추어와 박물학자의 시대'로 불리는 빅토리아 시대에 창립되었다. 우리의 롤모델은 찰스 다윈이며, 회원 중에는 시인 한 명, 학교 선생님 두 명, 자동차 정비공 한 명, 신경과의사 한 명, 비뇨기과의사 한 명을 비롯한 다양한 사람들이 있다. 남녀 구성 비율은 비슷하고, 연령 분포는 스무 살에서 여든 살에 이르기까지 매우 다양했다. 우리 말고도 그날 아침 모인 양치식물 애호가pteridophile들 중에는 토리식물학회 소속의 젊은 커플 하나, 두 명의 이끼 애호가bryophile가 포함되어 있었다. 토리식물학회는 AFS보다 불과 몇 년 앞서 1860년대에 창립된 식물학자와 아마추어의 모임이다. 그 협회의 주된 관심사는 이끼류, 우산이끼류liverwort, 지의류이므로, 우스갯소리로 "양치식물 애호가 그룹 중에서도 '슬럼가'에 속한다"는 말을 듣고 있다. 그 사람들이 보기엔 양치식물은 좀 너무 현대적이고, 진화적으로 너무 진보되었다. 우리가 보기에 꽃식물이 그런 것처럼 말이다.

사람들은 양치식물이 섬세하고 수분을 좋아한다고 여기는 경향이 있으며, 실제로 상당수의 양치식물이 그러하다. 그러나 개중에는 '지구 최고의 터프가이'들도 있다. 양치식물은 말하자면, 새로운 용암이 흐르는 곳에서 언제나 제일 먼저 싹을 틔우는 식물로 정평이 높다. 그도 그럴 것이 지구의 대기는 양치식물의 포자로 가득 차 있기 때문이다. 파크 애비뉴의 구조물에서 가장 흔히 발견되는 보오드시아 옵투사*Woodsia obtusa*의 경우, 포자낭sporangium 하나당 64개의 홀씨를 갖고 있으며, 모든 개체의 엽상체frond 밑에 수천 개의 포자낭을 갖고 있다. 그러므로 보오드시아 하나가 품고 있는 포자의 수를 헤아려 본다면, 족히 백만 개는 될 것이다. (어쩌면 그보다 많을 수도 있다.) 포자 하나를 적당한 땅에 내려놓으면 왜 양치식물을 식물계의 대단한 기회주의자라고 하는지 알게 될 것이다. 실제로 화석 기록을 살펴보면 '양치식물 급증fern spike'이라는 현상이 나타나는데, 이는 백악기 후기의 대멸종으로 인해 지구상의 식물과 육상동물이 대부분 멸종했을 때 양치식물의 형태로 나타난 생명체의 폭발적 귀환을 잘 설명해준다.

그날 아침의 모임을 지휘한 사람은 뉴욕식물원의 젊은 식물학자이자 양치식물 전문가 마이클 선듀와 식물 일러스트레이터 엘리자베스 그리그스였다. 우리는 구조물의 서쪽(이곳은 아침에 응달이 져 있다)에서 시작하여, 파크 애비뉴를 따라 차량 행렬을 거슬러올라갔다. 양치식물 탐사 여행의 초대장에는 "식물 탐사는 자기 책임하에!"라고 적혀 있었다.

"이곳은 배우체gametophyte의 이상적인 서식지입니다." 선듀가 말했다. "비가 내린 후 가느다란 개울물이 흘러내려 모르타르를 녹이면, 석회를 잘 견뎌내는 보오드시아에게 이상적인 배지medium가

형성되거든요." 그는 이끼 바닥 위에서 작은 심장 모양의 배우체 하나를 발견했다. 그것은 엽상체가 없어서 전혀 양치식물처럼 보이지 않았다. 그보다는 우산이끼와 훨씬 더 비슷했으므로, 이끼 애호가 커플의 마음을 설레게 만들었다. 그러나 배우체는 양치식물의 생식 주기에서 핵심적인 중간 단계로서 표면에 암수의 기관을 갖고 있으며, 수정되고 나면 두 개의 작은 엽상체(새로운 양치식물)가 돋아난다. 선듀는 한 성체 보오드시아에서 작고 까만 우산 모양의 구조를 가리켰는데, 그것은 포막indusia으로서 포자낭을 보호하는 역할을 수행한다. 포자낭이 포자를 퍼뜨릴 시기가 되면 기발한 새총catapult 메커니즘이 활성화되어, 포자를 산들바람 속으로 발사한다. 포자는 공기 중에 떠 있는 상태로 무려 수 킬로미터를 비행한다. 그러다가 어딘가 촉촉하고 적절한 장소에 착륙하면, 배우체로 성장하여 생활주기를 이어나간다.

선듀는 자신의 머리 위로 손을 높이 치켜들어, 거대한 보오드시아종種 하나를 가리켰다. 바위에 달라붙어 있었는데, 길이가 180센티미터쯤 돼 보였다. "저건 나이가 많이 들었어요." 그는 말했다. "어떤 종들은 수명이 매우 길답니다." 누군가가 양치식물의 나이를 어떻게 알 수 있는지 묻자, 그는 잠시 머뭇거렸다. 그의 답변은 명확하지 않았다. 왜냐하면 양치식물은 식량이 다 떨어질 때까지 성장하는 경향이 있지만, 경쟁자에게 밀려날 수도 있고, (보오드시아에게 조만간 들이닥칠 운명처럼) 너무 무거워서 땅바닥으로 떨어질 수도 있기 때문이다. 어떤 식물원에는 백 살이 넘은 거대한 양치식물도 존재한다고 한다. 우리처럼 고도로 분화分化한 생명 형태들과 달리, 양치식물에게는 죽음이라는 개념이 내장되어 있지 않다. 우리는 텔로미어 telomere라는 시계, 변이mutation라는 부채liability, 수명이 다 되면 멈추는 대사metabolism를 갖고 있다. 그러나 양치식물의 세계에도 청춘은 분명히 있는 듯, 젊은 보오드시아는 나이든 보오드시아보다 매력적이다. 젊은 그들은 어린 양배추 잎처럼 생기발랄하고, 아기 발가락처럼 조그마하며, 매우 부드럽고 연약하다.

93번가에서부터 104번가 사이에는 보오드시아밖에 없었지만, 다음 블록으로 넘어가자 습지 환경과는 전혀 상관없는 곳임에도 불구하고, 습지에 서식하는 것으로 알려진 처녀고사리Thelypteris palustris 를 발견할 수 있었다. 처녀고사리는 지면보다 2.5미터 높은 담벼락에 자리 잡고 있었다. 선듀는 체조 선수처럼 뛰어올라, 엽상체 하나를 잽싸게 낚아챈 후 사뿐히 착지했다. 우리는 그것을 돌려보며 고배율 렌즈로 관찰하는가 하면, 스위스 군용 칼을 이용하여 관다발 vascular bundle을 절개했다.

속씨식물에 빠삭한 토리식물학회의 한 여성이 처녀고사리 근처에서 꽃식물 하나를 발견했는데, 그것은 끈끈한 백색 수지resin를 줄줄 흘리고 있었다. "저건 락투아속Lactua 식물이에요." 그녀는 말했다. "상추의 친척뻘이죠." 나는 '상추'라는 단어를 듣고 해양생물학 시절의 추억을 더듬다, 갑자기 갈파래Ulva lactua를 기억해냈다. 갈파래는 식용 해조류의 일종으로, 맛과 모양이 상추 잎과 비슷하다고 해서 종종 바다상추sea lettuce라고도 불린다. 또한 나는 락투아카리움lactuacarium이라는 오래된 단어도 생각해냈는데,《옥스퍼드 영어사전》에는 "다양한 상추에서 나오는 농축액으로, 약물로 사용됨"이라고 정의되어 있다.

지금까지 언급한 이름들은 너무 매력적이어서 거부할 수 없지만, 다음에 언급할 것은 다분히 신경을 거스르는 듯했다. 104번가와 105번가 사이의 구조물은 차꼬리고사리spleenwort의 친척뻘인 아스플레니움 플라티네우론Asplenium platyneuron으로 빽빽이 뒤덮여 있었다. 지금껏 이 지역에는 아스플레니움이 매우 드물었다고 선듀는 말했다. "그러나 요즘은 북쪽과 동쪽으로 퍼져나가고 있어요." 식물이 새로 이동하는 것은 호의적인 서식지가 새로 생겨났기 때문이다. 뉴욕의 바위들은 산성화되는 경향이 있는데, 이것은 알칼리성을 좋아하는 양치식물에게 적대적이지만, 모르타르로 만들어진 인공 구조물은 석회를 좋아하는 식물에게 피난처를 제공할 수 있다. 그러나 파크 애비뉴의 거대한 구조물의 역사는 19세기까지 거슬러올라가는데, 그때는 아스플레니움이 영역을 확장하기 훨씬 전이었던 것으로 믿어진다. 그러므로 요즘 104번가와 105번가 사이에서 아스플레니움이 번성하는 이유는 두 가지 중 하나(또는 전부)라고 할 수 있다. 이 지역에 모종의 온열원溫熱源이 존재하거나(도시는 예기치 않은 열섬heat island으로 가득 차 있거나), 아니면 지구온난화의 영향이 이 지역에 미쳤거나.

우리는 105번가와 106번가 사이에서 야산고비Onoclea sensibilis, 일명 '민감한 고사리sensitive fern'를 발견했다. 그것은 매우 메말랐고 생육 상태가 그다지 양호해 보이지 않았다. 나는 안타까운 마음에서 물병의 물을 몇 방울 나눠줬다. "만약 당신이 이 지역의 모든 야산고비들에게 물을 정기적으로 공급한다면," 선듀가 말했다. "그들은 우점종dominant species이 되어 철도 구조물의 생태계를 완전히 바꿀 거예요."

우리는 멋진 이름을 가진 또 하나의 양치식물을 만났다. 이름하여 '펠라에아 아트로푸르푸레아Pellaea atropurpurea'다. 가장 어두운 그늘을 차지하고 있는 펠라에아 중 일부는 짙은 파란색이었는데, 파란색이라기보다 거의 자줏빛에 가까운 쪽빛처럼 보였다. 일행 중에서 그 펠라에아가 왜 그런 색깔을 띠게 되었는지 확실히 말할 수 있는 사람은 아무도 없었다. 그 펠라에아의 파란색은 단지 윤기 흐르는 큐티클cuticle일까, 아니면 (일부 나비나 새의 날개에서 볼 수 있는 금속성 파란색과 마찬가지로) 회절색diffraction color♦일까? 어떤 양치식물들은 무지갯빛 청색을 띠는데, 그것은 좀 더 많은 광선을 흡수하기 위한 진화 전략이다. 그 펠라에아가 밝은 빛을 받으면 초록색으로 복귀할까? 우리는 집으로 가져가 상이한 조명 속에서 실험을 하기 위해 약간의 펠라에아를 채집했다.

109번가와 110번가 사이의 블록이 가장 풍성했다. 그리그스가 가장 좋아하는 한들고사리속의 키스톱테리스 테누이스Cystopteris tenuis가 유일하게 자생하는 곳이기도 했다. 키스톱테리스는 미국거미고사리Asplenium rhizophyllum, 일명 '걷는 고사리walking fern'와 함께 자라는데, 미국거미고사리는 마치 긴팔원숭이가 팔을 뻗는 것처럼 새로운 '다리'를 뻗는 동시에 규칙적으로 빨판을 내려, 바위 위의 거대

♦　색소체에 의해 만들어진 색이 아니라, 생물체의 표면에서 반사된 빛의 회절에 의해 나타나는 색.

한 공간을 성큼성큼 가로지른다.

그런데 이상하게도, 양치식물의 행렬은 100번가에서 갑자기 멈췄다. 그곳에서부터 북쪽으로는 놀랍게도 생명이 없는 황무지가 펼쳐졌다. 마치 누군가가 모든 민꽃식물cryptogam의 징후를 말살하려고 작정이라도 한 것처럼 말이다. 확실한 이유를 아는 사람이 아무도 없는 가운데, 우리는 신속히 구조물의 양지바른 곳으로 건너간 다음, 기수를 남쪽으로 돌려 발길을 재촉하기 시작했다.

'안정성의 섬'을 찾아서

2004년 초, 러시아와 미국의 과학자로 구성된 연구팀이 두 개의 새로운 원소(113번과 115번)를 발견했다고 발표했다. 그런 발표에는 영혼을 고양하고, 마음을 졸이게 하고, 새로운 땅이 시야에 들어오며 자연계의 새로운 영역을 발견한 듯한 느낌을 자아내는 뭔가가 있다.

'원소'에 대한 현대적 개념, 즉 어떤 화학적 방법으로도 분해될 수 없는 물질이라는 개념이 명백히 확립된 것은 겨우 18세기 말이었다. 19세기에 들어와 처음 수십 년 동안, 화학계의 맹수 사냥꾼으로 불리는 험프리 데이비가 칼륨, 나트륨, 칼슘, 스트론튬, 바륨, 그리고 그 외의 원소 몇 가지를 사냥하여 자루에 넣음으로써 과학자는 물론 대중의 간담을 서늘하게 했다. 그 후 100년 동안 새로운 원소들이 잇따라 발견되며 종종 대중의 상상력을 자극했다. 예컨대 1890년대에는 다섯 개의 새로운 원소가 대기 중에서 발견되어, 웰스의 소설로 직행했다. 아르곤은《우주 전쟁》에서 화성인들에 의해 사용되었고, 헬륨은《달에 처음 간 사나이》에서 주인공들을 수송하는 반중력물질antigravity material을 만드는 데 쓰였다.

마지막 천연 원소인 레늄rhenium은 1925년에 발견되었다. 그런데 1937년, 전율스럽기 그지없는 어떤 사건이 일어났다. 자연계에 존재하지 않을 법한 원소 하나가 창조되었다는 발표가 있었던 것이다. 그것은 원자번호 43번으로, 인간 기술의 산물이라는 점을 강조하기 위해 테크네튬technetium이라고 명명되었다.

그 후 원소는 모두 92개뿐이며, 마지막 원소인 우라늄의 무거운 핵에는 꼭 92개만큼의 양성자와 그보다 상당히 많은 중성입자(중성자)가 들어 있다는 통념이 지배했다. 그러나 왜 이게 마지막이어야 할까? 설사 자연계에 존재하지 않더라도, 우라늄을 넘어서는 원소를 창조할 수 있었던 것은 아닐까? 1940년에 거대한 핵 속에 94개의 양성자를 포함한 원소를 새로 만들었을 때, 캘리포니아주 로렌스 버클리 국립연구소의 글렌 T. 시보그와 동료들은 이보다 더 무거운 원소를 얻을 수는 없을 것이라고 생각하며, 그 원소를 울티뮴ultimium이라고 명명했다.(이것은 나중에 플루토늄plutonium으로 개명되었다.)

만약 거대한 원자핵을 가진 원소가 자연계에 존재하지 않는다면, 그건 아마도 너무 불안정하기 때문일 것이다. 왜냐하면 핵 속에 양성자가 점점 더 많아질 경우 서로 밀쳐내기 때문에 핵이 자발적으로 분열되는 경향이 있을 테니 말이다. 실제로, 시보그와 동료들은 더욱더 무거운 원소를 만들려고 노력한 결과(그들은 향후 20년 동안 아홉 개의 새로운 원소를 더 창조했으며, 오늘날 106번 원소는 시보그에게 경의를 표하기 위해 시보귬seaborgium이라고 불린다), 원자 번호가 증가할수록 불안 정성이 증가하며, 그중 일부는 만들어진 지 몇 마이크로초 내에 붕괴된다는 사실을 발견했다. 이로써 108번을 넘는 원소를 얻는 것은 불가능하며, 이것이야말로 절대적인 '울티뮴'이라는 설에는 충분한 근거가 있는 것처럼 보였다.

◆

그런데 1960년대 말에 핵에 대한 근본적으로 새로운 개념이 등장했으니, 그 내용인즉 양성자와 중성자는 '핵 껍질'(핵의 둘레를 회전하는 전자의 껍질 같은 것) 속에 배열되어 있다는 것이었다. 그 이론에 따르면, 원자핵의 안정성은 (원자의 안정성이 전자 껍질의 채워짐 여부에 의존하는 것처럼) 핵 껍질의 채워짐 여부에 달려 있었다. 나아가, 핵 껍질을 가득 채우는 데 이상적인 양성자의 개수(즉, '매직넘버')는 114, 중성자의 매직넘버는 184라는 계산이 나왔다. 그렇다면 양성자의 매직넘버와 중성자의 매직넘버를 겸비한 핵, 즉 '더블 매직' 핵은 거대한 크기에도 불구하고 매우 안정적이라는 이야기가 된다.

그 아이디어는 놀랍고 역설적이었으며, 블랙홀이나 암흑에너지black energy라는 아이디어만큼이나 신기하고 흥미로웠다. 오죽하면 시보그와 같은 냉철한 과학자들조차 '불안정성의 바다'와 '안정성의 섬'이라는 알레고리를 사용했을까! 먼저 '불안정성의 바다'란 101번에서부터 111번까지 가는 경로에 자리 잡은 (점점 더, 그리고 때로 상상할 수 없을 만큼) 불안정한 원소들을 지칭하는 말이다. 그리고

'안정성의 섬'이란 112번에서부터 118번까지 이어진 기다란 섬으로, 그 한복판에 114번이라는 '더블 매직' 동위원소가 존재한다. 시보그에 따르면, '안정성의 섬'에 도착하고 싶은 사람은 어떻게든 '불안정성의 바다'를 뛰어넘어야만 했다. '매직(마법)'이라는 말은 그 후로도 지속적으로 사용되어, 시보그를 비롯한 과학자들은 원소들의 '마법 능선' '마법의 산' '마법의 섬'이라는 표현을 사용했다.

이러한 비전은 전 세계 물리학자들의 상상력을 사로잡았다. 그 결과, 과학적 중요성 여부를 불문하고 그러한 마법의 영역에 도달하거나 최소한 바라보려는 심리적인 의무감이 지배했다. 다른 함의를 지닌 알레고리들도 있었다. 예컨대 '안정성의 섬'은 괴상하고 거대한 원자들이 이상한 삶을 사는 '이상한 나라의 앨리스'의 뒤죽박죽 왕국으로 보일 수 있었다. 좀 더 애절한 알레고리로는 이타카◆가 있었는데, 그 내용인즉 원자가 '불안정성의 바다'에서 수십 년 동안 방황한 후 마침내 피난처를 발견한다는 것이었다.

◆

'안정성의 섬'을 찾기 위해 '불안정성의 바다'를 건너는 과정에서 노력이나 비용을 아끼는 과학자들은 아무도 없었다. 거대한 입자가속기로 손꼽히는 미국 버클리 연구소, 러시아 두브나 연구소, 독일 다름슈타트 연구소의 입자충돌기particle collider들이 총동원되었

◆   그리스 서쪽의 섬. 그리스신화에 나오는 오디세우스의 고향.

고, 그곳에서 일하는 수십 명의 총명한 과학자들이 일생을 걸었다. 1998년, 그들의 노력은 30여 년 만에 마침내 결실을 맺었다. '마법의 섬'의 외진 해안에 착륙한 것이다. 비록 중성자의 개수가 매직넘버보다 아홉 개 적었지만, 과학자들은 114번 원소의 동위원소를 만드는 데 성공했다. (1997년 12월 나와 만났을 때, 글렌 시보그는 자신이 가장 오랫동안 간직했고 또 가장 소중하게 여겼던 꿈은 '마법의 원소들' 중 하나를 발견하는 것이라고 말했다. 그러나 안타깝게도, 시보그는 1999년 114번 원소가 창조되었다고 발표되었을 때 뇌졸중으로 인해 불구가 되어 있었으므로, 자신의 꿈이 실현되었음을 알지 못했을 것이다.)

주기율표상에서 같은 족族에 속하는 원소들은 서로 비슷하므로, 우리는 새로 발견된 원소들 중 하나인 113번은 81번인 탈륨보다 무거운 동족원소analogue라고 자신 있게 말할 수 있다. 탈륨은 무겁고, 부드럽고, 납과 비슷한 금속으로, 가장 특이한 원소 중 하나라고 할 수 있다. 왜냐하면 화학 성질이 제멋대로이고 앞뒤가 맞지 않아, 초기 화학자들은 그것을 주기율표의 어디에 배치해야 할지 몰라 우왕좌왕했기 때문이다. 그것은 때때로 '원소계의 오리너구리platypus'라고 불렸다. 그렇다면 새로 발견된, 탈륨보다 무거운 동족원소인 '슈퍼 탈륨'의 성질도 괴팍할까?

◆

그와 마찬가지로, 또 하나의 새로운 원소 115번은 83번 비스무트bismuth보다 무거운 동족원소임에 틀림없다. 이 책을 쓰고 있는 지금 내 앞에는 비스무트 한 덩어리가 놓여 있다. 그것은 마치 호피 마을Hopi village♦의 축소판처럼 각기둥 모양과 계단식 구조를 갖고 있으며, 무지갯빛 산화색oxidation color으로 반짝인다. 나는 문득 이런 의문을 품는다. 만약 '슈퍼 비스무트'를 대량으로 생산할 수 있다면, 비스무트만큼, 또는 그보다 훨씬 더 아름다운 자태를 감상할 수 있지 않을까?

그런 초중원소superheavy element의 원자를 몇 개 이상 확보하는 것은 가능할 것이다. 왜냐하면, (순식간에 사라지는) 선행 원소들과 달리 수년에 이르는 반감기를 가질 수 있기 때문이다. 예컨대 금보다 무거운 동족원소인 111번은 1밀리세컨드 내에 붕괴되므로, 한 번에 한두 개 이상의 원자를 확보하기가 어렵다. 따라서 '슈퍼 금'의 모습을 본다는 것은 부질없는 희망이다. 그러나 만약 우리가 113번, 114번(슈퍼 납), 115번 원소의 동위원소를 만들 수 있다면, 그것들은 몇 년에서 몇 세기에 이르는 반감기를 가질 수 있을 것이다. 따라서 우리는 엄청난 밀도를 가진 신기한 금속원소 세 개를 보유하게 될 것이다.

물론, 113번과 115번 원소의 속성은 단지 추측만 할 수 있을 뿐이다. 새로운 원소의 실질적 용도와 과학적 함의를 예견할 수는 없기 때문이다. 1880년대에 발견된 애매모호한 반半금속 게르마늄이 트랜지스터의 개발에 필수적일 거라고 생각한 사람은 아무도 없었다. 그리고 수 세기 동안 그저 호기심의 대상으로 간주되었던 네오

♦　애리조나주에 있는 인디언 마을.

디뮴neodymium이나 사마륨samarium과 같은 원소들이 유례없이 강력한 영구자석을 만드는 데 필수적일 거라고 생각한 사람 또한 아무도 없었다.

어떤 의미에서 보면, 이런 의문들은 논점을 벗어난 것이다. 우리가 '안정성의 섬'을 찾는 이유는 에베레스트산의 경우와 마찬가지로 그것이 거기에 있기 때문이다. 하지만 에베레스트가 그런 것처럼, 가설 검증을 위한 과학적 탐구의 근저에는 심오한 감정 또한 도사리고 있다. '마법의 섬'을 찾고 있는 과학자들은 우리에게 과학의 본질이 무엇인지 분명히 말해준다. 많은 사람들이 생각하는 것과 달리, 과학은 냉철함이나 계산보다는 열정, 갈망, 낭만으로 가득 차 있다는 것을.♦♦

♦♦ 114번(플레로븀flerovium)과 116번(리버모륨livermorium) 원소가 발견된 데 이어, 2015년 말까지 일본, 러시아, 미국의 과학자들에 의해 113번(니호늄nihonium), 115번(모스코븀moscovium), 117번(테네신tennessine), 118번(오가네손oganesson) 원소가 추가로 발견되었다. 그러나 이들 중에서 몇 년에서 몇 세기에 이르는 반감기를 가진 것은 없다.

깨알 같은 글씨 읽기

나는 방금 전 신간 서적을 발표했지만 수백만 명의 다른 사람들과 마찬가지로 그 책을 읽을 수가 없다. 왜냐고? 시력이 약하기 때문이다. 그러므로 확대경을 사용해야 하는데, 그럴 경우 성가신 데다 속도도 느려진다. 그도 그럴 것이, 확대경을 사용하면 시야가 좁아지므로 한 문단은커녕 한 줄도 한꺼번에 읽을 수 없다. 내게 정말로 필요한 책은 큰글자판이며, 그게 있어야만 원하는 장소에서 자유롭게 독서삼매경에 빠질 수 있다. (나는 주로 침대와 욕조에서 책을 읽는다.) 나의 초기 저작 중 일부는 큰글자판으로도 출간되었으므로, 공개 낭독회에서 낭송 요청을 받았을 때 매우 유용했다. 요즘에는 큰글자판이 '불필요하다'는 이야기를 듣는데, 그 이유인즉 전자책 덕분에 활자 크기를 원하는 대로 얼마든지 키울 수 있기 때문이란다.

그러나 나는 킨들이나 누크Nook나 아이패드를 좋아하지 않는다. 왜냐하면 욕조에 빠뜨리면 먹통이 되고, 바닥에 떨어뜨리면 망가지기 때문이다. 더욱이 전자책에는 조그맣고 희미한 아이콘이 있어, 그걸 들여다보려면 확대경이 필요하다. 그래서 나는 종이에 인쇄된 '진짜 책'을 좋아한다. 종이책은 지난 550년 동안 그랬던 것처럼 중량감과 독특한 향기를 지니고 있으며, 주머니에 넣고 다니며 수시로 꺼내 읽거나, 책꽂이에 꽂아뒀다가 뜻하지 않게 시선이 꽂혀 읽을 수도 있다.

내가 어렸을 때, 시력이 나쁜 어린 사촌과 나이든 친척들은 확대경을 이용하여 책을 읽었다. 1960년대에 큰글자책이 도입된 것은 그들에게 희소식이었다. 왜냐하면 그것은 시력이 약한 모든 독자들을 위한 정책이었기 때문이다. 도서관, 학교, 개인 독자들을 위해 큰글자판을 전문적으로 출간하는 출판사들이 우후죽순처럼 생겨났고, 책방이나 도서관에 가면 그런 책들을 언제든지 발견할 수 있었다.

내 시력이 떨어지기 시작하던 2006년 1월, 나는 어떻게 해야 할지 몰라 난감했다. 오디오북이라는 게 있었지만(그중에는 내가 직접 녹음한 것도 몇 권 있다), 나는 청취자가 아니라 뼛속까지 독자였다. 내가 기억하는 한 나는 고질적인 독자로서, 단락과 페이지의 쪽수나 형태를 거의 자동으로 기억해뒀다가, 대부분의 내 책에서 특정한 구절이 몇 페이지에 있는지 곧바로 찾아낼 수 있다. 나는 '내 소유의 책', 즉 편제(조판과 편집)가 익숙하고 사랑스럽게 느껴지는 책을 원한다. 이처럼 읽기에 최적화된 뇌를 갖고 있다 보니, 내게는 큰글자책 외에 다른 대안이 없다.

하지만 이제는 서점에서 큰글자판으로 출간된 양서를 찾기가 힘들다. 최근 스트랜드Strand 서점에 들렀을 때 그런 경험을 했다. 그곳은 내가 50년 동안 애용해 온 단골 서점으로, 수 킬로미터에 달하는 서가로 유명하다. 그곳에는 '큰글자책 코너'가 (작게) 마련되어 있었지만, 입문서·실용서·삼류 소설이 주종을 이루고 있을 뿐, 제대로 된 시·소설·전기·과학책은 찾아볼 수 없었다. 찰스 디킨스나 제인 오스틴 등의 고전은 물론, 솔 벨로, 필립 로스, 수전 손택의 현대물도 없다. 나는 좌절과 분노에 휩싸였다. 출판업자들은 시력이 나쁜 사람은 지능도 낮을 거라고 생각하나?

독서란 매우 복잡한 과제로, 수많은 뇌 영역을 호출한다. 그러나 독서는 언어와 다르다. 즉, 언어는 인간의 뇌에 기본적으로 장착되어 있지만, 독서는 그렇지 않다. 왜냐하면 독서는 인간이 진화를 통해 획득한 기술이 아니기 때문이다. 독서는 비교적 최근(아마도 5000년 전)에 진화했으며, 뇌의 시각피질 중 미세한 부분에 의존한다. 우리가 오늘날 시각단어형태영역visual word form area(VWFA)이라고 부르는 이 부분은, 좌뇌左腦의 뒤쪽 근처에 있는 피질영역의 일부다. 이것은 자연계의 기본 형태를 인식하기 위해 진화했지만, 문자나 단어의 인식을 위해 전용될 수 있다. 그러나 기본 형태와 문자의 인식은 독서의 첫 번째 단계에 불과하다.

VWFA는 뇌의 수많은 다른 영역과 양방향으로 접속하는데, 그중에는 문법·기억·연상·감정에 관여하는 영역이 포함되어 있어, 문자와 단어에 특별한 의미를 부여한다. 사람들은 독서와 관련하여 제각기 독특한 신경경로neural pathway를 형성하며, 개인의 독서 행위는 기억과 경험만이 아니라 감각양식sensory modality과도 제각기 독특하게 결합한다. 그러므로 어떤 사람들은 책을 읽는 동안 단어의 소리를 '듣는'가 하면(나도 단어의 소리를 듣는다. 단, 정보 수집을 위해 독서를 할 때가 아니라 즐거움을 얻기 위해 독서를 할 때만), 어떤 사람들은 의식적이든 무의식적이든 자신이 읽은 것을 시각화한다. 어떤 사람들은 문장의 청각적 리듬이나 강약을 민감하게 인식하고, 어떤 사람들은 문장의 시각적 모습이나 형태를 더 민감하게 의식한다.

나는 《마음의 눈The Mind's Eye》(알마, 2013)에서 두 명의 환자들에 관해 기술했다. 둘 다 재능 있는 작가로, 뇌의 VWFA가 손상되는 바람에 독시 능력을 상실했다. (이런 실독증alexia 환자들은 글쓰기가 가능하지만, 자신이 쓴 글을 읽을 수는 없다.) 그중 한 명인 찰스 스크리브너 주니어는 그 자신이 출판인이며 책을 사랑함에도 불구하고, 뇌가 손상된 후 '독서' 대신 오디오북으로 곧장 선회하여 자기 책을 쓰는 대신 구술하기 시작했다. 그에게는 그런 감각양식의 전환(시각→청각, 쓰기→말하기)이 어렵지 않았으며, 거의 자동적으로 이루어지는 것 같았다. 다른 한 명은 범죄소설가인 하워드 엥겔이었는데, 독서와 글쓰기에 대한 의존도가 너무 높았던 탓에 뇌가 손상된 후에도 포기할 수 없었다. 그러나 그는 비범한 '독서' 방법을 발견 또는 고안하여, 후속 작품을 구술하는 대신 집필을 계속할 수 있었다. 그가 발견한 방법은, '손'으로 쓴 단어를 '혀'를 이용하여 '치아 또는 입천장'에 베껴 쓰는 것이었다. 다시 말해서, 그는 대뇌피질의 운동 및 촉각 영역을 이용하여, 혀로 글을 쓰고 읽을 수 있었다. 이러한 감각양식 전환은 스크리브너의 경우와 마찬가지로 거의 자동적으로 이루어지는 것 같았다. 두 사람의 뇌는 독특한 능력과 경험을 이용하여 올바른 해법을 찾아냄으로써 손상에 제대로 적응한 것이었다.

선천적으로 맹인의 경우에는 시각심상visual imagery이 전혀 없다. 따라서 그들에게 독서란 본질적으로 브라이유 점자법의 양각 인쇄물을 통한 촉각 경험일 것이다. 브라이유 점자책은 큰글자책과 마찬가지로 오늘날 점점 더 설 자리를 잃고 있다. 왜냐하면 사람들이 더욱 저렴하고 쉽게 구입할 수 있는 오디오북이나 컴퓨터 음성 프로그램에 눈을 돌리고 있기 때문이다. 그러나 '직접 읽기'와 '읽어주는 책 듣기' 사이에는 근본적인 차이가 있다. 우리가 책을 직접 읽을 때는, (눈을 사용하든 손가락을 사용하든) 자유자재로 건너뛰거나 되돌아오고, 다시 읽고, 문장 한가운데서 심사숙고하거나 몽상에 빠질 수 있다. 그에 반해 읽어주는 책을 듣는 것과 오디오북을 듣는 것은 직접 읽기보다 수동적인 경험이고, 타인의 음성의 변덕에 놀아나기 쉬우며, 대체로 내레이터의 페이스에 맞춰 진행된다.

만약 만년晩年에, 예컨대 시력 상실에 적응하기 위해 새로운 독서 방식을 어쩔 수 없이 배워야 한다면 우리는 각자 나름의 방법으로 적응해야 한다. 어떤 사람들은 읽기에서 듣기로 전환할 것이고, 어떤 사람은 어떻게 해서든 가능한 한 오래 독서를 계속할 것이다. 어떤 사람은 전자책에서, 어떤 사람은 컴퓨터에서 활자체를 키울 것이다. 그러나 나는 그런 기술 중 어느 것도 채택하지 않았으며, 적어도 지금까지는 구식 확대경을 고수하고 있다. (나는 다양한 형태와 배율을 가진, 10여 개의 확대경을 보유하고 있다.)

조지 버나드 쇼는 책을 "경주의 기억memory of the race"이라고 불렀다. 책은 가능한 한 많은 포맷으로 출판되어야 하며, 어떤 종류의 책도 사라져서는 안 된다. 왜냐하면 우리 모두는 독특한 개인으로,

매우 개별화된 수요와 선호를 갖고 있기 때문이다. 선호는 우리 뇌의 모든 수준에 내장되어 있으며, 우리의 개별적 신경 패턴과 신경망은 저자와 독자 사이에서 '매우 사적인 교제'의 기회를 열어준다.

코끼리의 걸음걸이

과학 저널 〈네이처〉 2003년 4월호에는, 존 허친슨과 동료들이 쓴 흥미로운 논문이 한 편 실렸다. 이름하여 〈빨리 움직이는 코끼리는 정말로 달리는 걸까?〉라는 제목의 논문이었다. 그들은 마흔두 마리 코끼리의 어깨, 엉덩이, 사지 관절에 페인트로 표시를 한 후, 코끼리들이 30미터 코스를 이동하는 모습을 비디오카메라로 촬영했다. (코끼리들은 10미터 간격으로 가속과 감속을 반복했다.) 고속 이동을 하는 코끼리의 발걸음이 갑자기 달라지는 것이 분명히 보였지만, 그 의미를 해석하기는 쉽지 않았다. 코끼리들의 빠른 발놀림을 '달리기'로 간주할 수 있을까?

페인트로 표시된 코끼리의 사진을 보니, 문득 에티엔 쥘 마레 Étienne-Jules Marey가 떠올랐다. 마레는 115년 전인 1887년에 코끼리의 걸음걸이를 처음 관찰한 사람이었다. 물론 비디오 분석이 아니라 스틸사진을 이용했지만, 허친슨과 거의 같은 방법으로 코끼리에 표시를 했다. 나는 때마침 마레에 관한 책(마르타 브라운이 지은 경이로운 책《시간 촬영Picturing Time》)과 리베카 솔닛이 쓴 에드워드 마이브리지 Eadweard Muybridge의 유명한 전기《그림자의 강River of Shadows》을 함께 읽은 터였다.

마레와 마이브리지는 정확히 같은 시대를 살았는데, 탄생한 날과 사망한 날이 불과 몇 주밖에 차이 나지 않았다. 둘은 심지어 이니셜(EJM)도 똑같았다. 그러나 두 가지 공통점을 제외하면, 두 사람은 판이하게 달랐다. 마이브리지는 충동적이고 대담하고 총명하고 오지랖 넓은 미술가 겸 사진작가로, 다양한 분야에서 창작 활동을 영위했다. 그에 반해 마레는 조용하고 다소곳하고 집중력이 뛰어나고 체계적인 인물로, 평생 동안 오로지 생리학 분야에서만 창의력을 발휘했다. 그러나 공교롭게도, 두 사람의 삶은 매우 짧은 결정적 순간에 오버랩되며 아이디어의 상승작용을 일으켰다. 그것은 곧 혁명으로 이어져 영화학cinematography 탄생의 길을 열었을 뿐만 아니라, 과학 연구, 시간 연구, 시간과 동작의 예술적 표현을 위한 새로운 도구를 창조했다.

마이브리지는 오늘날 대중에게 널리 알려져 미국의 아이콘적 존재가 되었지만, 마레는 당대에는 더 유명했음에도 불구하고 이제는 거의 유명무실한 존재가 되었다. 마레의 유산은 여러모로 마이브리지보다 풍부하지만, 위대한 변화의 원동력은 본질적으로 두 사람의 협업이었다. 둘 중 누구도 그것을 단독으로 이뤄낼 수는 없었다.

평생 동안 지속된 마레의 '운동 사랑'은 인체의 내적 운동internal movement과 과정에 대한 관심에서 비롯되었다. 그는 이 분야의 선구자로, 맥박계, 혈압표, 심장 투시도 등의 독창적인 도구를 개발하여 현대 의학의 발달에 기여했다. 그러던 중, 그는 1867년 '동물과 인간의 운동 분석'으로 방향을 틀었다. 그러고는 혈압계, 고무관, 그래프를 이용하여, 말馬이 전력 질주하거나 빠르게 걷는 동안 사지의 운동과 위치는 물론, 사지의 힘도 측정했다. 그리고 이러한 기록들을 바탕으로 그림을 그려, 조이트로프zoetrope♦에 넣고 회전시키면서 말의 운동을 슬로모션으로 재구성했다.

사진술을 이용하겠다는 착상이 떠오른 적이 없는 걸로 보아, 카메라를 이용한 운동 사진 촬영은 그에게나 동시대인들에게나 기술적으로 불가능하다고 여겨졌던 게 분명하다. 그도 그럴 것이, 그 당시의 카메라에는 셔터가 없어 렌즈 덮개를 손으로 여닫아야 했으므로, 1초보다 훨씬 짧은 노출 시간은 상상도 할 수 없었기 때문이다. 게다가 사진 유제photographic emulsion♦♦의 감광성이 그다지 높지 않아, 설사 1초보다 훨씬 짧은 노출이 기계적으로 가능하다고 하더라도, 당시에 사용되던 느려터진 습판wet plate 위에 이미지를 만들기에 충분한 광선을 확보할 수가 없었다. 백 보 천 보 양보하여, 어찌어찌하여 스냅사진 한 장을 얻을 수 있다고 치자. 그걸 무슨 수로 1초에 10~20장씩 찍을 것이며, 사진 건판photographic plate 하나하나를 무슨

♦ 1834년경 영국의 윌리엄 조지 호너가 발명한 시각 장치의 하나. 연속적인 동작을 묘사한 그림을 종이띠에 그려 원통 안에 설치하고, 원통을 회전시키면서 바깥쪽에 세로로 뚫린 구멍을 통해 들여다보면, 마치 실물이 움직이는 것처럼 보이도록 고안되었다.
♦♦ 감광성 물질을 액체 상태로 분산시킨 것으로, 사진필름이나 인화지에 감광층으로서 도포되어 있다.

수로 몇 분 만에 현상한단 말인가!

그러나 사진작가 마이브리지는 달랐다. 그는 1870년대 이전까지 동물의 운동에 전혀 관심이 없었지만, 솔닛이 기술한 바에 따르면 일시적이고 순간적인 것을 사진술을 이용해 '고정'시켜야 한다는 강박관념에 늘 시달렸다. (그래서 그는 일찌감치 끊임없이 변화하는 구름의 패턴으로 습작을 만들었다.) 그런 마이브리지의 장래가 결정된 것은, 철도업계의 거물인 릴런드 스탠퍼드◆라는 갑부를 만나면서부터였다. 스탠퍼드는 대규모 경주마 훈련소를 보유하고 있었다.

경마 팬들은 종종 전력 질주하는 말의 네 발굽이 동시에 공중에 떠 있을까 하는 문제를 놓고 논쟁을 벌였다. 스탠퍼드 자신도 이 의문에 큰돈을 걸었으므로, 마이브리지에게 가능하다면 전력 질주하는 말의 사진을 촬영해달라고 의뢰했다. 마이브리지는 임무 수행을 위해 위대한 기술적 진보를 이루었는데, 그 내용인즉 속성 유제를 개발하고, 셔터를 설계하여 1/200초의 노출을 가능케 한 것이다. 이러한 기술을 바탕으로, 그는 1873년 네 발굽이 동시에 공중에 떠 있는 말을 보여주는 스냅사진 한 장을 촬영했다. (그러나 스탠퍼드가 좋아할 만큼 완벽하지는 않았다. 왜냐하면 화질이 흐릿한 실루엣 수준이었기 때문이다.)

만약 이 시점에서, 스탠퍼드가 방금 출판된 마레의 〈동물의 메커니즘─육상 운동과 공중 운동에 관한 소고Animal Mechanism: A Treatise on Terrestrial and Aerial Locomotion〉라는 논문을 펼쳐들고 흥미롭게 읽지

◆ 캘리포니아 주지사와 상원의원을 지냈고, 죽은 아들을 기념하기 위해 스탠퍼드 대학교를 설립하기도 했다.

않았다면, 모든 일은 여기서 끝났을 것이다. 그 논문에서, 마레는 동물의 운동을 기록하는 기계적·공압적空壓的 방법을 매우 디테일하게 기술하고, 자신의 측정치를 기반으로 재구성된 일련의 그림들을 제시하고, 조이트로프를 이용하여 동영상을 재생하는 방법을 설명했다. (그가 제시한 그림 중 하나는 전력 질주하는 말의 모습이었는데, 네 개의 발굽이 모두 공중에 떠 있는 게 분명했다.) 스탠퍼드의 뇌리에는, 말이 전력 질주하고 빠르게 걷는 모든 자세와 동작을 이론상 이런 방식으로 사진에 담을 수 있다면 동작을 촬영하는 기적도 이룰 수 있겠다는 생각이 퍼뜩 스쳐갔다. 그는 당장 마이브리지를 불러 그 임무를 부여했다.

최고의 재능을 지닌 창의적 사진작가인 마이브리지(그가 습판 카메라를 이용하여 예상 밖의 각도와 관점에서 포착한 요세미티 사진은 오늘날까지도 필적할 것이 없다)는 스탠퍼드의 말을 듣고 단박에 좋은 아이디어가 떠올랐다. 그것은 말들 스스로 자신의 사진을 찍게 하는 것이었다. 그는 열두 대(나중에는 스물네 대)의 카메라들을 트랙을 따라 일렬로 세워놓고, 말이 전력 질주하며 스쳐갈 때 셔터가 속사포처럼 연속으로 작동하도록 설계했다. 그는 4년에 걸친 실험 끝에, 1878년 마침내 역사에 길이 남을 연속사진을 발표할 수 있었다. 그것은 전례 없는 일이었다. 미술가들은 지난 수백 년 동안 전력 질주하는 말의 자세를 표현하려고 노력했지만, 성공하더라도 아무도 관심이 없었고 사람들의 공감도 별로 얻지 못했다. 전력 질주하는 말의 속도가 너무 빨라, 육안으로 관찰하는 게 불가능했기 때문이다.

11년간의 실험에도 불구하고 많은 시간과 노력을 요하는 방법에서 벗어나지 못하던 마레는 한 잡지에 실린 마이브리지의 사진을 보고 소스라치게 놀랐다. 그는 그 잡지의 편집자에게 즉시 편지를 썼다. "마이브리지 씨의 스냅사진들에 감탄을 금할 수 없습니다. 그와 연락을 주고받을 수 있도록 다리를 놔주시겠습니까?" 마이브리지와 손을 잡으면 "모든 상상 가능한 동물들의 움직임을 진정한 속도로 구현한 … 살아 움직이는 동물학을" 볼 수 있게 된다는 게 그의 생각이었다. 마이브리지와 마찬가지로, 마레 역시 사진이 미술가들에게 혁명을 가져다줄 것을 예견했다. "왜냐하면 사진은 어떤 모델도 보여줄 수 없는 진정한 운동 자세와 불균형한 상태의 신체 위치를 보여줄 수 있기 때문"이었다. 그는 이런 말로 편지를 마무리했다. "나는 무한한 감동을 주체할 수 없습니다."

마이브리지는 마레와 똑같이 관대하고 품위 있는 편지로 즉시 화답했다. "나는 애초에 동물의 운동에 대한 당신의 유명한 연구에서 영감을 얻어 … 사진술을 이용하여 순간 동작을 포착하는 문제를 해결했습니다." 두 사람은 의기투합하여 조만간 파리에서 만나기로 했다.

마레는 종전에 사용했던 카이모그램kymogram(운동하는 관절과 사지의 순차적 위치를 다이어그램 형태로 중첩시키는 방법)의 원리를 업그레이드하여, 사진을 이용한 운동 기록 방법을 고안해냈다. 그는 렌즈가 개방된 단일 카메라를 이용하여, 렌즈 뒤에 가느다란 구멍이 뚫린 금속 원판을 놓고 회전시킴으로써 셔터 기능을 수행하게 했다. 그리하여 하나의 사진 건판 위에 10여 개의 노출을 중첩시킬 수 있었다. 이러한 합성 노출은 시간을 하나의 프레임으로 압축했는데(마레는 이것을 크로노포토그래프chronophotograph라고 불렀다. 유명한 초기 사례는 고양이 한 마리가 땅바닥에 떨어지는 동안 빙글빙글 돌다가 똑바로 착지하는 순차적 위치를 보여주는 사진이다), 시각적으로 두드러질 뿐 아니라 생체역학을 정확하게 시각화하고 분석할 수 있게 해줬다. (마이브리지의 분리된 프레임으로는 이러한 시각화와 분석이 불가능했다.)

1880년대 말에 이르러 신축성 있는 셀룰로이드 필름이 개발되자, 마이브리지와 마레는 모두 영화용 카메라를 개발하는 데 몰두했지만, 두 사람 모두 '영화' 자체에는 관심이 없었다. 브라운의 말을 빌리면, 그들은 "보이는 것을 재구성하기보다 보이지 않는 것을 포착하기"에 관심이 더 많았다.

마레는 크로노포토그래프를 갖고서 체조 선수 등의 운동선수, 조립라인의 노동자, 공기와 물의 운동(그는 풍동wind tunnel◆을 최초로 만들었다)을 연구했다. 또한 그는 저속수중사진술을 개척하여, 눈에 보이지 않을 정도로 느린 성게의 운동을 볼 수 있을 뿐만 아니라 이해할 수 있도록 만들었다. 마이브리지는 사회적 상호작용과 제스처를 재현하는 데 더욱 집중했다. 그러나 두 사람 모두 "살아 움직이는 동물학"에 대한 사랑을 잃지 않았으며, 1880년대 중반에 움직이는 코끼리를 촬영했다.

마이브리지는 스탠퍼드의 농장에서 개발한 기법으로 되돌아가, 스물네 대의 카메라 포대砲隊를 사용했다. 그러나 마레는 코끼

◆ 공기가 흐르는 현상이나 공기의 흐름이 물체에 미치는 힘, 또는 흐름 속에 있는 물체의 운동 등을 조사하기 위해 인공적으로 공기가 흐르도록 만든 장치.

리의 관절을 종잇조각으로 표시한 다음, 슬롯셔터가 달린 사진총 photographic gun◆을 이용하여 코끼리의 모든 연속 동작을 하나의 사진 건판에 담아냈다. 그리하여 일련의 유령 같은 이미지들이 중첩되었는데, 이것은 어깨와 엉덩이 관절의 수직 운동을 단계적으로 보여줬다. 그런 합성 이미지들은 마이브리지의 다소 정적인 이미지와 달리 운동에 대한 비범한 감각을 키워주고, 코끼리의 실제 운동과 운동에 관여하는 복잡한 메커니즘을 이해하게 해줬다. 2003년 〈네이처〉에 실린 〈빨리 움직이는 코끼리는 정말로 달리는가?〉라는 논문을 읽었을 때, 나의 뇌리를 스친 것은 마레가 1887년 촬영한 크로노포토그래프였다.

2003년의 논문은 정교한 타이머, 디지털화, 컴퓨터 분석(1887년에는 불가능했던 세밀함)을 이용하여, 서둘러 움직이는 코끼리는 실제로 뜀뛰기와 걷기를 병행한다는 사실을 밝혀냈다.◆◆ 다시 말해서, 어깨의 수직 운동은 걷는 동작을 시사하는 반면, 엉덩이의 수직 운동은 달리는 동작을 시사한다는 것이다. 어떤 전문가들은 이를 가리켜,

---

◆ 마레가 발명한 소총형 카메라. 총신에 렌즈가 있고 탄약통이 필름 장전통 구실을 하며, 초당 24프레임 이상을 촬영할 수 있다.

◆◆ 코끼리는 한 발을 늘 땅에 디디므로, 달리기에 대한 고전적 정의에 따르면 '달리지 않는다'고 볼 수 있다. 그러나 현대적 정의에서는 공중부양 단계를 반드시 요구하지 않는다. "공중부양 개념은 불필요하며, 운동을 '에너지 전달의 관점'에서 바라보는 것이 좀 더 유용한 정의"라고 생각하는 과학자들이 점점 더 늘어나고 있다. 그들은 달리기할 때의 다리를 '용수철', 걸을 때의 다리를 '뻣뻣한 기둥'에 비교한다. 논문의 저자인 허친슨도 의견을 수정하여, 2007년 영국 왕립학회지에 발표한 논문에서 "코끼리는 실제로 달린다"고 말했다. https://www.nature.com/news/2007/070627/full/news070625-6.html

'비교적 빠른 걸음'과 '비교적 느린 달리기'가 동시에 진행된다고 추정하는 것이 타당하다고 제안하기도 한다. 그러지 않으면 뒷부분(뒷다리와 궁둥이)이 앞부분(앞다리와 머리)의 끝과 충돌할 테니 말이다. 마레와 마리브리지가 되살아나 이 논문을 읽는다면 매우 흐뭇해할 것이다.

오랑우탄

나는 몇 년 전 캐나다 토론토 동물원을 방문하는 동안 암컷 오랑우탄 한 마리를 만났다. 그녀는 풀 덮인 우리 안에서 아기를 돌보고 있다가, 내가 텁수룩한 얼굴을 창문에 밀착한 채 내부를 들여다보자 아기를 살며시 내려놓았다. 그러고는 창가로 성큼성큼 다가와, 유리 반대편에서 자신의 얼굴과 코를 나와 정면으로 맞대는 게 아닌가! 나는 그녀의 눈을 응시하는 동안 눈 둘 곳을 몰라 주변을 두리번거릴 거라 지레짐작했었지만, 막상 마주하고 보니 그녀의 눈을 뚜렷이 의식하는 나를 발견했다. 그녀는 작고 밝은 눈(그 또한 오렌지색이었던가?)을 재빨리 움직이며, 나의 코와 턱, 그리고 (인간의 것이지만 어쩌면 원숭이와 비슷한) 안면의 특징을 관찰했다. 나를 자신의 동족, 또는 최소한 친척쯤으로 인식한다는 느낌을 떨쳐버릴 수 없었다. 다음으로, 그녀와 나는 유리창 하나를 사이에 두고서 서로의 눈을 빤히 쳐다봤다. 상대방의 눈을 응시하는 연인들처럼 말이다.

내가 왼손을 창문에 갖다 대자, 그녀는 즉시 자신의 오른손을 내 손과 마주 댔다. 인간과 오랑우탄이 근연近緣 관계에 있다는 것은 이미 잘 알려진 사실이지만, 그녀와 나는 두 종種의 손이 얼마나 비슷한지 두 눈으로 똑똑히 확인할 수 있었다. 그것은 내게 경이롭고 신나는 경험이었다. 나는 그 이전까지 어느 동물에게서도 느껴보지 못한, 강렬한 동류의식과 친밀함을 느꼈다. "이것 좀 봐." 그녀는 손짓으로 이렇게 말하는 것 같았다. "내 손은 당신의 손과 똑같아." 그러나 그녀의 손짓은 인사이기도 했다. 우리가 평소에 악수를 하거나, 하이파이브를 하면서 손을 맞부딪치는 것처럼 말이다.

잠시 후 우리는 유리창에서 얼굴을 뗐고, 그녀는 아기에게로 돌아갔다.

반려견이나 다른 동물을 사랑해본 경험은 전에도 있었지만, 영장류 동료와 즉각적·상호적으로 인식하며 동류의식을 느껴본 것은 그때가 처음이었다.

정원이 필요한 이유

나는 작가로서, 정원은 창작 활동에 필수적이라고 생각한다. 또한 의사로서, 환자들을 가능할 때마다 정원으로 안내한다. 우리 모두는 꽃과 나무가 우거진 정원이나 끝도 없는 사막을 헤매어본 적이 있고, 강가나 바닷가를 거닐어본 경험이 있으며, 푸르른 산에 올라본 경험도 있다. 그럴 때마다 마음이 차분해짐과 동시에 활력을 되찾고, 정신이 집중되고, 신체와 영혼이 상쾌해지는 것은 나만의 경험이 아닐 것이다. 이러한 생리 상태가 개인과 공동체 모두에게 중요하다는 것은 잘 알려진 사실로, 폭넓은 공감대를 얻고 있다. 나는 40년간 의사 생활을 하면서, 만성 신경병 환자에게 매우 중요한 비약물 치료법을 두 가지밖에 발견하지 못했다. 하나는 음악이고 다른 하나는 정원이었다.

나는 일찍부터 식물원의 경이로움을 잘 알고 있었다. 제2차 세계대전이 일어나기 전, 나의 어머니와 렌 이모는 나를 런던 남서부

의 큐에 있는 왕립식물원으로 데려가곤 했다. 우리 집 정원에도 평
범한 양치식물이 있었지만, 금빛 고사리와 은빛 고사리, 물고사리,
처녀이끼, 나무고사리 같은 것은 큐에서 처음 보았다. 아마존 연꽃,
즉 빅토리아 연꽃의 거대한 이파리도 그곳에서 구경했으며, 그 시대
의 여느 어린이들과 마찬가지로 거대한 연잎 위에 앉아 아기처럼 재
롱을 떨었다.

옥스퍼드 대학교에 다닐 때는 색다른 식물원을 발견하고 즐거
워했는데, 그곳은 가장 오래된 폐쇄형 정원Walled garden(울타리가 쳐진
정원) 중 하나인 옥스퍼드 식물원이었다. 17세기에 옥스퍼드를 주름
잡았던 과학자 보일, 훅, 윌리스 등이 그곳에서 거닐며 명상에 잠겼
을 거라 생각하니 가슴이 뭉클했다.

나는 여행을 할 때마다 주변의 식물원을 찾으려고 노력한다. 왜
냐하면 식물원은 살아 있는 박물관이나 식물 도서관과 다름없어서
해당 지역의 시대상과 문화상을 잘 반영한다고 생각하기 때문이다.
암스테르담에 있는 17세기의 아름다운 식물원 호르투스 보타니쿠
스Hortus Botanicus와 (같은 시기에 지어진) 거대한 포르투갈 유대교회당에
들렀을 때도 그런 느낌이 강하게 들었다. "신은 곧 자연이다Deus sive
Natura"라는 스피노자의 통찰은 그가 유대교회당에서 파문당한 후
식물원을 거닐다 얻은 영감이 아니었을까?

이탈리아 파도바에 있는 식물원은 역사가 훨씬 더 길어 1540년
대까지 거슬러올라간다. 조경은 중세풍이다. 유럽인들은 그곳에서
아메리카와 동양의 식물을 처음 구경했다고 하는데, 그 이전에 보거
나 꿈꿨던 것과 판이하게 다른 식물 형태를 보고 큰 충격을 받았을

것이다. 괴테가 야자나무 한 그루를 보고 식물변태론Die Metamorphose der Pflanzen을 구상한 곳도 바로 그곳이었다.

　나는 동료 수영인 및 다이버들과 함께 케이맨 제도, 퀴라소, 쿠바를 여행할 때, 어디서든 식물원을 찾아냈다. 그곳들은 내가 스노클링이나 스쿠버다이빙을 할 때 내려다봤던 우아한 해저 정원과 흥미로운 대조를 이루었다.

◆

　지난 50년 동안 뉴욕에 살면서, 이따금씩 이곳에 사는 것을 견딜 만하게 해준 것은 오로지 식물원이 많기 때문이었다. 내가 돌보는 환자들도 나와 동감이었다. 뉴욕 식물원 바로 건너편에 위치한 베스에이브러햄 병원에서 일할 때, 장기 입원 환자들이 무엇보다 좋아하는 일은 식물원에 방문하는 것이었다. 그들은 병원과 식물원을 두 개의 상이한 세상으로 여겼다.

　자연이 인간의 뇌를 진정시키고 정돈하는 메커니즘은 정확히 밝혀지지 않았지만, 내가 돌보는 환자들의 사례에 비춰볼 때, 자연과 정원은 심지어 심각한 신경장애를 경험하는 환자들에게도 회복력과 치유력을 발휘하는 것 같다. 정원과 자연의 효능이 의약품보다 뛰어난 경우도 많다.

　내 친구 로웰은 중등도中等度 투렛증후군 환자인데, 평상시의 바쁜 도시 환경에서는 하루에 수백 번씩 틱과 속사포 같은 고함을 내지르며, 충동적으로 끙끙거리고 점프하고 물건을 만진다. 그런데 하루는 그와 함께 사막을 하이킹하던 중, 그의 증상이 완전히 사라진 것을 깨닫고 소스라치게 놀랐다. 아마도 인적이 없는 외딴곳인 데다 형언할 수 없는 자연의 진정 효과가 겹쳐, 최소한 한동안이나마 틱이 진정되고 신경 상태가 정상화된 것 같았다.

내가 괌에서 만난 한 여성은 나이든 파킨슨병 환자였는데, 종종 몸이 얼어붙어 움직임을 시작할 수가 없었다. (동결freezing은 파킨슨증의 흔한 증상이다.) 그러나 그녀를 식물과 자연석이 다양한 풍경을 연출하는 식물원에 데려가자 아무 도움 없이 바위를 신속하게 오르내리는 게 아닌가!

나는 수많은 진행성 치매 및 알츠하이머병 환자들을 봤는데, 모두 하나같이 환경에 대한 방향감각을 거의 상실한 상태였다. 그들은 신발끈 매는 방법이나 요리기구 사용법을 잊었거나 아예 모르고 있었다. 그러나 약간의 묘목이 준비된 꽃밭으로 인도되자, 자신이 무엇을 해야 하는지 정확히 이해했다. 그들 중에서 묘목을 거꾸로 심는 사람은 단 한 명도 없었다.

내가 돌보는 환자들은 종종 양로원이나 만성치료시설에 수용되어 있으므로, 웰빙을 향상시키려면 적당한 물리적 환경이 필수적이다. 일부 시설에서는 개방된 공간을 적극적으로 설계하고 관리함으로써 환자들의 건강을 증진시켜왔다. 예컨대, 브롱크스 소재 베스 에이브러햄 병원에는 내가 《깨어남》에서 언급한 바 있는 중증 뇌염 후파킨슨증 환자들이 수용되어 있었다. 1960년대에 그곳은 커다란 정원으로 둘러싸인 가설 건물이었다. 그 후 500병상을 갖춘 시설로 확장되자 건물이 대부분의 정원 면적을 집어삼켜버리고 말았지만,

건물 한복판에는 분재로 가득 찬 파티오patio◆가 조성되어 환자들의 필수 공간 노릇을 톡톡히 했다. 또한 앞 못 보는 환자들과 휠체어 탄 환자들이 만지고 냄새 맡을 수 있도록, 높이 조성한 화단raised bed이 마련되었다.

나는 전 세계에서 양로원을 운영하고 있는 경로수녀회와도 함께 일한다. 경로수녀회는 1830년대 후반 브르타뉴◆◆에서 처음 설립된 가톨릭 수녀회로, 1860년대에 미국으로까지 확산되었다. 그 당시에는 양로원이나 주립병원 같은 시설들이 커다란 농장 정원(그리고 종종 낙농장까지도)을 운영하는 것이 보통이었다. 아! 이제는 대부분 사라진 전통이지만, 경로수녀회에서는 오늘날 그것을 재도입하려고 애쓰고 있다. 경로수녀회가 뉴욕시에서 운영하는 양로원 중 하나는 퀸스의 울창한 교외에 위치하는데, 그곳에는 보도步道와 벤치들이 많이 설치되어 있다. 어떤 수용자는 스스로 걸을 수 있고, 어떤 수용자는 지팡이나 보행기나 휠체어가 필요하다. 그러나 따뜻한 봄이 되면, 거의 모든 수용자들이 정원으로 나와 신선한 공기를 마시고 싶어 한다.

자연은 우리의 마음 깊은 곳에 있는 뭔가에게 말을 거는 게 틀림없다. '자연'과 '살아 있는 모든 것'에 대한 사랑을 의미하는 생명애biophilia는 인간됨의 필수적인 부분이다. 자연과 상호작용을 하고, 자연을 관리하고 돌보려는 욕망을 의미하는 원예애hortophlia도 우리

◆   위쪽이 트인 건물 내의 뜰.
◆◆ 프랑스 북서부의 반도.

의 몸 깊숙한 곳에 스며들어 있다. 자연이 건강 증진 및 치유 과정에서 수행하는 역할은 더욱더 필수적인 부분으로 자리 잡아가고 있다. 창문 없는 사무실에서 장시간 근무하는 사람들, 녹색 공간에 접근할 수 없는 도시에서 생활하는 사람들, 도시의 답답한 교실에서 공부하는 어린이들, 양로원과 같은 시설에서 생활하는 노인들…. 자연이 건강에 미치는 영향의 범위는 영적·정서적 측면뿐 아니라, 생리학적·신경학적 측면에 이르기까지 광범위하다. 나는 그것이 뇌의 생리학은 물론 어쩌면 구조에도 심오한 변화를 초래한다는 점을 믿어 의심치 않는다.

은행나무의 밤

11월 13일인 오늘, 뉴욕의 어디에서나 나뭇잎이 떨어져 두둥
실 떠다니거나 바람에 흩날린다. 그러나 괄목할 만한 예외가 한 가
지 있으니, 부채 모양의 은행잎만큼은, 이미 완연한 황금빛으로 물
들었음에도 불구하고, 가지에 단단히 달라붙어 있다. 아주 오랜 옛
날부터 사람들이 그 아름다운 나무를 숭배해온 이유를 알 것 같다.
덕분에 은행나무는 중국 사찰의 경내에서 수천 년 동안 고이 보존되
어왔지만, 야생에서는 거의 멸종했다. 그러나 그들은 여기 뉴욕에서
비범한 생존 능력을 과시하고 있다. 열기, 강설, 허리케인, 디젤 매연
등 뉴욕의 온갖 악조건 속에서도 수천 그루나 살아남았으며, 성숙한
것은 무려 수십만 개의 잎을 보유하고 있으니 말이다. 은행잎으로
말할 것 같으면, 자그마치 중생대의 공룡들이 질근질근 씹어 먹었던
질기고 두꺼운 나뭇잎이다. 은행나무과*Ginkgoaceae*는 공룡 이전부터
존재했으며, 현재 유일하게 살아남은 구성원인 은행나무*Ginko biliba*

는 지난 2억 년 동안 기본적으로 변한 게 없는 살아 있는 화석이다.

좀 더 현대적인 속씨식물angiosperm(단풍나무, 참나무, 너도밤나무 등이 여기에 속함)의 잎은 갈색으로 말라붙은 후 몇 주 동안에 걸쳐 서서히 떨어지지만, 겉씨식물gymnosperm에 속하는 은행나무는 모든 잎을 한 꺼번에 우수수 떨군다. 식물학자 피터 크레인은 자신의 저서《은행 나무—시간이 망각한 나무Ginko: The Tree That Time Forgot》에서, 미시간 주에 있는 매우 커다란 은행나무에 대해 "사람들은 수년 동안 '은행 잎이 지는 날짜 맞추기' 내기를 했다"고 썼다. 크레인은 대체로 "으 스스할 정도의 동시성synchronicity"으로 잎이 한꺼번에 떨어진다며, 시인 하워드 네메로프의 시를 인용한다.

> 11월 말의 어느 날 밤
> 꽁꽁 얼 정도로 춥지도 않은데,
> 길거리에 일렬로 늘어서 있던 은행나무들이 일제히 잎을 떨군다.
> 비도 안 오고 바람도 안 불지만
> 마치 시간을 정한 것처럼. 황금빛, 녹색 부채가
> 어제는 하늘 높이 매달려 햇살을 흩뜨리더니
> 오늘은 땅바닥에 떨어져 잔디를 어지럽힌다.

은행나무들은 모종의 외부 신호—이를테면 기온이나 빛의 변 화에 반응하는 것일까? 아니면 모종의 내부 신호—이를테면 유전적 으로 프로그래밍된 신호에 반응하는 것일까? 그런 동시성의 배경에 도사리고 있는 원인을 아는 사람은 아무도 없지만, 은행나무의 태곳적 유물과 관련되어 있는 것만큼은 분명하다. 그 유물을 물려받아, 좀 더 현대적인 나무들과 완전히 다른 경로를 밟아 진화해왔기 때문이다.

올해는 그날이 도대체 언제일까? 11월 20일, 25일, 30일? 어느 날이 됐든, 모든 은행나무들은 '은행나무의 밤' 행사에 참가할 것이다. 그 행사를 참관하는 사람은 거의 없을 것이다. 대부분이 잠들어 있을 테니 말이다. 그러나 다음 날 아침, 모든 은행나무 아래의 땅바닥은 수천 개의 두꺼운 황금빛 부채들로 뒤덮여 있을 것이다.

필터피시

게필테 피시gefilte fish◆는 식탁에 자주 오르는 메뉴는 아니며, 정통파 유대교도 가정에서 주로 (요리가 허용되지 않는) 안식일에 먹는 음식이다. 나의 어린 시절, 의사이던 어머니는 매주 금요일 오후 일찌감치 일손을 놓고, 안식일이 찾아오기 전에 게필테 피시와 그 밖의 안식일 음식을 준비하는 데 전념했다.

어머니가 만든 게필테 피시는 잉어에 강꼬치고기와 송어를 얹은 게 기본이었고, 간혹 농어나 가숭어mullet가 추가되곤 했다. (생선장수는 들통 속의 물에서 헤엄치는 활어를 공급했다.) 물고기는 비늘을 벗기고 가시를 발라낸 다음 분쇄기에 넣어야 했다. 우리 집 주방의 테이블에는 커다란 금속 분쇄기가 딸려 있었는데, 어머니는 때때로 나에게 분쇄기 손잡이를 돌리게 해주셨다. 그런 다음 분쇄된 물고기에 날달

◆ 송어, 잉어 고기에 계란, 양파 따위를 섞어 둥글게 뭉쳐 끓인 요리.

걀과 무교병♦, 후추와 설탕을 넣었다. (내가 듣기로 리투아니아계 유대인은 후추를 많이 넣는다고 하는데, 어머니도 아버지를 배려하여 후추를 듬뿍 넣은 것 같았다. 아버지는 리투아니아 태생의 유대인이었기 때문이다.)

어머니는 직경 5센티미터짜리 생선 완자를 만든 다음(2~3킬로그램의 물고기로 10여 개의 생선 완자를 만들 수 있었다), 얇게 썬 당근 몇 개와 함께 물속에 넣어 삶았다. 삶아낸 생선 완자가 식는 동안 무척이나 은은한 맛이 나는 젤리가 엉겨서, 생선 완자에 결코 빠질 수 없는 서양고추냉이와 함께 어린 나의 넋을 송두리째 빼앗았다.

나는 어머니가 만든 게필테 피시의 맛을 두 번 다시 볼 수 없으리라 생각했지만, 40대 때 헬렌 존스라는 가정부를 만나고 나서 생각이 바뀌었다. 그녀는 요리책에 나오지 않는 요리를 척척 해내는 진정한 요리 천재로, 나의 입맛을 파악하고 나더니 대뜸 게필테 피시를 직접 만들어보겠다고 나섰다.

매주 목요일 아침 헬렌이 우리 집에 오면, 우리는 함께 쇼핑을 하러 브롱크스로 가곤 했다. 우리가 제일 먼저 들른 곳은 쌍둥이를 방불케 할 만큼 꼭 닮은 시칠리아인 형제가 운영하는 리디그 애비뉴의 생선가게였다. 생선장수야 우리에게 잉어, 송어, 강꼬치고기를 판매해서 좋았겠지만, 나는 영 미덥지 않았다. 그도 그럴 것이, 아프리카계 미국인으로 독실한 기독교 신자인 헬렌이 무슨 재주로 정통 유대인의 섬세한 요리를 흉내 낸단 말인가! 그러나 그녀는 가공

♦ 유대인들이 전통적으로 유월절에 먹는 비스킷 비슷한 빵. 발효 과정 없이 물과 밀가루만으로 만든다.

한 만한 즉흥 요리 실력의 소유자였다. 나는 그녀가 만든 게필테 피시(그녀는 '필터피시filter fish'라고 불렀다)의 맛을 보고, 어머니가 만든 것만큼이나 훌륭하다고 인정하지 않을 수 없었다. 헬렌은 요리를 반복할 때마다 필터피시의 품질을 개량하여, 내 친구와 이웃들의 입맛까지도 사로잡았다. 헬렌의 교회 친구들도 마찬가지여서, 나는 그녀의 침례교 교우들이 교회에서 친교를 나눌 때 게필테 피시를 맛있게 먹는 장면을 상상하며 웃음 짓곤 했다.

1983년 나의 쉰 번째 생일날, 그녀는 필터피시를 거대한 그릇에 한가득 만들어 쉰 명의 하객들에게 대접했다. 하객 중에는 〈뉴욕 리뷰 오브 북스The New York Review of Books〉의 편집인 밥 실버스도 포함되어 있었는데, 헬렌의 요리 솜씨에 반한 나머지 자기 회사의 전 직원을 위해서도 만들어줄 수 있는지 궁금해했다.

나를 위해 17년간 일한 뒤 그녀가 세상을 떠났을 때, 나는 그녀를 깊이 애도했으며 게필테 피시에 대한 입맛까지도 잃었다. 헬렌의 게필테 피시가 암브로시아ambrosia♦♦라면, 슈퍼마켓에서 병에 담아 판매하는 상업용 게필테 피시는 혐오식품 수준이었다.

그러나 이제 (기적을 용납하지 않는) 인생의 마지막 주간을 맞이하여(구역질이 너무 심해, 액체나 젤리형 고체를 제외하면, 거의 모든 음식물을 삼키기가 어렵다), 나는 게필테 피시의 진가를 재발견하고 있다. 비록 한번에 100그램 이상을 섭취할 수 없지만, 깨어 있는 동안 한 시간에 한

♦♦ 신화에 나오는 신들의 음식. 꿀·물·과일·치즈·올리브유·보리 등으로 만든 것이며 신들이 영생하는 것도 바로 이 신묘한 음식 때문이라고 한다.

번씩 게필테 피시 1회분을 섭취하면 꼭 필요한 단백질을 공급받을 수 있다. (게필테 피시 젤리는 송아지족calf's-foot의 젤리와 마찬가지로 환자식의 하나로 그 가치를 인정받아왔다.)

매일같이 다양한 상점에서 게필테 피시가 배달되어온다. 머레이스 온 브로드웨이, 러스앤드도터스, 세이블스, 자바스, 바니 그린 그래스, 세컨드 애비뉴 델리―이 모든 상점들이 제각기 게필테 피시를 만들어 파는데, 나는 브랜드를 가리지 않고 다 좋아한다. (그러나 그중 어느 것도 어머니나 헬렌의 손맛에 견줄 수는 없다.)

나는 네 살 적에 먹어본 케필테 피시의 맛을 기억하고 있지만, 내 입맛은 그 이전에 이미 형성되지 않았을까 생각한다. 왜냐하면 정통 유대인 가정에서는 유아의 이유식으로 종종 영양분이 풍부한 게필테 피시의 젤리를 먹이기 때문이다. 그렇다면 게필테 피시는 인생의 알파요 오메가인 셈이다. 지금으로부터 82년 전 나를 이 세상에 데려다주었듯이, 조만간 나를 이 세상에서 데려갈 테니 말이다.

삶은 계속된다

내가 제일 좋아하는 렌 이모는 80대 때 나에게 비행기, 우주여행, 플라스틱 등 난생처음 보고 듣고 행하는 일에 적응하는 것이 별로 힘들지 않다고 말했다. 그러나 제아무리 적응력이 강한 이모라도 적응할 수 없는 부분이 하나 있었으니, '옛것들이 사라져가는 것'이었다. 이모는 간혹 이렇게 물었다. "그 많던 말馬들은 다 어디로 갔어?" 그럴 만도 한 것이, 이모는 1892년에 태어나, 마차와 말이 가득한 런던에서 줄곧 성장했기 때문이다.

나 역시 비슷한 느낌을 갖고 있다. 나는 몇 년 전 조카딸 리즈와 함께 내가 자란 런던 집 근처 도로인 밀레인을 따라 걷다가, 어린 시절 난간에 기대기를 좋아했던 철교에서 멈춰 섰다. 내가 다양한 전동차와 디젤기관차가 지나가는 것을 물끄러미 보고 있는데, 옆에 서 있던 리즈가 더 이상 못 참겠다는 듯 물었다. "뭘 기다려요?" 내가 증기기관차를 기다린다고 했더니, 리즈는 나를 정신 나간 사람 보듯

처다봤다.

"올리버 삼촌, 증기기관차는 사라진 지 사십 년도 넘었어요."

일부 새로운 사회풍조에 대한 적응력은 나나 숙모나 별 차이가 없는데, 그건 아마도 기술 발달과 관련된 사회 변화의 속도가 너무 빠르고 심오하기 때문인 듯하다. 예컨대, 거리의 무수한 행인들이 '조그만 상자'를 뚫어지게 쳐다보거나 얼굴에 바짝 들이댄 채, 붐비는 교통과 인파 그리고 주변 환경은 전혀 아랑곳하지 않고 무사태평하게 걷는 것에 나는 도무지 익숙해지지가 않는다. 젊은 부모들이 아기를 데리고(또는 유모차에 태우고) 길을 갈 때, 휴대전화에 정신이 팔려 아기를 본체만체하는 것은 또 어떻고! 부모의 관심을 받지 못하는 어린이들이 느끼는 소외감은 향후 그들의 정서적·심리적 발달에 부정적 영향을 미칠 게 분명하다.

필립 로스는 2007년에 출간한 소설《유령 퇴장Exit Ghost》(문학동네, 2014)에서, 10년 동안 잠적했던 은둔 작가의 눈에 비친 뉴욕이 얼마나 근본적으로 달라졌는지를 묘사했다. 그는 모든 주변 사람들이 휴대전화로 대화하는 것을 속절없이 듣다가 이런 의문을 품는다. "최근 십 년 동안 무슨 일이 있었기에 갑자기 이들이 이토록 할 말이 많아진 걸까? … 뭐가 그렇게 급해서 도무지 기다리지도 못하고 말하는 걸까? … 깨어 있는 생활의 절반을 휴대전화를 끼고 떠들어대며 배회하는 데 할애하면서도 인간으로서 존재하고 있다고 믿는다는 게 납득이 가지 않는다."

2007년 이미 불길한 징조를 보였던 이 '작고 유용한 장치'는 이제 우리의 삶을 가상현실 속에 더 깊숙이, 더 강력히, 더 비인간적으로 매몰시킨다.

나는 완벽히 사라진 미풍양속에 늘 직면한다. 사회생활, 거리 생활, 주변의 사람과 사물에 대한 관심은 대부분 사라졌다. 백 보 양보하여, 적어도 대도시에서는 그렇다. 대다수의 도시인들은 쉴 새 없이 휴대전화 통화나 다른 장치에 매달려 지절거리고, 문자메시지를 보내고, 게임을 하고, 각양각색의 가상현실에 점점 더 빠져든다.

오늘날에는 생각, 사진, 움직임, 물건 구입 등 모든 개인사가 공개된다. 일분일초도 쉬지 않고 소셜미디어에 접속하는 세상에서, 프라이버시는 존재하지 않으며 프라이버시를 지키려는 욕구도 없다. 매분 매초는 손에 쥔 장치를 사용하는 데 할애된다. 이런 가상세계의 덫에 걸린 사람들은 결코 홀로 있을 수 없으므로, 조용히 자신만의 방법으로 인식하거나 집중할 수 없다. 그들은 문명의 편익과 성과를 대부분 포기했으므로, 예술 작품, 과학 이론, 일몰 또는 사랑하는 사람의 얼굴을 바라보며 호젓함과 여가, 자유재량, 진정한 몰입감을 느낄 수 없다.

나는 몇 년 전 "21세기의 정보와 통신"이라는 제목의 패널 토의에 초청되었다. 패널 중 한 명은 인터넷의 선구자였는데, 자신의 어린 딸이 하루에 열두 시간 동안 인터넷 서핑을 하며, (종전 세대에서는 어느 누구도 상상할 수 없었던) 광범위한 정보에 접근할 수 있다고 자랑스레 이야기했다. 내가 그에게 "따님은 제인 오스틴의 소설이나 그 외 무엇이라도 고전문학을 읽었나요?"라고 물었더니, 그는 대뜸 "아뇨, 내 아이는 그 따위 것들을 읽을 시간이 없습니다"라고 대답했다. 나는 내 놀라움을 소리 내어 표현하며, 그렇다면 그녀가 인간의 본성이나 사회를 제대로 이해했을지 의문이고, 광범위한 정보를 습득했는지는 몰라도 정보는 지식과 다르며, 그녀의 정신은 얄팍하고 알맹이도 없을 것이라고 말했다. 청중의 절반은 박수갈채를 보냈고, 나머지 절반은 야유를 보냈다.

주목할 만한 것은, E. M. 포스터가 1909년에 발표한 단편소설 〈기계가 멈춘다The Machine Stops〉에서 오늘날 펼쳐질 상황을 상당 부분 예견했다는 것이다. 그는 그 소설에서, 지하의 고립된 감방에서 생활하는 사람들이 직접 만나지 않고 오디오 및 시각 장치를 이용하여 의사소통하는 미래 세계를 상상했다. 그 세계에서는 "혼자 생각해낸 아이디어를 조심하라!"고 외치며, 독창적인 생각과 직접적인 관찰을 포기하도록 종용하였다. 인간성을 접수한 기계the Machine 가 모든 편의를 제공하고 수요를 충족하되, 인간적 접촉의 욕구만은 금지한 것이다. 단 한 명의 청년 쿠노가 스카이프 비슷한 기술을 이용하여 어머니에게 호소하였다. "나는 기계를 통하지 않고 어머니를 보고 싶어요. 지긋지긋한 기계를 통해 어머니와 이야기하는 건 싫어요."

그는 자신만의 빡빡하고 무의미한 삶을 사는 어머니에게 이렇게 말한다. "우리는 공간 감각을 상실했어요. … 자아의 일부분을 잃어버렸다고요. … 우리가 죽어가고 있고, 진정한 삶을 사는 존재는 기계밖에 없다는 사실을 모른단 말이에요?"

내가 요즘 휴대전화에 빠져 정신 못 차리는 사회에서 느끼는 감정도 쿠노와 별반 다르지 않다.

◆

죽음이 점점 더 가까이 다가올수록, 사람들은 생명이(만약 자신이 아니라면 자녀의 생명이, 이도 저도 아니라면 자신이 창조한 사물이나 사상의 생명이) 계속될 거라고 느끼며 위안을 삼는다. 나와 같은 무신론자에게는 육신의 죽음 뒤에 남는 물리적·영적 생존감은 없지만, 최소한 여기에 희망을 품을 수는 있다.

그러나 자신에게 자양분을 제공했고, 자신도 그에 대한 보답으로 최선을 다한 사회가 위협받고 있다면, 개인적 차원에서 뭔가를 창조하여 사회에 기여하거나 영향을 미치는 것만으로는 충분하지 않다. 나는 친구들, 전 세계의 독자들, 내 삶의 기억, 글쓰기의 즐거움으로부터 지지와 자극을 받고 있지만, 많은 사람들이 틀림없이 그럴 것과 마찬가지로 세상의 웰빙과 생존에 대해 깊은 우려를 느끼고 있다.

그런 우려감을 최고의 지적·도덕적 수준으로 표현한 사람은 마틴 리스다. 그는 왕립학회장을 역임한 왕실 천문학자로, 종말론적 사고에 빠질 만한 사람이 아니다. 그러나 그는 2003년 "한 과학자의 경고—테러, 오류, 환경 재앙이 금세기 인류의 미래를 어떻게 위협하는가?A Scientist's Warning—How Terror, Error, and Environmental Disaster Threaten Humankind's Future in This Century"라는 부제가 붙은 《인간생존확률 50:50Our Final Hour》(소소, 2004)이라는 책을 출간했다. 2015년에는 프란치스코 교황이 괄목할 만한 회칙回勅˙ 《찬미받으소서Laudato Si'》(한국천주교중앙협의회, 2015)를 발표하여, 인간이 초래한 기후변화와 광범위한 생태 재앙은 물론, 절망적인 빈곤 상태와 점차 늘어가는 소비만능주의와 기술 오용의 위험을 지적했다. 설상가상으로, 최근에는 극단주의, 테러리즘, 인종청소가 전통적 전쟁에 가세했고, 어떤 경우에는 인간의 유산과 역사와 문화가 고의로 파괴되고 있다.

나 역시 이러한 위협들을 우려하지만, 그것들은 시간적·공간적으로 다소 거리감이 있는 사안이다. 내가 그보다 더 우려하는 것은, 우리의 사회와 문화에서 언제부턴가 유의미하고 친밀한 접촉이 (감지하기 힘들지만) 너무나 만연하게 다 빠져나가버렸다는 점이다.

나는 열여덟 살 때 흄의 책을 처음으로 읽고, 그가 1738년에 발표한《인간 본성에 관한 논고Treatise of Human Nature》에서 제시한 통찰에 경악을 금치 못했다. 그는 이렇게 말했다. "인류는 상이한 지각들different perceptions의 집합체에 불과하다. 이 지각들은 상상할 수 없는 신속함으로 서로에게 계승되며 영속적인 흐름flux과 운동movement 상태에 있다." 나는 과거나 미래에 대한 감각을 모두 상실하고 계속적으로 변화하는 찰나적 감각에 휩싸여 있는 사람들이 어떤 의미에서는 인간적 존재human being에서 흄적 존재Humean being로 타락했다는 느낌을 지울 수 없다.

흄적 존재들을 수천 단위로 확인하려면, 굳이 멀리 갈 필요도 없이 가까운 웨스트빌리지를 방문하면 된다. 그곳에서는 소셜미디어 시대에 성장한 사람들로, 과거사에 대한 개인적 기억이 없고, 디지털 생활 중독에 대한 면역력이 전혀 없는 청년들을 만날 수 있다.

◆ 교황이 세계의 주교 또는 일국의 주교를 통해서 전 교회에 주는 교서.

그곳에서 볼 수 있는 것은, 그리고 우리를 집어삼키려 다가오는 것은 엄청난 규모의 신경학적 재앙이다.

그럼에도 불구하고, 나는 어떠한 역경 속에서도, 심지어 지구가 황폐해지더라도 인간의 삶과 문화적 풍요는 생존할 것이라는 희망을 감히 품는다. 어떤 사람들은 예술을 문화의 방어벽이나 인류의 집단 기억으로 간주하지만, 나는 심오한 사고, 손으로 만질 수 있는 성과와 잠재력을 가진 과학도 그와 똑같이 중요하다고 생각한다. 요즘 '좋은 과학'이 전례 없이 번성하고 있으며, 훌륭한 과학자들이 앞장서서 조심스레 서서히 움직이며 지속적인 자기 검증과 실험을 통해 통찰력을 점검받고 있다. 나는 좋은 글쓰기·미술·음악을 높이 평가하지만, 품위, 상식, 선견지명, 불행한 사람과 가난한 사람에 대한 관심 같은 인간의 미덕을 바탕으로 수렁에 빠진 세상에 희망을 줄 수 있는 것은 과학뿐이라고 생각한다. 과학의 잠재력은 방대하고 중앙집권화된 기술뿐만 아니라, 지구촌의 노동자·농민·장인들을 통해서도 실현될 수 있다. (프란치스코 교황도 회칙에서 이 점을 강조했다.)

세상을 하직할 날이 얼마 남지 않은 지금, 나는 다음과 같은 세 가지 점을 신뢰한다. 인류와 지구는 생존할 것이고, 삶은 지속될 것이며, 지금이 인류의 마지막 시간이 되지는 않을 것이다. 우리의 힘으로 현재의 위기를 극복하고 좀 더 행복한 미래를 향해 나아가는 것은 가능하다.

참고문헌

Alexander von Humboldt, *Cosmos*, Baltimore, Md.: Johns Hopkins University Press, 1845/1997.

Carleton Gajdusek, "Fantasy of a 'Virus' from the Inorganic World," *Haematology and Blood Transfusion* 32 (February): 481~499, 1989.

Christian de Duve, *Vital Dust: Life as a Cosmic Imperative*, New York: Basic Books, 1995.

Christopher Payne, *Asylum: Inside the Closed World of State Mental Hospitals*, With a foreword by Oliver Sacks, Cambridge, Mass,: MIT Press, 2009.

Darby Penney and Peter Stastny, *The Lives They Left Behind: Suitcases from a State Hospital Attic*, New York: Bellevue Literary Press, 2008.

David Hume, *Treatise of Human Nature*, London: Longmans, Green, 1738/1874.

David Knight, *Humphry Davy: Science and Power*, Cambridge: Cambridge University Press, 1992.

Donna Cohen and Carl Eisdorfer, *The Loss of Self: A Family Resource for the Care of Alzheimer's Disease and Related Disorders*, New York: Norton, 2001.

E. J. Marey, *Animal Mechanism: A Treatise on Terrestrial and Aerial Locomotion*, New York: Appleton, 1879.

E. M. Forster, "The Machine Stops," In *The Eternal Moment*, London:

Sidgwick and Jackson, 1909/1928.

Eben Alexander, *Proof of Heaven: A Neurosurgeon's Journey into the Afterlife,* New York: Simon & Schuster, 2012.

Edward Liveing, *On Megrim, Sick-Headache, and Some Allied Disorders: A Contribution to the Pathology of Nerve-Storms,* London: Churchill, 1873.

Edward M. Podvoll, *The Seduction of Madness: Revolutionary Insights into the World of Psychosis and a Compassionate Approach to Recovery at Home,* New York: HarperCollins, 1990.

Elyn Saks, *The Center Cannot Hold: My Journey Through Madness,* New York: Hyperion, 2007.

Erik Erikson, Joan Erikson, and Helen Kivnick, *Vital Involvement in Old Age,* New York: Norton, 1987.

Ernst Mayr, *This Is Biology: The Science of the Living World,* Cambridge, Mass.: Belknap Press of Harvard University Press, 1997.

Erving Goffman, *Asylums: Essays on the Social Situation of Mental Patients and Other Inmates,* New York: Anchor, 1961.

Eugeen Roosens and Lieve Van de Walle, *Geel Revisited: After Centuries of Mental Rehabilitation,* Antwerp: Garant, 2007.

Eugeen Roosens, *Mental Patients in Town Life: Geel—Europe's First Therapeutic Community,* Beverly Hills: Sage Publications, 1979.

Francis Crick and Graeme Mitchison, "The Function of Dream Sleep," *Nature* 304 (5922): 111~114, 1983.

Francis Crick and Leslie Orgel, "Directed Panspermia," *Icarus* 19: 341~346, 1973.

Francis Crick, *Life Itself: Its Origin and Nature,* New York: Simon & Schuster, 1981.

Fred Hoyle and Chandra Wickramasinghe, *Evolution from Space: A Theory of Cosmic Creationism,* New York: Simon & Schuster, 1982.

Freeman J. Dyson, *Origins of Life,* Second edition, Cambridge: Cambridge University Press, 1999.

Frigyes Karinthy, *A Journey Round My Skull,* With an introduction by Oliver Sacks, New York: New York Review Books, 1939/2008.

Gerald M. Edelman, *Neural Darwinism: The Theory of Neuronal Group Selection*, New York: Basic Books, 1987,

H. G. Wells, *The War of the Worlds*, London: Heinemann, 1898.

_____, *The First Men in the Moon*, New York: Modern Library, 1901/2003.

H. Henrik Ehrsson, "The Experimental Induction of Out-of-Body Experiences," *Science* 317 (5841): 1048, 2007.

H. Henrik Ehrsson, Charles Spence, and Richard E. Passingham, "That's My Hand! Activity in the Premotor Cortex Reflects Feeling of Ownership of a Limb," *Science* 305 (5685): 875~877, 2004.

H. Henrik Ehrsson, Nicholas P. Holmes, and Richard E. Passingham, "Touching a Rubber Hand: Feeling of Body Ownership is Associated with Activity in Multisensory Brain Areas," *Journal of Neuroscience* 25 (45): 10564 –73, 2005.

Henrik Ibsen, *The Lady from the Sea*, In *Four Major Plays*, vol. 2, Translated and with a foreword by Rolf Fjelde, New York: Signet Classics, 1888/2001.

Humphry Davy, *Elements of Agricultural Chemistry in a Course of Lectures*, London: Longman, 1813.

_____, "Some Researches on Flame," *Philosophical Transactions of the Royal Society of London* 107: 145~176, 1817.

_____, *Salmonia; or Days of Fly Fishing*, London: John Murray, 1828.

J. Hughlings Jackson, "The Factors of Insanities," Classic Text No. 47, *History of Psychiatry* 12 (47): 353~373, 1894/2001.

Jacques Monod, *Chance and Necessity: An Essay on the Natural Philosophy of Modern Biology*, New York: Knopf, 1971.

James Joyce, *Finnegans Wake*, London: Faber and Faber, 1922.

Jay Neugeboren, *Imagining Robert: My Brother, Madness, and Survival*, New York: Morrow, 1997.

_____, "Infiltrating the Enemy of the Mind," Review of *The Center Cannot Hold*, by Elyn Saks, *New York Review of Books*, April 17, 2008.

Jerome Groopman, *How Doctors Think*, New York: Houghton Mifflin, 2007.

John Custance, *Wisdom, Madness and Folly: The Philosophy of a Lunatic*,

New York: Pellegrini, 1952.

John Hutchinson, Dan Famini, Richard Lair, and Rodger Kram, "Bio mechanics: Are Fast-Moving Elephants Really Running?" *Nature* 422: 493~494, 2003.

Kay Redfield Jamison, *Touched with Fire: Manic-Depressive Illness and the Artistic Temperament*, New York: Free Press, 1993.

_____, *An Unquiet Mind: A Memoir of Moods and Madness*, New York: Knopf, 1995.

Kenneth Dewhurst and A, W, Beard, "Sudden Religious Conversions in Temporal Lobe Epilepsy," *British Journal of Psychiatry* 117: 497~507, 1970.

Kevin Nelson, *The Spiritual Doorway in the Brain: A Neurologist's Search for the God Experience*, New York: Dutton, 2011.

Kurt Goldstein, *The Organism*, With a foreword by Oliver Sacks, New York: Zone Books, 1934/2000.

Leonard Shengold, *The Boy Will Come to Nothing! Freud's Ego Ideal and Freud as Ego Ideal*, New Haven: Yale University Press, 1993.

Lucy King, *From Under the Cloud at Seven Steeples, 1878~1885: The Peculiarly Saddened Life of Anna Agnew at the Indiana Hospital for the Insane*, Zionsville: Guild Press of Indiana, 2002.

Lynn Margulis and Dorion Sagan, *Microcosmos: Four Billion Years of Microbial Evolution*, New York: Summit Books, 1986.

Marta Braun, *Picturing Time: The Work of Etienne-Jules Marey (1830~1904)*, Chicago: University of Chicago Press, 1992.

Martin Rees, *Our Final Hour: A Scientist's Warning—How Terror, Error, and Environmental Disaster Threaten Humankind's Future in This Century*, New York: Basic Books, 2003.

Mary Shelley, *Frankenstein; or, The Modern Prometheus*, London: Lacking ton, Hughes, Harding, Mavor & Jones, 1818.

Michael Greenberg, *Hurry Down Sunshine*, New York: Other Press, 2008.

Michael Merzenich, "Long-term Change of Mind," *Science* 282 (5391): 1062~1063, 1998.

Mike Smylie, *Herring: A History of the Silver Darlings, Stroud*, UK:

Tempus, 2004.

Neil Shubin, *Your Inner Fish: A Journey into the 3,5-Billion-Year History of the Human Body*, New York: Pantheon, 2008.

Oliver Sacks, *Awakenings*, New York: Doubleday, 1973.

————, *A Leg to Stand On*, New York: Summit, 1984.

————, *The Man Who Mistook His Wife for a Hat*, New York: Summit, 1985.

————, *Migraine*, Rev, ed, New York: Vintage, 1992.

————, *An Anthropologist on Mars*, New York: Knopf, 1995.

————, *Uncle Tungsten*, New York: Knopf, 2001.

————, *Musicophilia: Tales of Music and the Brain*, New York: Knopf, 2007.

————, *The Mind's Eye*, New York: Knopf, 2010.

————, *Hallucinations*, New York: Knopf, 2012.

————, *On the Move*, New York: Knopf, 2015.

Peter Crane, *Ginkgo: The Tree That Time Forgot*. New Haven: Yale University Press, 2013.

Philip Roth, *Exit Ghost*, New York: Houghton Mifflin Harcourt, 2007.

R. Kurlan, J. Behr, L. Medved, I. Shoulson, D. Pauls, J. Kidd, K. K. Kidd, "Familial Tourette Syndrome: Report of a Large Pedigree and Potential for Linkage Analysis," *Neurology* 36: 772~776, 1986.

Rebecca Solnit, *River of Shadows: Eadweard Muybridge and the Technolo gical Wild West*, New York: Viking, 2003.

Richard Dawkins, *Climbing Mount Improbable*, New York: Norton, 1996.

Richard Holmes, *Coleridge: Early Visions, 1772~1804*, New York: Pan theon, 1989.

Richard Rhodes, *Deadly Feasts: Tracking the Secrets of a Terrifying New Plague*, New York: Simon & Schuster, 1997.

Robert Lowell, Draft manuscript for *Life Studies*, Houghton Library, Harvard College Library, 1959.

Robert Provine, *Curious Behavior: Yawning, Laughing, Hiccupping, and Beyond*, Cambridge, Mass,: Belknap Press of Harvard University Press, 2012.

Samuel Taylor Coleridge, *Encyclopaedia Metropolitana* (reprinted in *The*

Friend as Essays as Method.)

Sigmund Freud, *Interpretation of Dreams*, Standard edition, 5, 1900.

Smith Ely Jelliffe, *Post-Encephalitic Respiratory Disorders*, Washington, DC: Nervous and Mental Disease Publishing Co, 1927.

Spalding Gray, *The Journals of Spalding Gray*, Edited by Nell Casey, New York: Vintage, 2012.

Stephen Jay Gould, *The Flamingo's Smile: Reflections in Natural History*, New York: Norton, 1985.

Susan Sheehan, *Is There No Place on Earth for Me?*, New York: Houghton Mifflin Harcourt, 1982.

T. M. Luhrmann, *When God Talks Back: Understanding the American Evangelical Relationship with God*, New York: Knopf, 2012.

Thomas DeBaggio, *Losing My Mind: An Intimate Look at Life with Alzheimer's*, New York: Free Press, 2002.

————, *When It Gets Dark: An Enlightened Reflection on Life with Alzheimer's*, New York: Free Press, 2003.

Thomas Hobbes, *Leviathan*, Cambridge: Cambridge University Press, 1651/1904.

Tim Parks, "In the Locked Ward," Review of *Imagining Robert*, by Jay Neugeboren, *New York Review of Books*, February 24, 2000.

W. G. Sebald, *The Rings of Saturn*, New York: New Directions, 1998.

출처

첫사랑

〈물아기〉는 〈뉴요커〉 1997년 5월 26일 자에 처음 실렸다.

〈사우스켄싱턴의 기억〉은 〈디스커버〉 1991년 11월호에 처음 실렸다.

〈첫사랑〉은 〈뉴욕 리뷰 오브 북스〉 2001년 10월 18일 자와 《엉클 텅스텐》(바다출판사, 2015)에 처음 실렸다.

〈화학의 시인, 험프리 데이비〉는 〈뉴욕 리뷰 오브 북스〉 1993년 11월 4일 자에 이 책에 수록된 것보다 더 긴 글로 처음 실렸다.

〈도서관〉은 〈더 스리페니 리뷰The Threepenny Review〉에 처음 실렸다.

〈뇌 속으로의 여행〉은 〈뉴욕 리뷰 오브 북스〉 2008년 3월 20일 자에 약간 다른 형식으로 처음 실렸고, 프리제시 카린시의 《나의 두개골 일주 여행기》(뉴욕리뷰북스, 2008) 서문으로 실렸다.

병실에서

〈냉장보관〉은 〈그랜타Granta〉 1987년 봄호에 약간 다른 형식으로 처음 실렸다.

〈신경학적 꿈〉은 〈MD〉 35, no. 2(1991년 2월)에 약간 다른 형식으로 처음 실렸고, 디어드레 바렛 편編 《트라우마와 꿈Trauma and Dreams》(하버드대학교출판부, 1996)에도 실렸다.

〈무〉는 리처드 L. 그레고리 편編 《옥스퍼드 마음 안내서The Oxford Companion to the Mind》(옥스퍼드대학교출판부 뉴욕 지사, 1987)에 처음 실렸다.

〈세 번째 밀레니엄에서 바라본 신〉은 2012년 12월 www.theatlantic.com에 처음 실렸다.

〈딸꾹질에 관하여〉는 종전에 출판되지 않았다.

〈로웰와 함께한 여행〉은 종전에 출판되지 않았으며, 〈라이프Life〉 1988년 여름호에 실린 〈신의 저주The Divine Curse〉의 일부를 포함했다.

〈억제할 수 없는 충동〉은 〈뉴욕 리뷰 오브 북스〉 2015년 9월호에 처음 실렸다.

〈파국〉은 〈뉴요커〉 2015년 4월 27일 자에 처음 실렸다.

〈위험한 행복감〉은 올리버 색스와 멜라니 슐먼이 〈신경학Neurology〉 64(2005)에 기고한 〈스테로이드 치매―간과된 진단?Steroid Dementia: An Overlooked Diagnosis?〉이라는 논문에 기반했다.

〈차와 토스트〉는 종전에 출판되지 않았다.

〈가상적 정체성〉은 종전에 출판되지 않았다.

〈나이든 뇌와 노쇠한 뇌〉는 〈신경학 아카이브Archives of Neurology〉(1997년 10월)에 실린 논문에 기반하였다.

〈쿠루〉는 〈뉴요커〉 1997년 4얼 14일 자에 〈먹고, 마시고, 조심하라Eat, Drink, and Be Wary〉라는 제목으로 처음 실렸으며, 형식도 약간 다르다.

〈광란의 여름〉은 〈뉴욕 리뷰 오브 북스〉 2008년 9월 25일 자에 처음 실렸다.

〈치유 공동체〉는 〈뉴욕 리뷰 오브 북스〉 2009년 9월 24일 자에 약간 다른 형식으로 처음 실렸고, 크리스토퍼 페인 저著《수용소》(MIT출판부, 2009) 서문으로 실렸다.

삶은 계속된다

〈거기 누구 없소?〉는 〈자연사Natural History〉 2002년 11월호와 〈우주생물학 매거진 Astrobiology Magazine〉 2002년 12월호에 약간 다른 형식으로 처음 실렸다.

〈청어 사랑〉은 〈뉴요커〉 2009년 7월 20일 자에 처음 실렸다.

〈다시 찾은 콜로라도스프링스〉는 〈컬럼비아―문학예술저널Columbia: A Journal of Literature and Art〉 2010년 봄호에 처음 실렸다.

〈공원의 식물학자들〉은 〈뉴요커〉 2007년 8월 13일 자에 처음 실렸다.

〈'안정성의 섬'을 찾아서〉는 〈뉴욕타임스〉 2004년 2월 8일 자에 처음 실렸다.

〈깨알 같은 글씨 읽기〉는 〈뉴욕타임스〉 2012년 12월 14일 자에 처음 실렸다.

〈코끼리의 걸음걸이〉는 〈옴니보어Omnivore〉 2003년 가을호에 처음 실렸다.

〈오랑우탄〉은 종전에 출판되지 않았다.

〈정원이 필요한 이유〉는 종전에 출판되지 않았다.

〈은행나무의 밤〉은 〈뉴요커〉 2014년 11월 24일 자에 처음 실렸다.

〈필터피시〉는 〈뉴요커〉 2015년 11월 14일 자에 처음 실렸다.

〈삶은 계속된다〉는 종전에 출판되지 않았다.

찾아보기

모든 것은 그 자리에

모든 것은 그 자리에

지은이..올리버 색스 Oliver Sacks

1933년 영국 런던에서 태어났다. 옥스퍼드 대학교 퀸스칼리지에서 의학 학위를 받았고, 미국으로 건너가 샌프란시스코와 UCLA에서 레지던트 생활을 했다. 1965년 뉴욕으로 옮겨 가 이듬해부터 베스에이브러햄 병원에서 신경과 전문의로 일하기 시작했다. 그 후 알베르트 아인슈타인 의과대학과 뉴욕 대학교를 거쳐 2007년부터 2012년까지 컬럼비아 대학교에서 신경정신과 임상 교수로 일했다. 2002년 록펠러 대학교가 탁월한 과학 저술가에게 수여하는 '루이스 토머스상'을 수상했고, 옥스퍼드 대학교를 비롯한 여러 대학에서 명예박사 학위를 받았다. 2015년 안암이 간으로 전이되면서 향년 82세로 타계했다. 올리버 색스는 신경과 전문의로 활동하면서 여러 환자들의 사연을 책으로 펴냈다. 인간의 뇌와 정신 활동에 대한 흥미로운 이야기들을 쉽고 재미있게 그리고 감동적으로 들려주어 수많은 독자들에게 큰 사랑을 받았다. 〈뉴욕타임스〉는 문학적인 글쓰기로 대중과 소통하는 올리버 색스를 '의학계의 계관시인'이라고 불렀다.

지은 책으로 베스트셀러《아내를 모자로 착각한 남자》를 비롯해《색맹의 섬》《뮤지코필리아》《환각》《마음의 눈》《목소리를 보았네》《나는 침대에서 내 다리를 주웠다》《깨어남》《편두통》등 10여 권이 있다. 생을 마감하기 전에 자신의 삶과 연구, 저술 등을 감동적으로 서술한 자서전《온 더 무브》와 삶과 죽음을 담담한 어조로 통찰한 칼럼집《고맙습니다》, 인간과 과학에 대한 무한한 애정이 담긴 과학에세이《의식의 강》, 자신이 평생 사랑하고 추구했던 것들에 관한 우아하면서도 사려 깊은 에세이집《모든 것은 그 자리에》를 남겨 잔잔한 감동을 불러일으켰다. 홈페이지 www.oliversacks.com

옮긴이..양병찬

서울대학교 경영학과와 동 대학원을 졸업한 후 대기업에서 직장 생활을 하다 진로를 바꿔 중앙대학교에서 약학을 공부했다. 약사로 활동하며 틈틈이 의약학과 생명과학 분야의 글을 번역했고 지금은 생명과학 분야 전문 번역가로 일하고 있다. 또한 포항공과대학교 생물학연구정보센터(BRIC) 바이오통신원으로, 〈네이처〉〈사이언스〉 등 해외 과학 저널에 실린 의학 및 생명과학 관련 글을 번역하여 최신 동향을 소개하고 있다. 옮긴 책으로《의식의 강》《센스 앤 넌센스》《자연의 발명》《물고기는 알고 있다》《펀치의 부리》《내 속엔 미생물이 너무도 많아》《경이로운 생명》《오늘도 우리 몸은 싸우고 있다》《크레이지 호르몬》등이 있다.

표지그림..전현선

노란색 시작점, watercolor on canvas, 35x27.3, 2017

모든 것은 그 자리에

1판 1쇄 펴냄 2019년 4월 23일
1판 13쇄 펴냄 2022년 6월 20일

지은이 올리버 색스
옮긴이 양병찬
펴낸이 안지미
표지그림 전현선

펴낸곳 (주)알마
출판등록 2006년 6월 22일 제2013-000266호
주소 04056 서울시 마포구 신촌로4길 5-13, 3층
전화 02.324.3800 판매 02.324.7863 편집
전송 02.324.1144

전자우편 alma@almabook.com
페이스북 /almabooks
트위터 @alma_books
인스타그램 @alma_books

ISBN 979-11-5992-251-0 03400

알마는 아이쿱생협과 더불어 협동조합의 가치를 실천하는 출판사입니다.